高等职业教育“十三五”规划教材
“互联网+”创新型教材

建筑构造与识图

主　编　王　娇
副主编　李荣巧　潘金和
参　编　吕　轶　吴茜婷
主　审　张玉杰

武汉理工大学出版社
·武汉·

内容提要

本书根据课程的特点和要求，突出以能力培养为本位的高等职业教育特色，按照最新的规范、标准、图集编写而成。主要包括绪论、民用建筑概述、基础和地下室、墙体构造、楼地层、楼梯与电梯、屋顶、门窗构造、建筑施工图和结构施工图等内容，并且涉及建筑材料、建筑物理、建筑力学、建筑结构、建筑施工以及建筑经济等方面的知识。

本书可作为高等职业院校建筑施工技术等专业的教学用书，也可作为在职人员的职业培训教材，还可供工程技术人员自学参考。

图书在版编目(CIP)数据

建筑构造与识图/王娇主编. —武汉：武汉理工大学出版社，2020.11
ISBN 978-7-5629-6195-6

Ⅰ.①建… Ⅱ.①王… Ⅲ.①建筑构造 ②建筑制图-识图 Ⅳ.①TU22 ②TU204

中国版本图书馆CIP数据核字(2020)第100063号

项目负责人：戴皓华
责任编辑：戴皓华
责任校对：王　思
排　　版：芳华时代
出版发行：武汉理工大学出版社
地　　址：武汉市洪山区珞狮路122号
邮　　编：430070
网　　址：http://www.wutp.com.cn
经　　销：各地新华书店
印　　刷：荆州市鸿盛印务有限公司
开　　本：787×1092　1/16
印　　张：15.25
字　　数：380千字
版　　次：2020年11月第1版
印　　次：2020年11月第1次印刷
定　　价：39.00元

凡购本书，如有缺页、倒页、脱页等印装质量问题，请向出版社发行部调换。
本社购书热线：027-87515778　87515848　87785758　87165708(传真)

高等职业教育“十三五”规划教材
编审委员会

前 言 Preface

“建筑构造与识图”是高职院校土建类专业的一门核心课程，主要阐述工业与民用建筑中房屋各组成部分的构造原理、构造方法及建筑识图的基本知识和一般方法，以及建筑识图与房屋构造的现行行业规范和标准。该课程具有综合性强、实践性强等特点。

本书依据高等职业教育土建类专业教学基本要求，针对高职院校学生的特点，结合新规范，基于工作过程系统化建设课程的理念，按照“学习—二维图—实物—学习”的思路，遵循学生职业能力培养的基本规律，整合教学内容。在编写中，注意与相关学科基本理论和知识的联系，注意反映新技术、新材料在生产中的运用，突出对解决工程实际问题的能力培养，力求做到层次分明、条理清晰、结构合理。

本书由贵州交通职业技术学院王娇担任主编并负责统稿，贵州交通职业技术学院李荣巧、潘金和任副主编，贵州交通职业技术学院吕轶、吴茜婷担任参编。具体编写分工为：第1、3、5、8章由王娇编写；绪论及第2章、第9章前部分由潘金和编写；第4章、第9章后部分由李荣巧编写；第6章由吴茜婷编写；第7章由吕轶编写。本书由贵州交通职业技术学院张玉杰教授担任主审，并就内容的取舍和编排提出了许多宝贵意见，在此深表感谢！

限于编者水平，加之时间仓促，书中难免会有不妥和疏漏之处，敬请读者批评指正，以便进一步修改和提高。

习题库下载

编 者

2019年9月

目 录 Contents

0 绪　论

“建筑构造”是研究建筑物的构成、各组成部分的组合原理和方法的学科。“建筑构造与识图”课程的主要任务：一是掌握房屋构造的基本理论，了解房屋各组成部分的要求，弄清各不同构造的理论基础；二是能够根据建筑物的基本功能、技术经济和艺术造型要求，提供合理的构造方案，进行构造设计，熟练地绘制和识读工程图。通过本课程的学习，学生应掌握民用和工业建筑构造的组成和基本构造原理、常见的构造做法，以及建筑施工图的识读。学生应能够运用所学知识解决基层建设单位的工程实际问题。学生通过学习本课程和其他有关课程，为今后从事建设工程施工与管理、工程建设监理、工程质量与安全管理、工程经营与造价管理等工作打下基础。

0.1 课程总体要求

根据本课程的特点，学生学完本课程以后，应达到下列基本要求：

(1)对基础、墙体(柱)、楼地层、楼梯、屋顶及门窗等常用建筑构造的作用及构造设计要求，有较深的理解；对其他建筑构造和工业建筑构造的基本组成和构造要求等有一般的了解。

(2)懂得从安全、经济、适用的原则出发，根据初步设计，运用建筑构造的基本理论和方法，选择建筑构造方案、构件的形式、基本尺寸和材料做法，初步掌握其设计方法和步骤。

(3)明确民用和工业建筑中各种建筑构件在布置上的要求，能根据建筑构造的作用和特点、具体情况，拟定其主要细部构造形式，知晓其构造处理方式和手段。

(4)能识读一般的建筑施工图纸，基本掌握建筑细部构造节点图样。

0.2 课程要求的层次

本课程教学按以下三个层次进行要求：

(1)了解：要加以了解的是扩大知识面的延展性内容，可在工作中进一步学习。

(2)熟悉：一般性掌握的资料性内容，在工作实际中要学会使用。

(3)掌握：必须理解和记忆的基本原理和数据、基本构造做法。

0.3 与其他相关课程的衔接分工

学习本课程应具备建筑制图基础、建筑材料等专业基础课的基本知识。同时，本课程也为后续的地基与基础、建筑结构、建筑施工技术等课程的学习打下基础。为避免重复或遗漏，做以下界定：

(1)“建筑制图基础”课程学习制图的基本知识及图样，包括平面图、立面图、剖面图的画法等内容，为本课程建筑施工图的识读打下基础。

(2)“建筑材料”课程学习常用建筑材料的基本知识和使用，为本课程建筑构件常用做法的选材打下基础。

(3)与“地基与基础”课程关系：本课程在基础部分只介绍地基基础的概念、一般基础形式和构造，而不涉及具体的尺寸和截面计算。

(4)与“建筑结构”课程关系：本课程只涉及承重结构类型，而不涉及承重结构设计。

(5)与“建筑施工技术”课程关系：本课程重点为建筑构造处理，而不涉及施工方法。

0.4 课程特点与学习方法

“建筑构造与识图课程”具有实践性强和综合性强的特点，其内容庞杂、涉及面广。在内容上，是对人类土木建筑工程实践的活动和经验的高度总结和概括，并且涉及建筑材料、建筑物理、建筑力学、建筑结构、建筑施工以及建筑经济等方面的知识。

学习建筑构造，就要抓住以上这些特点，理解和掌握建筑构造的原理，理论联系实际，多观察，勤思考，多接触工程实际，了解和熟悉相关课程的内容，以使“建筑构造与识图课程”的学习取得事半功倍的效果。在这里，特别强调学习和掌握建筑构造原理的必要性和重要性，随着人类科学技术水平的不断发展，建筑技术科学也日新月异，各种新技术、新材料、新工艺不断涌现，推动着建筑构造设计水平的不断发展和提高，如果要跟上建筑技术科学前进的步伐，始终站在建筑技术科学发展的最前沿，只靠在学院里、课堂上、书本中学习的有限知识是永远不够的，因此，最有效的解决办法，就是一定要学习、理解和掌握建筑构造的原理。真正做到这点，就会有两个好处：第一，对于内容庞杂、枯燥难记的建筑构造做法，既能知道怎么做，又能知道为什么这么做，还能举一反三、融会贯通、事半功倍；第二，对于不断出现的建筑新技术，也能很快地理解、接受和掌握，并转化为自己的东西。所以说，掌握好建筑构造的原理是很有必要的。

1 民用建筑概述

学习目标

(1)掌握民用建筑的构造组成。

(2)掌握建筑构造的影响因素和设计原则。

(3)掌握建筑物的分类和等级划分。

(4)掌握建筑标准化和模数协调统一标准。

(5)掌握定位轴线的定位方法。

(6)掌握变形缝的类型及设置要求。

学习重点

民用建筑的构造组成、建筑构造的影响因素和设计原则、建筑物的分类和等级划分、建筑模数、房屋的定位轴线。

1.1 建筑的组成及影响因素

建筑是一种生产过程,这种生产过程所创造的产品是各种建筑物和构筑物。其中用于人们生活、学习、工作、居住以及从事生产和各种文化活动的房屋称为建筑物;那些间接为人们提供服务的设施称为构筑物,如水塔、水池、支架、烟囱等。通常所说的建筑意指建筑物。建筑的构造组成一般包括基础、墙(柱)、楼底层、楼梯、屋顶、门窗六大部分及台阶、雨篷、散水等。

1.1.1 民用建筑的基本组成

尽管民用建筑的使用功能不同、结构形式不同,在所用材料和做法上也各有差别,但通常都是由基础、墙或柱、楼地层、楼梯、屋顶和门窗六大部分组成。它们各自所处部位的不同,发挥的作用也不相同。

(1)基础:是位于建筑最下部的承重构件,其作用是承受建筑物的全部荷载,并连同自身荷载一起传递给地基,因此基础必须具有足够的强度和稳定性;同时,由于基础埋于地下,需要具备抵御地下水、冰冻等因素侵蚀的能力,还应具有一定的耐久性,不能早于上部建筑发生破坏。

(2)墙或柱:墙是建筑物的竖向承重构件和围护构件,当墙作为竖向承重构件时,具有承重、围护和水平分隔的作用。它承受由屋顶及各楼层传来的荷载,并将这些荷载传给基础。外墙用以抵御自然界各种因素对室内的侵袭,内墙用作房间的分隔、隔声。因此,墙体应具有足够的强度、稳定性,并具有保温、隔热、隔声、防火、防水等能力。柱是房屋空间的竖向承重构件，并将承担的荷载传给基础。

(3)楼地层：指楼层和地坪层，是水平承重、分隔构件。楼层将房屋从高度方向分隔成若干层，承受着家具、设备、人体等荷载及自重，并将这些荷载传给墙或柱。同时楼板对墙体有水平支撑的作用，从而增强了建筑物的刚度和稳定性。楼板除应具有足够的强度和刚度外，还应具有隔声、防潮、防水等性能。

地坪层：是房屋底层的承重分隔层，将底层的全部荷载传给地基土层。因此，地坪层要求具有耐磨、防潮、防水、保温等性能。

(4)楼梯：是多层房屋上下层之间的垂直交通联系设施。其主要作用是供人们上下楼层和紧急疏散之用。楼梯应有足够的通行能力和足够的承载能力，并且应满足强度、防火、耐磨、防滑等要求。

(5)屋顶：是房屋顶部的承重和围护构件。其主要作用是承重、保温、隔热和防水。屋顶承受着房屋顶部的全部荷载，并将这些荷载传递给墙或柱；同时抵御自然界的风、雨、雪等对顶层房间的侵袭。屋顶必须具有足够的强度、刚度，还要满足保温、隔热、防水等构造要求。

(6)门窗：门和窗均属于非承重的建筑配件。门的主要作用是水平交通、分隔房间，有时还可采光和通风。窗的主要作用是采光和通风，同时还具有分隔和围护的作用。门窗应具有开关灵活，密封性好，坚固耐久，以及防火、防水等性能。

一般房屋建筑除上述主要组成部分以外，还有一些附属的组成部分，这些附属部分是房屋本身所必需的构配件，为人们使用房屋创造有利条件，如阳台、垃圾道、散水、明沟、台阶、雨篷等。如图 1.1、图 1.2 所示。

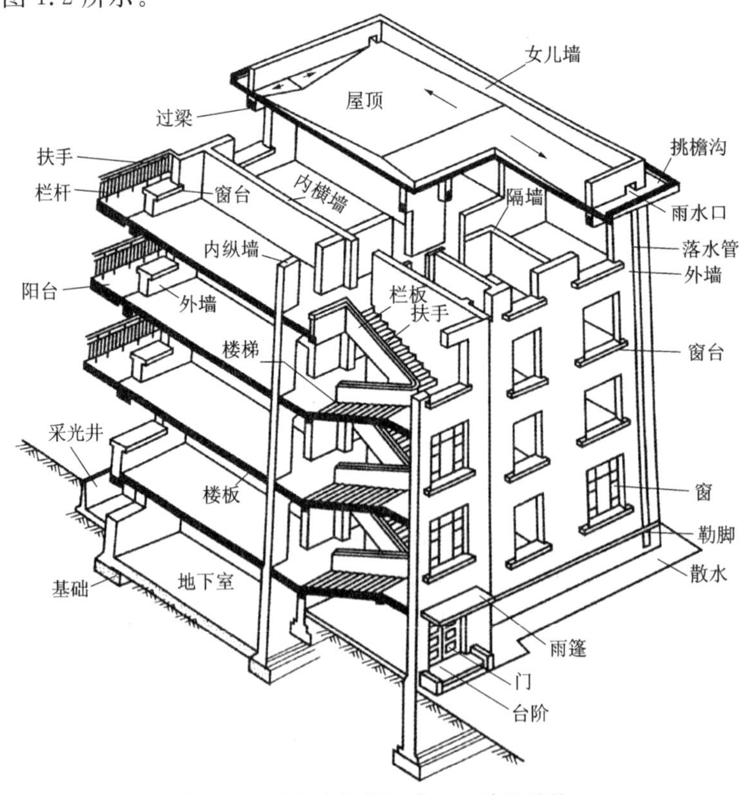

图 1.1 民用建筑的组成——砖混结构

建筑构造的基本知识

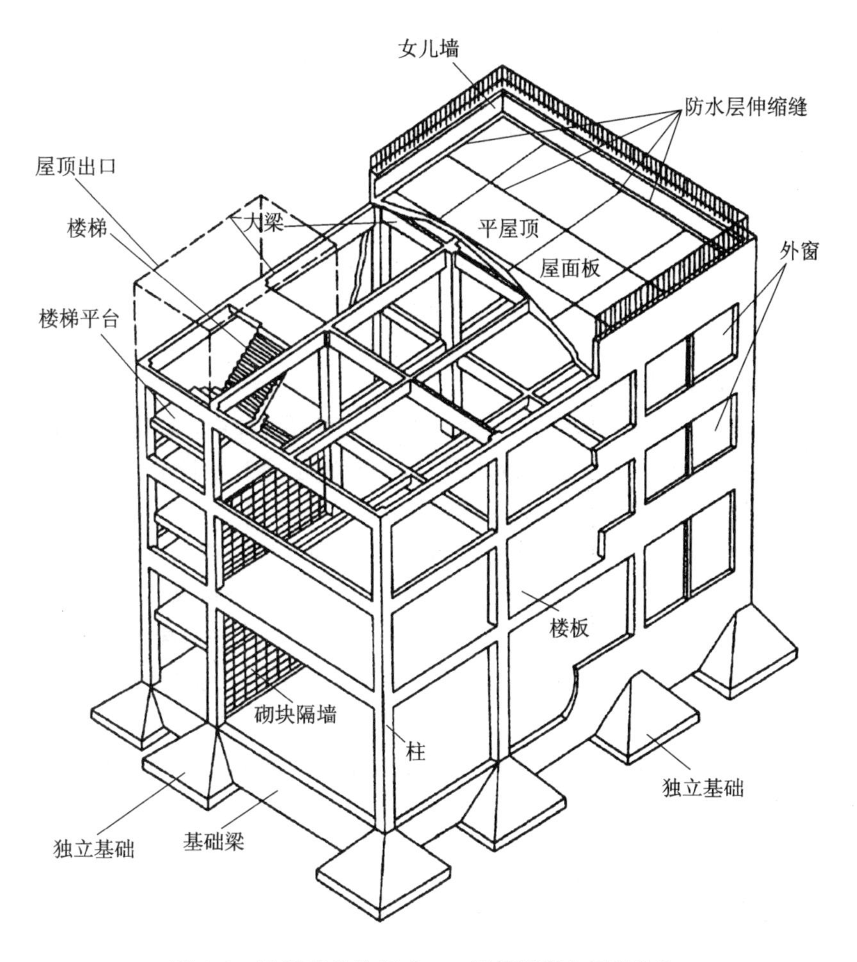

图 1.2 民用建筑的组成——钢筋混凝土框架结构

1.1.2 房屋构造的影响因素和要求

1.1.2.1 房屋构造的影响因素

影响房屋构造的因素很多,大致可分为以下几个方面。

(1)外界环境的影响。外界环境的影响主要有以下三个方面:

①外力的影响:外力包括人、家具和设备的重量,结构自重,风荷载、地震作用及雪荷载等,这些统称为荷载。作用在建筑物上的荷载分为恒荷载、活荷载和偶然荷载,如结构自重、永久设备的重量等属于恒荷载;人体的重量、风荷载、雪荷载等属于活荷载;地震作用、爆炸作用等属于偶然荷载。这些荷载的大小和性质是建筑物结构选型、材料使用以及构造设计的重要依据。

②自然条件的影响:自然条件包括风吹、日晒、雨淋、积雪、冰冻、地下水等因素,这些因素将给建筑物带来很大的影响。为防止自然条件对建筑物带来破坏,并且能够保证其正常使用,要求在进行房屋构造设计时,尽量采取相应的构造措施加以解决,如通过采取防潮、防水、隔热、保温、隔蒸汽、防冻胀变形等构造措施来消除或减弱自然条件的影响。

③人为因素的影响：人为因素包括火灾、机械振动、噪声等，在构造处理上需要采取防火、防振动和隔声等相应的措施。

(2)技术条件的影响。建筑技术条件是指建筑材料、结构、施工和设备等物质技术。随着建筑事业的发展，新材料、新结构、新的施工方法以及新型设备的不断出现，房屋构造将受这些因素的影响和制约。

(3)经济条件的影响。房屋构造设计必须考虑经济效益。在确保工程质量的前提下，既要减少建造过程中的材料、能源和劳动力消耗，以降低造价，又要有利于降低使用过程中的维护和管理费用。同时，在设计过程中要根据房屋的不同等级和质量标准，在材料选择和构造方式等方面予以区别对待。

1.1.2.2 房屋构造的要求

构造设计是建筑设计不可分割的一部分。在房屋构造设计中，应根据房屋的类型特点及使用功能的要求，综合考虑影响房屋构造的因素，从而满足建筑设计的要求。为此，房屋构造应满足坚固、实用、经济、美观及工业化等方面的要求。

(1)坚固：在满足主要承重结构设计要求的同时，应对一些相应的建筑物、配件的连接及各种装修在构造上采取必要的措施，以确保房屋的整体刚度和安全可靠。

(2)实用：根据房屋所处环境和使用性质的不同，综合解决好房屋的采光、通风、保温、隔热、防火等方面的问题，以满足房屋使用功能的要求。同时应大力推广先进技术，选用新材料、新工艺、新构造，以体现房屋的实用性。

(3)经济：房屋构造方案的确定应依据房屋的性质、质量标准进行，尽量节约资金。对于不同类型的房屋，根据它们的规模、重要程度和地区特点等，分别在材料选用、结构选型、内外装修等方面加以区别对待，在保证工程质量的前提下降低建筑造价，减少能源消耗。

(4)美观：房屋的美观主要是通过其内部空间及外观造型的艺术处理来实现的，但它的细部构造处理对房屋整体美观也有很大的影响。如内外饰面所用的材料、装饰部件、构造式样等的处理都应整体协调、和谐统一，以获得美观大方的建筑形象。

1.2 建筑的分类及等级划分

扫一扫

民用建筑构造概述(1)

1.2.1 建筑的分类

1.2.1.1 按建筑使用功能分类

(1)工业建筑：指供人们从事各种工业生产的建筑，如生产车间、辅助车间、动力用房、仓库等建筑。

①单层工业厂房：主要用于重工业类的生产，如铸造、锻压、装配、机修等工业。

②多层工业厂房：主要用于轻工业类的生产，如纺织、仪表、电子、食品等工业。

③层次混合的工业厂房：这类厂房主要用于化学工业类的生产。

(2)民用建筑：指供人们生活起居、行政办公、医疗、科研、文化、娱乐及商业、服务等各种活动的建筑，有居住建筑和公共建筑之分。

①居住建筑：指供人们生活起居用的建筑，如住宅、集体宿舍、公寓等。

②公共建筑:指进行各种社会活动的建筑,如行政办公、文教、医疗、商业、展览、交通、通信、园林等建筑。

(3)农业建筑:指供农、牧业生产和加工用的建筑,如畜禽饲养场、水产品养殖场、农畜产品加工厂、农产品仓库以及农业机械用房等建筑。

1.2.1.2 按建筑规模和数量分类

(1)大量性建筑:指建筑规模不大,但建造量多、涉及面广的建筑,如住宅、学校、医院、商店、中小型影剧院、中小型工厂等。

(2)大型性建筑:指规模宏大、功能复杂、耗资多、建筑艺术要求较高的建筑,如大型体育馆、航空港、火车站以及大型工厂等。

1.2.1.3 按建筑层数与高度分类

(1)居住建筑按层数分类:1~3 层为低层建筑;4~6 层为多层建筑;7~9 层为中高层建筑;10 层及其以上为高层建筑。

(2)公共建筑按高度分类:公共建筑及综合性建筑总高度超过 24m 时为高层建筑(不包括高度超过 24m 的单层主体建筑)。建筑高度为建筑物从室外地面至女儿墙顶部或檐口的高度。

(3)工业建筑按层数和高度分类:只有一层的为单层建筑;两层以上高度不超过 24m 时为多层建筑;当层数较多且高度超过 24m 时为高层建筑。

(4)高层建筑分类:联合国经济事务所根据全球高层建筑的发展趋势,把高层建筑划分为四种类型:

①低高层建筑:建筑层数在 9~16 层,建筑高度在 50m 以下。

②中高层建筑:建筑层数在 17~25 层,建筑高度在 50~75m。

③高高层建筑:建筑层数在 26~40 层,建筑高度在 75~100m。

④超高层建筑:建筑层数为 40 层以上,建筑总高度在 100m 以上,不论居住建筑或公共建筑均为超高层建筑。

1.2.1.4 按建筑物主要承重结构所用材料分类

(1)砖木结构:指以砖墙、木构件作为房屋主要承重骨架的建筑。这种结构具有自重小、抗震性能好、构造简单、施工方便等优点,是我国古代建筑的主要结构类型。

(2)砖混结构:指主要承重结构由砖墙、砖柱等竖向承重构件和钢筋混凝土梁、板等水平承重构件组成的混合结构。这是当前建造数量最大、采用最为普遍的结构类型。

(3)钢筋混凝土结构:指主要承重构件全部采用钢筋混凝土的建筑。这种结构具有坚固耐久、防火、可塑性强等优点,在当今建筑领域中应用很广泛,且发展前景最好。

(4)钢结构:指主要承重构件全部采用钢材制作的建筑。这种结构具有力学性能好,制作安装方便,自重小等优点。目前,钢结构主要应用于大型公共建筑、高层建筑和少量工业建筑中。随着建筑的发展,钢结构的应用将会更加广泛。

1.2.1.5 按建筑结构的承重方式分类

(1)墙承重式:指承重方式是以墙体承受楼板及屋顶传来的全部荷载的建筑。砖木结构和砖混结构都属于这一类,常用于 6 层及 6 层以下的大量性民用建筑,如住宅、办公楼、教学楼、医院等。

(2)框架承重式:指承重方式是以柱、梁、板组成的骨架承受全部荷载的建筑。常用于荷载及跨度较大的建筑和高层建筑。这类建筑中，墙体不起承重作用。

(3)局部框架承重式。

①内框架承重式：指承重方式是外部采用砖墙承重，内部用柱、梁、板承重的建筑。这种类型的结构常用于内部需要大空间的建筑。

②底部框架承重式：指房屋下部为框架结构承重、上部为墙承重结构的建筑。这种类型的结构常用于底层需要大空间而上部为小空间的建筑，如食堂、商店、车库等综合类型的建筑。

(4)空间结构：指承重方式是用空间构架，如网架、悬索和薄壳结构来承受全部荷载的建筑。适用于跨度较大的公共建筑，如体育馆、展览馆、火车站、机场等。

1.2.1.6 按施工方法分类

(1)全现浇(现砌)式：房屋的主要承重构件均在现场浇筑(砌筑)而成。

(2)部分现浇(现砌)、部分装配式：房屋的部分构件采用现场浇筑(砌筑)，部分构件采用预制厂预制。

(3)装配式：房屋的主要承重构件均采用预制厂预制，然后在施工现场进行组装。

扫一扫

民用建筑构造概述(2)

1.2.2 房屋建筑的等级划分

房屋建筑等级一般按设计使用年限和耐火性能划分。

1.2.2.1 按设计使用年限划分

建筑物的设计使用年限主要根据建筑物的重要性和规模大小来划分，它将作为基建投资、建筑设计和材料选用的重要依据。建筑等级按建筑设计使用年限分为四级，见表1.1。

表1.1 民用建筑按设计使用年限分类

类别	设计使用年限(年)	示　　例
1	5	临时性建筑
2	25	易于替换结构构件的建筑
3	50	普通建筑和构筑物
4	100	纪念性建筑和特别重要的建筑

1.2.2.2 按耐火性能划分

建筑物的耐火等级主要根据组成房屋构件的燃烧性能和耐火极限两个因素来确定。构件按燃烧性能分为不燃烧体、难燃烧体和燃烧体三种。

(1)不燃烧体：指用不燃烧材料制成的构件，其在空气中受到火烧或一般高温作用时不起火、不燃烧、不炭化，如金属材料、钢筋混凝土、混凝土、天然石材、人工石材。

(2)难燃烧体：指用难燃烧材料制成的构件或用燃烧材料制成而用不燃烧材料做保护层的构件，其在空气中受到火烧或一般高温作用时难起火、难燃烧、难碳化，如沥青混凝土等。

(3)燃烧体：指用燃烧材料制成的构件，其在空气中受到火烧或高温作用时立即起火或燃烧，如木材等。

耐火极限是指任一建筑构件按时间与温度标准进行耐火试验，从受到火的作用时起到失去支持能力或完整性被破坏，或失去隔火能力时为止的这段时间。其单位是“小时”，用“h”表示。

建筑等级按耐火性能分为四级，见表 1.2。

表 1.2　不同耐火等级建筑相应构件的燃烧性能和耐火极限(h)

构件名称		耐火等级			
		一级	二级	三级	四级
墙	防火墙	不燃性 3.00	不燃性 3.00	不燃性 3.00	不燃性 3.00
	承重墙	不燃性 3.00	不燃性 2.50	不燃性 2.00	难燃性 0.50
	非承重外墙	不燃性 1.00	不燃性 1.00	不燃性 0.50	可燃性
	楼梯间和前室的墙 电梯井的墙 住宅单元之间的墙和分户墙	不燃性 2.00	不燃性 2.00	不燃性 1.50	难燃性 0.50
	疏散走道两侧的隔墙	不燃性 1.00	不燃性 1.00	不燃性 0.50	难燃性 0.25
	房间隔墙	不燃性 0.75	不燃性 0.50	难燃性 0.50	难燃性 0.25
柱		不燃性 3.00	不燃性 2.50	不燃性 2.00	难燃性 0.50
梁		不燃性 2.00	不燃性 1.50	不燃性 1.00	难燃性 0.50
楼板		不燃性 1.50	不燃性 1.00	不燃性 0.50	可燃性
屋顶承重构件		不燃性 1.50	不燃性 1.00	可燃性 0.50	可燃性
疏散楼梯		不燃性 1.50	不燃性 1.00	不燃性 0.50	可燃性
吊顶(包括吊顶搁栅)		不燃性 0.25	难燃性 0.25	难燃性 0.15	可燃性

注：①除《建筑设计防火规范》(GB 50016—2014)另有规定者外，以木柱承重且以不燃烧材料作为墙体的建筑物，其耐火等级应按四级确定；

②住宅建筑构件的耐火极限和燃烧性能可按现行国家标准《住宅建筑规范》(GB 50368—2005)的规定执行。

1.2.2.3　建筑物的工程等级

建筑物的工程等级依据其复杂程度，分为特级、一级、二级和三级，具体内容见表 1.3。

表 1.3　民用建筑工程设计等级分类表

类型	特征＼工程等级	特级	一级	二级	三级
一般公共建筑	单体建筑面积	8 万 m^2 以上	2 万 m^2 以上至 8 万 m^2	5000m^2 以上至 2 万 m^2	5000m^2 及以下
	立项投资	2 亿元以上	4000 万元以上至 2 亿元	1000 万元以上至 4000 万元	1000 万元及以下
	建筑高度	100m 以上	50m 以上至 100m	24m 以上至 50m	24m 及以下(其中砌体建筑不得超过抗震规范高度限值要求)
住宅、宿舍	层数		20 层以上	12 层以上至 20 层	12 层及以下(其中砌体建筑不得超过抗震规范层数限值要求)

续表 1.3

特征 工程等级 类型		特级	一级	二级	三级
住宅小区、工厂生活区	总建筑面积		10 万 m^2 以上	10 万 m^2 及以下	
地下工程	地下空间（总建筑面积）	5 万 m^2 以上	1 万 m^2 以上至 5 万 m^2	1 万 m^2 及以下	
	附建式人防（防护等级）		四级及以上	五级及以下	
特殊公共建筑	超限高层建筑抗震要求	抗震设防区特殊超限高层建筑	抗震设防区建筑高度 100m 及以下的一般超限高层建筑		
	技术复杂，有声、光、热、振动、视线等特殊要求	技术特别复杂	技术比较复杂		
	重要性	国家级经济文化、历史、涉外等重点项目工程	省级经济文化、历史、涉外等重点项目工程		

注：符合某工程特征之一的项目即可确认该工程项目等级。

1.3 建筑的结构类型

建筑物按承重结构类型分为以下几类：

1.3.1 砖混结构

(1)砖混结构指砖墙或砖柱、钢筋混凝土楼板和屋顶承重构件作为主要承重结构的建筑。

(2)特点：砖混结构造价低，但结构自重大、抗震性能差，只适用于 6 层及以下的建筑。

(3)砖混房屋受到力学限制并要使用大量的黏土砖，毁坏耕地严重，建设土地利用率不高，在土地资源日益紧缺的今天，城市开发建设的砖混结构房屋量已渐渐减少。但在商品住宅建设中，因其价格较低，公摊面积较小，仍受到许多人的青睐。

1.3.2 框架结构

(1)框架结构是指由梁和柱以刚接或者铰接相连接而构成承重体系的结构，即由梁和柱组成框架共同抵抗使用过程中出现的水平荷载和竖向荷载。采用框架结构的房屋墙体不承重，仅起到围护和分隔作用，一般用预制的加气混凝土、膨胀珍珠岩、空心砖或多孔砖、浮石、蛭石、陶粒等轻质板材砌筑或装配而成。

(2)特点：

框架建筑的主要优点：空间分隔灵活，自重小，有利于抗震，节省材料；可以较灵活地配合建筑平面布置，利于需要较大空间的建筑结构；框架结构的梁、柱构件易于标准化、定型化，便于采用装配整体式结构，以缩短施工工期；采用现浇混凝土框架时，结构的整体性、刚度较好，

能达到较好的抗震效果，而且可以把梁或柱浇筑成各种需要的截面形状。

框架建筑的主要缺点：框架结构由梁和柱构成，构件截面较小，因此框架结构的承载力和刚度都较小，它的受力特点类似于竖向悬臂剪切梁，楼层越高，水平位移越大，高层框架在纵横两个方向都承受很大的水平荷载，这时现浇楼面是作为梁共同工作的。

(3)适用范围：框架结构可设计成静定的三铰框架或超静定的双铰框架与无铰框架。混凝土框架结构广泛用于住宅、学校、办公楼，还有根据需要对混凝土梁或板施加预应力，以适用于较大的跨度；框架钢结构常用于大跨度的公共建筑、多层工业厂房和一些特殊用途的建筑物中，如剧场、商场、体育馆、火车站、展览厅、造船厂、飞机库、停车场、轻工业车间等。一般适用于十层及以下的建筑物。

1.3.3 剪力墙结构

(1)剪力墙结构是指利用建筑物的墙体作为竖向承重和抵抗侧力的结构。剪力墙实质上是固结于基础的钢筋混凝土墙片，具有很高的抗侧移能力。一般情况下，剪力墙结构楼盖内不设梁，楼板直接支承在墙上，墙体既是承重构件，又起围护、分隔作用。

(2)特点：横墙多，侧向刚度大，整体性好，对承受水平荷载有利；无凸出墙面的梁柱，整齐美观，特别适合居住建筑，并可使用大模板、隧道模、桌模、滑升模板等先进施工方法，利于缩短工期，节省人力。但剪力墙结构的房间划分受到较大限制。

(3)适用范围：一般用于住宅、旅馆等开间要求较小的建筑，适用高度为15～50层。

1.3.4 框支-剪力墙结构

(1)框支-剪力墙结构是指在框架-剪力墙结构(在转换层的位置)上部布置剪力墙体系，部分剪力墙应落地。当高层剪力墙结构的底部要求有较大空间时，可将底部一层或几层部分剪力墙设计为框支-剪力墙。

(2)特点：框支-剪力墙结构抗震性能差，造价高，应尽量避免采用。但它能满足现代建筑不同功能组合的需要，有时结构设计又不可避免此种结构类型，对此应采取措施积极改善其抗震性能，尽可能减少材料消耗，以降低工程造价。

(3)适用范围：部分框支-剪力墙结构属竖向不规则结构，上、下层不同结构的内力和变形通过转换层传递，抗震性能较差，烈度为9度的地区不应采用。一般多用于下部要求大开间，上部为住宅、酒店且房间内不能出现柱角的综合高层房屋。

1.3.5 框架-剪力墙结构

(1)框架-剪力墙结构在框架结构中的适当部位增设一定数量的钢筋混凝土剪力墙，形成的框架和剪力墙结合在一起共同承受竖向和水平力的体系叫作框架-剪力墙体系，简称框-剪体系。

(2)特点：框-剪结构是框架结构和剪力墙结构两种体系的结合，吸取了各自的长处，既能为建筑平面布置提供较大的使用空间，又具有良好的抗侧移性能。它的侧向刚度比框架结构大，大部分水平荷载由剪力墙承担，而竖向荷载主要由框架承受，因而在高层房屋中用框-剪结构比用框架结构更为经济合理；同时由于它只在部分位置上有剪力墙，保持了框架结构易于分割空间、立面易于变化等优点；此外，这种体系的抗震性能也较好。框-剪结构中的剪力墙可以单独设置，也可以利用电梯井、楼梯间、管道井等墙体。

(3)适用范围：框-剪体系广泛应用于多层及高层办公楼、旅馆等建筑中。适用高度为 15～25 层，一般不宜超过 30 层。

1.3.6 筒体结构

(1)筒体结构是由以筒体为主组成的承受竖向和水平作用的结构，其体系称为筒体结构体系。筒体是由若干片剪力墙围合而成的封闭井筒式结构，其受力与一个固定于基础上的筒形悬臂构件相似。根据开孔的多少，筒体有空腹筒和实腹筒之分。

实腹筒一般由电梯井、楼梯间、管道井等形成，开孔少，因其常位于房屋中部，故又称核心筒。空腹筒又称框筒，由布置在房屋四周的密排立柱和截面高度很大的横梁组成。梁高一般为 0.6～1.20m。筒体体系就是由核心筒、框筒等基本单元组成的。

类型：根据房屋高度及其所受水平荷载的不同，筒体体系可以布置成核心筒结构、框筒结构、筒中筒结构、框架-核心筒结构、成束筒结构和多重筒结构等形式。筒中筒结构通常用框筒作为外筒，实腹筒作为内筒。

(2)特点：剪力墙集中布置在房屋的内部和外围，形成空间封闭筒体，抗侧移刚度大，且因剪力墙的集中而获得较大的空间，使建筑平面设计灵活。

(3)应用范围：一般常用于 45 层左右甚至更高的建筑。

除上述几种常用结构体系外，高层建筑中尚有悬挂结构、巨型框架结构、巨型桁架结构、悬挑结构等新的竖向承重结构体系，但目前应用较少。

1.4 建筑标准化

1.4.1 建筑标准化的含义

建筑标准化是指在建筑工程方面建立和实现有关标准、规范、规则等的过程。建筑标准化的目的是合理利用原材料，促进构配件的通用性和互换性，实现建筑工业化，以取得最佳经济效果。

1.4.1.1 简史

早期的建筑标准化主要反映在建筑尺寸的配合关系上。中国古代为使木结构建筑各部分构件与建筑物总体尺寸协调一致，曾采用模数尺寸，如宋代的材分、清代的斗口。古希腊的石结构建筑，也曾采用模数制。第二次世界大战后，为解决房荒问题，各国推行建筑生产的工业化，建筑标准化工作得到很大发展。为促进国际的建筑产品交流、技术合作和推动建筑标准化，国际标准化组织(ISO)在各国有关部门的配合下制定了一系列建筑标准、条例和规范。中国自 20 世纪 50 年代以来，编制了许多种建筑标准设计图集，制定了一些技术标准，如《建筑统一模数制》、《建筑制图标准》和《建筑安装工程质量检验评定统一标准》等。

1.4.1.2 内容

建筑标准化的基础工作是制定标准，包括技术标准、经济标准和管理标准。其中技术标准包括基础标准、方法标准、产品标准和安全卫生标准等，应用广泛。建筑标准化要求建立完善的标准化体系，其中包括建筑构配件、零部件、制品、材料、工程和卫生技术设备以及建筑物和它各部

位的统一参数，从而实现产品的通用化、系列化。建筑标准化工作还要求提高建筑多样化的水平，以满足各种功能的要求，适应美化和丰富城市景观并反映时代精神和民族特色的需要。

1.4.1.3 发展趋势

随着建筑工业化水平的提高和建筑科学技术的发展，建筑标准化的重要性日益明显，所涉及的领域也日益扩大。许多国家以最终产品为目标，用系统工程方法对生产全过程制定成套的技术标准，组成相互协调的标准化系统。运用最佳理论和预测技术，制定超前标准等，已经成为实现建筑标准化的新形式和新方法。

1.4.1.4 建筑工业化

回顾人类建造建筑物的历史，我们发现，其中相当长的时期内，人们都是采用手工的、分散的、落后的生产方式来建造建筑物，其建造速度慢、工人劳动强度高、人工及材料等资源消耗大、建筑施工质量低，建筑业的这种落后状态亟待改变，建筑业的工业化水平也亟待提高。所谓工业化，就是通过现代化的制造、运输、安装和科学管理的大工业生产方式，来代替传统的、分散的手工业生产方式。这主要意味着要尽量利用先进的技术，在保证质量的前提下，用尽可能少的工时，在比较短的时间内，用最合理的价格来建造符合各种使用要求的建筑。

实现建筑工业化，必须使之形成工业化的生产体系，也就是说，针对大量性建造的建筑物及其产品实现建筑部件的系列化开发、集约化生产和商品化供应，使之成为定型的工业产品或生产方式，以提高建筑物的建造速度和质量。建筑工业化的特征可以概括为设计标准化、构配件生产工厂化、施工机械化、管理科学化。

世界各国在建筑业的工业化发展过程中，结合各自国情，采取了不尽相同的方式和途径，归纳起来主要有两种：

①走全部预制装配化的发展道路。其代表性的建筑类型有：大板建筑、盒子建筑、装配式框架建筑、装配式排架建筑等。

②走全现浇（工具式模板机械化浇筑）或现浇与预制相结合的发展道路。其代表性的建筑类型有：大模建筑（如“内浇外挂”法施工，大规模现浇内墙，外挂预制的外墙板）、滑模建筑（现浇内外墙，滑升模板）、升板（层）建筑（利用设备提升楼板，在现场立柱并叠层预制各层楼板，在柱上设提升设备，楼板整体提升，就位后安装柱帽）、非装配式框架建筑等。

(1)建筑构、配件的标准设计：标准构件与标准配件就是对房屋中的受力构件和非受力构件即配件等采用标准设计。

(2)房屋的标准设计：标准设计包括整个房屋的设计和单元的设计两部分。标准设计一般由地方设计院进行编制，供建筑单位选择使用。单元设计一般指设计平面图中的一个组成部分，应用时再进行拼接、组合成一个完整的建筑组合体。标准设计在大量性建造的房屋中应用比较普遍。

(3)工业化建筑体系：为了适应建筑工业化的要求，除考虑将房屋的构、配件等进行定型化设计外，还应对构件生产、运输、在施工现场中吊装乃至组织管理等一系列问题进行通盘设计，做出统一的规划，这就是工业化建筑体系。如北京地区的大模板住宅建筑体系、装配式大板住宅建筑体系等。

1.4.2 建筑模数协调标准

为了在建筑设计、构配件生产以及建筑施工等方面做得尺寸协调，提高建筑工业化的水平，使不同材料、不同形式和不同制造方法的建筑构配件、组合件符合模数并具有较大的通用性和互换性，从而降低造价并提高建筑设计和建造的速度、质量和效率，建筑设计应采用国家规定的各类建筑模数协调的规范和标准。

这些规范和标准主要有：《建筑模数协调标准》(GB/T 50002—2013)、《厂房建筑模数协调标准》(GB/T 50006—2010)等。这里主要介绍《建筑模数协调标准》(GB/T 50002—2013)的有关内容。

建筑模数是选定的尺寸单位，作为尺寸协调中的增值单位，它是建筑物、建筑构配件、建筑制品以及建筑设备尺寸间互相协调的基础。它包括基本模数和导出模数。

1.4.2.1 基本模数和导出模数

(1)基本模数

基本模数的数值应为 100mm(1M 等于 100mm)。整个建筑物和建筑物的一部分以及建筑部件的模数化尺寸，应是基本模数的倍数。

(2)导出模数

导出模数应分为扩大模数与分模数，其基数应符合下列规定。

①扩大模数基数应为 2M、3M、6M、9M、12M……；

②分模数基数应为 M/10、M/5、M/2。

1.4.2.2 模数数列

(1)模数数列应根据功能性和经济性原则确定。

(2)建筑物的开间或柱距，进深或跨度，梁、板、隔墙和门窗洞口宽度等分部件的截面尺寸宜采用水平基本模数和水平扩大模数数列，且水平扩大模数数列宜采用 $2n$M、$3n$M(n 为自然数)。

(3)建筑物的高度、层高和门窗洞口高度等宜采用竖向基本模数和竖向扩大模数数列，且竖向扩大模数数列宜采用 nM。

(4)构造节点和分部件的接口尺寸等宜采用分模数数列，且分模数数列宜采用 M/10、M/5、M/2。

1.4.3 几种尺寸及相互间的关系

为了保证建筑制品、构配件等有关尺寸间的统一与协调，在建筑模数协调中尺寸分为标志尺寸、构造尺寸、实际尺寸和技术尺寸。

标志尺寸：用以标注建筑物定位轴线之间的距离(如跨度、柱距、层高等)，以及建筑制品、构配件、有关设备位置界限之间的距离。标志尺寸应符合模数数列的规定。

构造尺寸：用以表示建筑制品、建筑构配件等生产的设计尺寸。一般情况下，构造尺寸加上缝隙尺寸等于标志尺寸。

实际尺寸：是建筑制品、建筑构配件等生产制作后的实有尺寸。实际尺寸与构造尺寸之间的差数应为允许偏差。

标志尺寸、构造尺寸和缝隙尺寸之间的关系见图 1.3。

技术尺寸：是建筑功能、工艺技术和结构条件在经济上处于最优状态下所允许采用的最小尺寸数值(通常是指建筑构件的截面或厚度)。

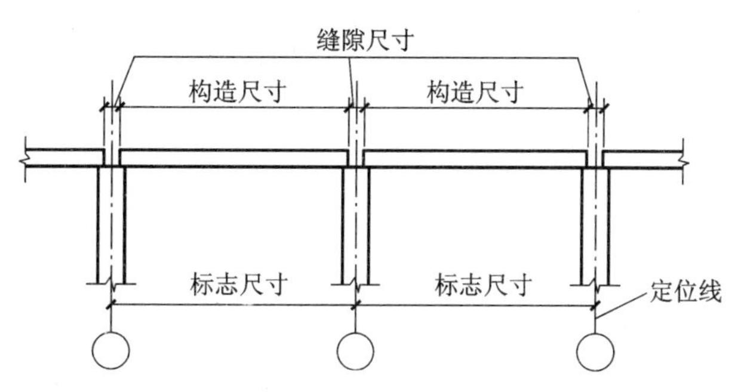

图 1.3　标志尺寸、构造尺寸和缝隙尺寸之间的关系

1.5　定位轴线

房屋的定位包括平面定位和竖向定位。平面的定位通常采用平面定位轴线，平面定位轴线是主体结构定位及施工放线的依据。竖向定位通常采用标高，是房屋组成结构构件在竖向确定位置的依据。

平面定位轴线有横向定位轴线和纵向定位轴线。与建筑物短边平行的轴线称为横向定位轴线；与建筑物长边平行的轴线称为纵向定位轴线。定位轴线一般应编号，编号应注写在轴线端部的圆内。圆应用细实线绘制，直径为 8～10mm，用于表示详图的圆的直径为 10mm。定位轴线圆的圆心，应在定位轴线的延长线上或延长线的折线上。在编号时应注意：

1.5.1　平面定位轴线

(1)横向定位轴线宜标注在图样的下方与左侧，其编号用阿拉伯数字从左至右按顺序编写；纵向定位轴线编号用大写拉丁字母，从下至上按顺序编写，如图 1.4 所示。

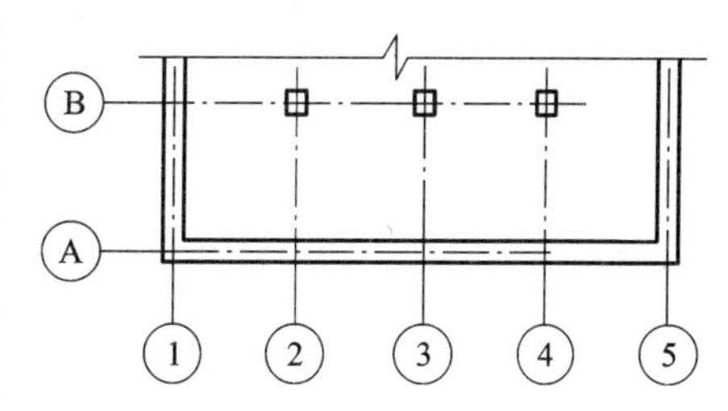

图 1.4　定位轴线的编号顺序

(2)附加定位轴线的编号，应以分数形式表示，并应按下列规定编写：两根轴线间的附加轴线，应以分母表示前一轴线的编号，分子表示附加轴线的编号，编号宜用阿拉伯数字按顺序编写；1 号轴线或 A 号轴线之前的附加轴线的分母应用 01 或 0A 表示，如图 1.5 所示。

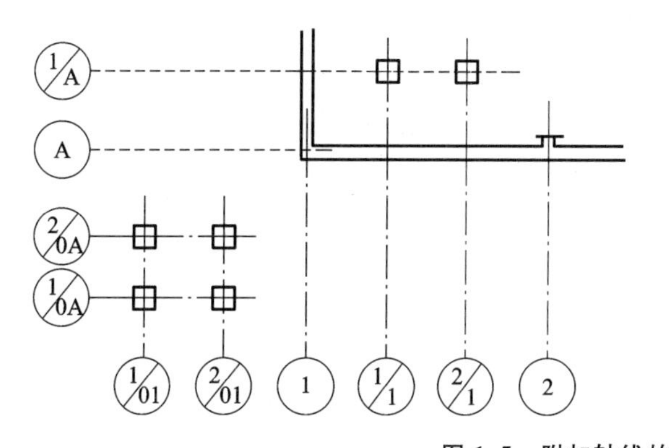

图 1.5　附加轴线的标注

(3)一个详图适用于几根轴线时,应同时注明各有关轴线的编号,如图 1.6 所示。通用详图中的定位轴线,应只画圆,不注写轴线编号。

图 1.6　详图的轴线编号

(4)圆形平面图中定位轴线的编号,其径向轴线宜用阿拉伯数字表示,从左下角开始,按逆时针顺序编写;其圆周轴线宜用大写拉丁字母表示,从外向内按顺序编写,如图 1.7 所示。

(5)折形平面图中定位轴线编号可按图 1.8 的形式编写。

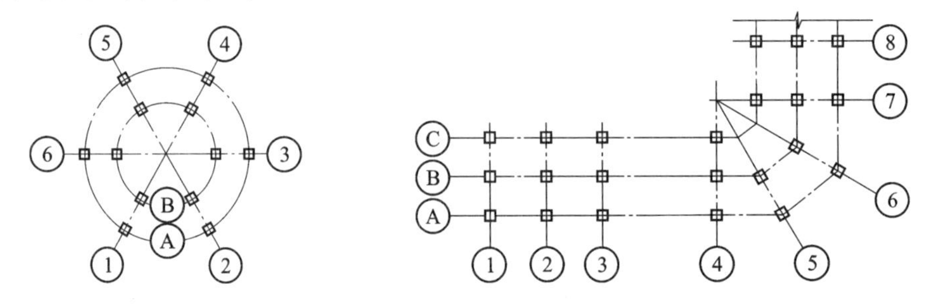

图 1.7　圆形平面定位轴线的编号　　**图 1.8　折线形平面定位轴线的编号**

(6)组合较复杂的平面图中定位轴线也可采用分区编号,注写形式为“分区号-该区轴线号”,如图 1.9 所示。

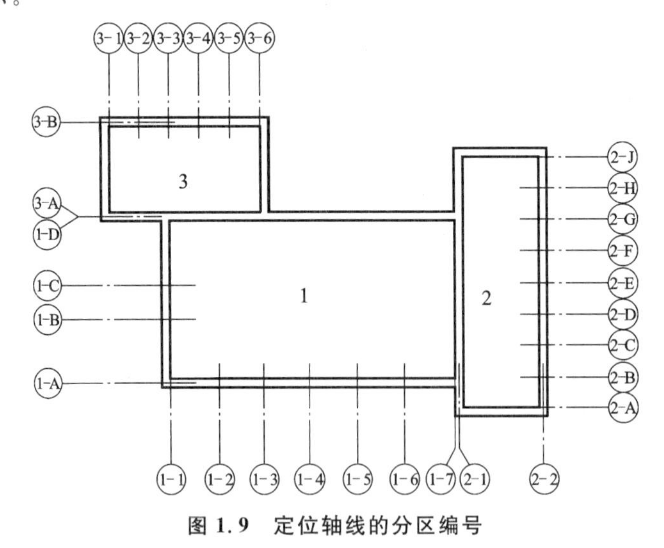

图 1.9　定位轴线的分区编号

1.5.2　竖向定位轴线——标高

工程图中除了表示出建筑物的平面尺寸外,还应标出建筑物的高度尺寸,建筑物各部分的高度应用标高来表示。标高表示建筑物各部分的高度,是建筑物某一部位相对于基准面(标高

的零点)的竖向高度,是竖向定位的依据。

按基准面选取的不同,标高可分为绝对标高与相对标高。我国将青岛黄海平均海平面定为绝对标高的基准面,亦即青岛黄海平均海平面的高度为零,全国各地以此作为绝对标高的起算面。绝对标高就是地面上的点到青岛黄海平均海平面的距离。相对标高一般用于一个单体建筑。相对标高是指建筑物上某一点高出另一点的垂直距离。一般是把室内首层地面作为相对标高的起算面,亦即将室内首层地面的高度定为相对标高的零点,写作±0.000,读作正负零。高于它的为正,正数标高不标注"+"号。低于它的为负,负数标高应标注上"−"号。

绝对标高和相对标高是有一定的关系的。如在总平面图上会出现:±0.000=37.852,单纯从数学角度考虑它是不成立的,但它表明的是绝对标高与相对标高之间的关系,即说明建筑物室内首层地面的高度相当于绝对标高 37.852m。

对于一个单体建筑物来说,标高又可分为建筑标高和结构标高。建筑标高:在相对标高中,凡是包括装饰层厚度的标高,称为建筑标高,注写在构件的装饰层面上。结构标高:在相对标高中,凡是不包括装饰层厚度的标高,称为结构标高,注写在构件的底部,是构件的安装或施工高度。

建筑标高符号应以细实线绘制的高为 3mm 的等腰直角三角形表示。

标高的注意事项有以下几点:

(1)总平面图室外整平地面标高符号为涂黑的等腰直角三角形,标高数字注写在符号的右侧、上方或右上方。

(2)底层平面图中室内主要地面的零点标高注写为±0.000。低于零点标高的为负标高,标高数字前加"−"号,如−0.450。高于零点标高的为正标高,标高数字前可省略"+"号,如 3.000。

(3)在标准层平面图中,同一位置可同时标注几个标高。

(4)标高符号的尖端应指至被标注的高度位置,尖端可向上,也可向下。

(5)标高的单位:m。

1.5.3 砖墙与平面定位轴线

(1)承重内墙的定位,应使顶层墙身中线位于该墙的定位轴线上,则在底层可能是定位轴线中分底层墙体或偏分底层墙体,见图 1.10。

(2)承重外墙墙身的内墙皮距该墙定位轴线间距为 120mm,见图 1.11。

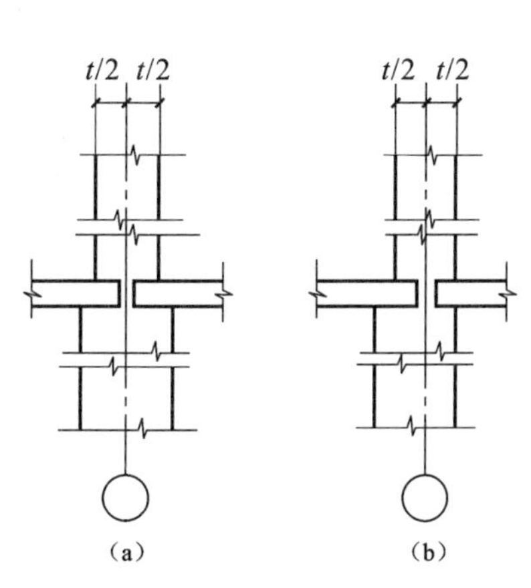

图 1.10 承重内墙与定位轴线

(a)定位轴线中分底层墙体;(b)定位轴线偏分底层墙体

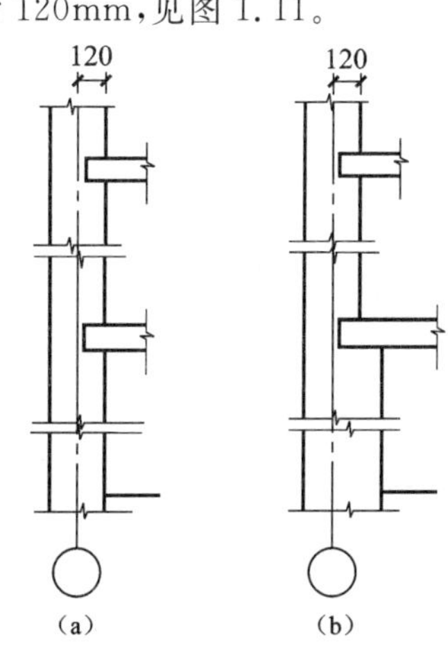

图 1.11 承重外墙与定位轴线

(a)定位轴线中分底层墙体;(b)定位轴线偏分底层墙体

(3)非承重内、外墙的定位可以按上述方式,也可以是内墙皮与定位轴线重合。

(4)带内壁柱的外墙和带外壁柱的外墙的定位方法,既可以是墙体内墙皮与定位轴线重合,也可以是在距墙体内墙皮 120mm 处与平面定位轴线重合,见图 1.12 和图 1.13。

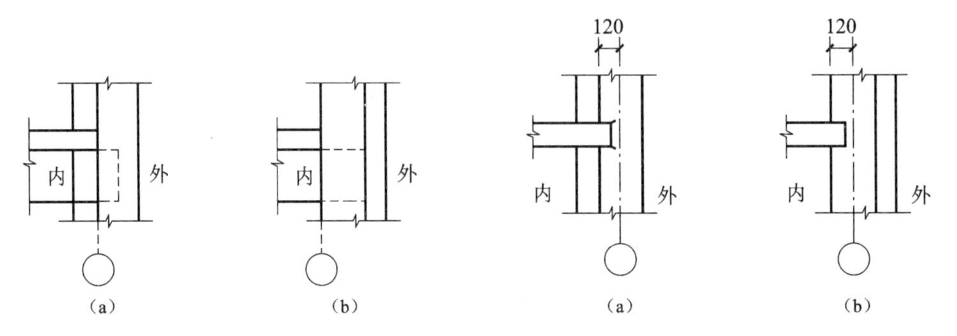

图 1.12 带壁柱外墙内缘与定位轴线重合

(a)内壁柱;(b)外壁柱

图 1.13 带壁柱外墙内缘距定位轴线 120mm

(a)内壁柱;(b)外壁柱

(5)变形缝处砖墙的平面定位:①缝一侧为承重墙,另一侧为墙垛:承重墙处轴线距内墙皮 120mm,墙垛处轴线为外墙皮;②缝一侧为非承重墙,另一侧为墙垛:非承重墙处轴线为内墙皮,墙垛处轴线为外墙皮;③缝两侧均为承重墙体,则轴线距各自内墙皮 120mm;④缝两侧均为非承重墙,则轴线均为内墙皮处。

(6)高低层分界处砖墙的定位轴线确定:①分界处设有变形缝,则按变形缝处的墙体确定定位轴线;②分界处不设变形缝,则轴线距高层外墙的内墙皮 120mm。

(7)底层框架结构砖墙的定位轴线:底层框架、上部砖混结构时,底层框架应与上部砖混结构的平面定位轴线相对应。

1.5.4 常用建筑名词

(1)建筑物:直接为人们生活、生产服务的房屋。

(2)构筑物:间接为人们生活、生产服务的建筑设施。

(3)建筑红线:规划部门批给建设单位的占地范围,一般用红笔圈在图纸上,具有法律效力。

(4)地面:指自然地面。

(5)横向轴线:与建筑物宽度方向平行设置的轴线。

(6)纵向轴线:与建筑物长度方向平行设置的轴线。

(7)开间:两条横向轴线之间的距离。

(8)进深:两条纵向轴线之间的距离。

(9)层高:指该层楼(地)面到上一层楼面的高度。

(10)净高:指房间内楼(地)面到顶棚或其他构件底部的高度。

(11)建筑总高度:指从室外地面至檐口顶部的高度。

(12)建筑面积:房屋各层面积的总和。

(13)结构面积:房屋各层平面中结构所占的面积总和。

(14)有效面积:房屋各层平面中可供使用的面积总和,即建筑面积减去结构面积。

(15)交通面积:房屋内外之间、各层之间联系通行的面积,即走廊、门厅、楼梯、电梯等所占的面积。

(16)使用面积:房屋有效面积减去交通面积。

(17)使用面积系数:使用面积占建筑面积的百分数。

1.6 变形缝构造

1.6.1 变形缝含义及类型

变形缝

房屋的构造要受到许多因素的影响,有些影响因素,如温度变化、地基不均匀沉降以及地震等,会使房屋结构内部产生附加应力和变形。如果在构造上处理不当,将会使房屋产生裂缝,甚至倒塌,影响使用和安全。因此,必须采取相应的构造措施予以解决。一般有两种方法:一种是预先在这些容易产生裂缝敏感的部位将结构断开,预留一定的缝隙,以保证缝两侧房屋的各部分有足够的变形空间;另一种是增强房屋的整体性,使房屋本身具有足够的强度和刚度来抵抗这些破坏力,从而保证房屋不被破坏。工程设计中通常采用预先设置缝的方法,将房屋垂直分割开,并采取一些构造处理措施,这个预留的缝就称为变形缝。因此,变形缝是为了防止由于温度的变化、地基的不均匀沉降以及地震使房屋产生裂缝破坏所预先设置的缝。

变形缝分为伸缩缝、沉降缝和防震缝三种。

1.6.1.1 伸缩缝

伸缩缝也叫温度缝,气候的冷热变化会使建筑材料和构配件产生胀缩变形,太长和太宽的建筑物都会由于这种胀缩而出现墙体开裂甚至破坏。在实际工程中,通过设置伸缩缝把太长和太宽的建筑物分割成若干个区段,保证各段自由胀缩,从而避免墙体的开裂。因此,伸缩缝是为了防止由于温度变化而使过长墙体开裂,造成房屋产生裂缝所预先设置的缝。

伸缩缝要求把建筑物基础以上构件全部断开(包括墙体、楼板层、屋顶等),基础因埋在土中,受温度变化影响较小,不需断开。

为保证伸缩缝两侧的建筑构件能在水平方向自由伸缩,伸缩缝缝宽一般为20～40mm,内填弹性保温材料。伸缩缝的位置和间距与建筑物的结构类型、材料、施工条件和当地温度变化情况有关,设计时应根据有关规范的规定设置,见表1.4和表1.5。

表1.4 砌体房屋伸缩缝的最大间距(m)

屋盖或楼盖类别		间距
整体式或装配整体式钢筋混凝土结构	有保温层或隔热层的屋盖、楼盖	50
	无保温层或隔热层的屋盖	40
装配式无檩体系钢筋混凝土结构	有保温层或隔热层的屋盖、楼盖	60
	无保温层或隔热层的屋盖	50

续表 1.4

屋盖或楼盖类别		间距
装配式有檩体系钢筋混凝土结构	有保温层或隔热层的屋盖	75
	无保温层或隔热层的屋盖	60
瓦材屋盖、木屋盖或楼盖、轻钢屋盖		100

注：① 对烧结普通砖、烧结多孔砖、配筋砌块砌体房屋，取表中数值；对石砌体、蒸压灰砂普通砖、蒸压粉煤灰普通砖、混凝土砌块、混凝土普通砖和混凝土多孔砖房屋，取表中数值乘以 0.8 的系数，当墙体有可靠外保温措施时，其间距可取表中数值；

② 在钢筋混凝土屋面上挂瓦的屋盖应按钢筋混凝土屋盖采用；

③ 层高大于 5m 的烧结普通砖、烧结多孔砖、配筋砌块砌体结构单层房屋，其伸缩缝间距可按表中数值乘以 1.3；

④ 温差较大且变化频繁地区和严寒地区不采暖的房屋及构筑物墙体的伸缩缝的最大间距，应按表中数值予以适当缩小；

⑤ 墙体的伸缩缝应与结构的其他变形缝相重合，缝宽度应满足各种变形缝的变形要求；在进行立面处理时，必须保证缝隙的变形作用。

表 1.5　钢筋混凝土结构房屋伸缩缝的最大间距

项次	结构类型		室内或土中(m)	露天(m)
1	排架结构	装配式	100	70
2	框架结构	装配式 现浇式	75 55	50 35
3	剪力墙结构	装配式 现浇式	65 45	40 30
4	挡土墙及地下室墙壁等结构	装配式 现浇式	40 30	30 20

注：①如有充分依据或可靠措施，表中数值可以增减。

②当屋面板上部无保温或隔热措施时，框架、剪力墙结构的伸缩缝间距，可按表中露天栏的数值选用，排架结构可按适当低于室内栏的数值选用。

③排架结构的柱顶面(从基础顶面算起)低于 8m 时，宜适当减少伸缩缝间距。

④外墙装配内墙现浇的剪力墙结构，其伸缩缝最大间距按现浇式一栏的数值选用。滑模施工的剪力墙结构，宜适当减小伸缩缝间距，现浇墙体在施工中应采取措施减少混凝土收缩应力。

1.6.1.2　沉降缝

沉降缝是指同一建筑物高低悬殊，上部荷载分布不均匀，或建在不同地基土壤上时，为避免不均匀沉降使墙体或其他结构部位开裂而预先设置的建筑构造缝。

符合下列条件之一者应设置沉降缝：

(1)建筑物相邻两部分高差相差较大、荷载大小悬殊或结构变化较大。

(2)建筑体形复杂，连接部位较为薄弱。

(3)结构形式不同。

(4)基础埋深相差较大。

(5)地基土的承载力相差较大。

(6)新旧房屋相毗连。

沉降缝的设置是为满足房屋各部分在垂直方向上的自由变形，因此设置沉降缝时，要求从基础到屋顶所有构件全部断开。

沉降缝的宽度与地基的性质和建筑物的高度有关，地基越软弱、建筑的高度越大，沉降缝

的宽度也越大，见表 1.6。

表 1.6 沉降缝的宽度

地基情况	建筑物高度	沉降缝宽度(mm)
一般地基	$H<5m$ $H=5\sim10m$ $H=10\sim15m$	30 50 70
软弱地基	2～3 层 4～5 层 5 层以上	50～80 80～120 >120
湿陷性黄土地基		≥30～70

1.6.1.3 防震缝

在地震区建造房屋，应力求体形简单，重量、刚度对称并均匀分布，建筑物的形心和重心尽可能接近，避免在平面和立面上的突然变化。在抗震设防烈度为 7～9 度的地区，当建筑物体形复杂或各部分的结构刚度、高度、重量相差较大时，应在变形敏感部位设缝，将建筑物分为若干个体形规整、结构单一的单元，防止在地震波的作用下相互挤压、拉伸，造成变形破坏，这种缝隙叫防震缝。

当抗震设防烈度为 8 度和 9 度时，遇下列情况之一应设置防震缝：

①建筑物立面高差在 6m 以上；

②建筑物有错层，且楼板错层高差较大；

③建筑物各部分结构刚度、质量截然不同。

设置防震缝时，一般基础可不断开，但在平面复杂的建筑中，当建筑各相连部分的刚度差别很大时，必须将基础断开。防震缝应沿建筑的全高设置，缝的两侧应布置墙或柱，形成双墙、双柱或一墙一柱，使各部分封闭，增加刚度，如图 1.14 所示。

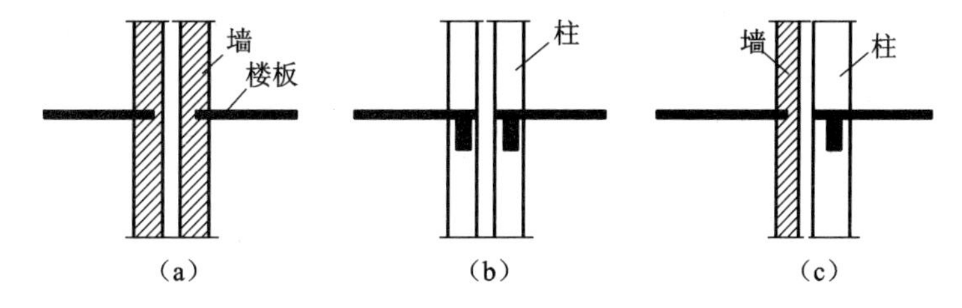

图 1.14 防震缝两侧结构布置

(a)双墙方案；(b)双柱方案；(c)一墙一柱方案

防震缝的宽度，在多层砖混结构中按抗震设防烈度的不同取 50～100mm；在多层和高层钢筋混凝土框架结构建筑中，建筑物的高度不超过 15m 时取 70mm；当建筑物高度超过 15m 时，按地震烈度在缝宽 70mm 的基础上增大，具体为：

抗震设防烈度 7 度，建筑物每增高 4m，缝宽增加 20mm；

抗震设防烈度 8 度，建筑物每增高 3m，缝宽增加 20mm；

抗震设防烈度 9 度，建筑物每增高 2m，缝宽增加 20mm。

伸缩缝、沉降缝和防震缝应根据情况统一设置，当只设其中两种缝时，一般沉降缝可以代替伸缩缝，防震缝也可以代替伸缩缝。当伸缩缝、沉降缝和防震缝均需设置时，常三缝合一，通常构造上以沉降缝的设置为主，缝的宽度和构造处理应满足防震缝的要求，同时也应兼顾伸缩缝的最大间距要求。

1.6.2 变形缝的常见处理方法

(1)伸缩缝

根据墙体的厚度和所用材料不同，伸缩缝可做成平缝、错口缝和企口缝等形式，如图1.15所示。为减少外界环境对室内状况的影响以及考虑建筑立面处理的要求，须对伸缩缝进行嵌缝和盖缝处理，缝内一般填沥青麻丝、油膏、泡沫塑料等材料。当缝口较宽时，还应用镀锌铁皮、彩色钢板、铝皮等金属调节片覆盖，如图1.16所示。

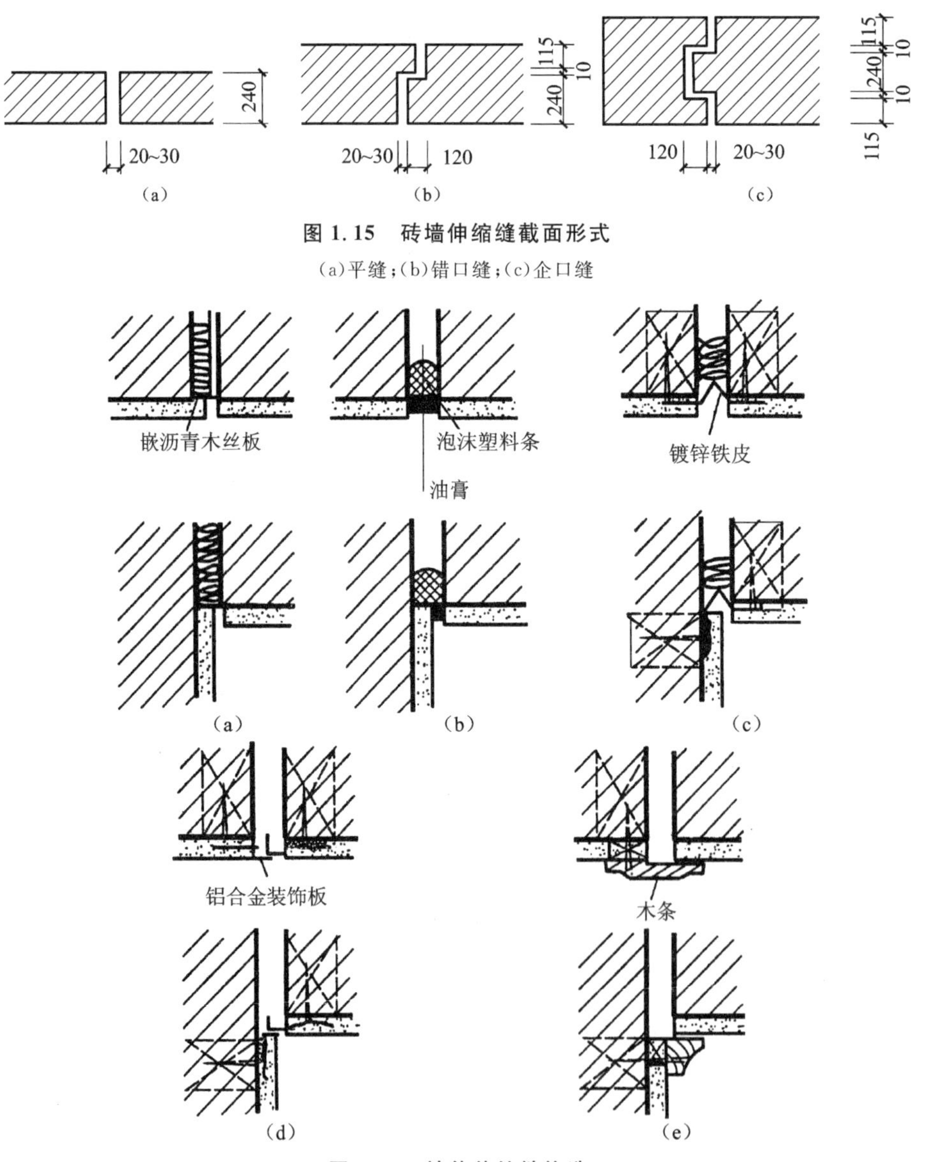

图1.15 砖墙伸缩缝截面形式

(a)平缝；(b)错口缝；(c)企口缝

图1.16 墙体伸缩缝构造

(a)沥青纤维；(b)油膏；(c)金属皮；(d)铝合金或塑铝装饰板；(e)木条

(2)沉降缝

墙体沉降缝构造与伸缩缝构造基本相同,只是调节片或盖缝板在构造上需要保证两侧结构在竖向的相对变位不受约束,如图 1.17 所示。

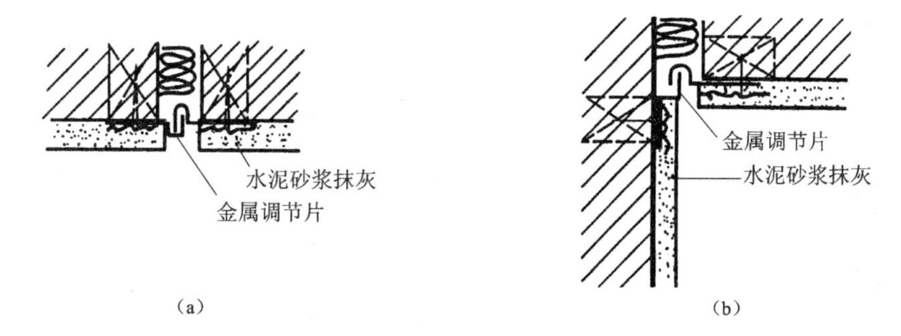

图 1.17　墙体沉降缝构造

(a)平直墙体;(b)转角墙体

(3)防震缝

防震缝的宽度较大,构造与伸缩缝的相同,但不应做成错口缝和企口缝,应充分考虑盖缝条的牢固性和适应变形的能力,做好防水、防风,缝内不填任何材料,如图 1.18 所示。

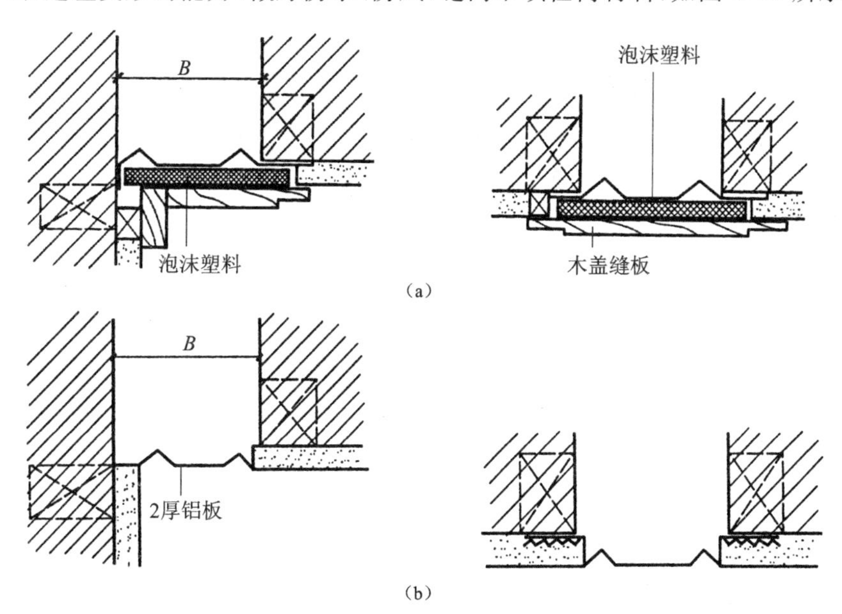

图 1.18　墙身防震缝构造

(a)外墙防震缝的处理;(b)内墙防震缝的处理

复习思考题

一、填空题

1. 建筑的基本要素有三个方面，即：____________，____________和____________。

2. 住宅建筑按层数划分：____________为中高层建筑；____________为高层建筑。

3. 建筑物的耐火等级是由构件的____________和____________两个方面来决定的。

4.《建筑模数协调标准》(GB/T 50002—2013)中规定，基本模数以________表示，数值为________。

二、选择题

1. 建筑的构成三要素中(　　)是建筑的目的，起着主导作用。

A. 建筑功能　　B. 建筑的物质技术条件

C. 建筑形象　　D. 建筑的经济性

2. 建筑是建筑物和构筑物的统称，(　　)属于建筑物。

A. 住宅、堤坝等　　B. 学校、电塔

C. 工厂、展览馆等　　D. 烟囱、办公楼等

3. 建筑物的耐久等级为二级时其耐久年限为(　　)年，适用于一般性建筑。

A. 50～100　　B. 80～150　　C. 25～50　　D. 15～25

4. 耐火等级为二级时楼板和吊顶的耐火极限应满足(　　)。

A. 1.5h，0.25h　　B. 1.00h，0.25h　　C. 1.50h，0.15h　　D. 1.00h，0.15h

三、简答题

1. 民用建筑的基本组成部分有哪些？各部分有何作用？

2. 影响建筑构造的因素包括哪几个方面？

3. 建筑物按耐久年限分为几级？各级的适用范围是什么？

4. 定位轴线为什么应当编号？标注的原则是什么？

2 基础和地下室

学习目标

(1)掌握地基、基础的概念及区别。
(2)掌握地基、基础的作用及设计要求。
(3)掌握基础埋置深度的概念及影响因素。
(4)掌握常见基础分类及一般构造。
(5)掌握地下室组成。
(6)掌握地下室防潮、防水构造。

学习重点

地基基础的概念、基础埋深的影响因素、基础的构造形式、地下室防潮防水。

2.1 基础和地基

基础的概念与分类

建筑物是设置在土体上的,通常把地表以上的建筑物称为上部结构,在地表以下的结构称为基础。上部结构的荷载是通过基础传递给下卧土层的,支撑基础的土层称为地基。

2.1.1 地基与基础

(1)地基

地基不是建筑物的组成部分。地基是承受由基础传下来荷载的土层。地基每平方米所能承受的最大压力称为地基允许承载力。地基承受建筑物荷载而产生的应力和应变随着土层深度的增加而减小,在达到一定深度后便可忽略不计。直接承受建筑荷载的土层称为持力层,持力层以下的土层称为下卧层,如图 2.1 所示。

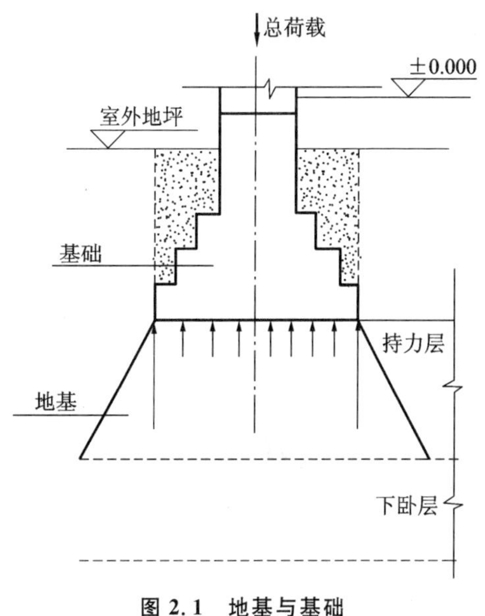

图 2.1 地基与基础

(2)基础

基础是建筑物的重要承重构件,处在建筑物地面以下,属于隐蔽工程。基础承受建筑物上部结构传下来的全部荷载,并把这些荷载连同本身的重量一起传到地基上。基础质量的好坏，关系着建筑物的安全，因此，在建筑设计中合理地选择基础极为重要。

2.1.2 基础、地基及其与荷载的关系

基础是建筑承载体系中最重要的一个组成部分，它承受作用在建筑物上的全部荷载，并将它们传递给地基。根据地基本身土的工程性质（即土的强度与变形特性）的不同，地基承受荷载的能力是有差异的。

在稳定的条件下，单位面积地基所能承受的最大压力，称为地基容许承载力，简称地耐力。当建筑物基础对地基的压力超过地基容许承载力时，地基将出现较大的压缩沉降变形，甚至地基土层会因滑动挤出而引起建筑物的倾斜和破坏。为保证建筑物的稳定和安全，必须采取相应的措施以限制基础底面处的压力不超过地基容许承载力。地基承受的由基础传来的压力是由上部建筑物传至基础顶面的竖向荷载、基础自重以及基础上部土层的重力荷载组成的，而这些荷载都是通过基础的底面传递给地基。因此，当荷载一定时，加大基础底面面积可以减小单位面积地基上所受到的压力。如果以 A 代表基础的底面面积，N 代表传递至基础底面处的建筑物荷载，P 代表地基容许承载力，则可以写出如下关系式：$A \geqslant N/P$，从上式中可以看出，当地基容许承载力一定时，传至基础底面处的建筑物荷载愈大，需要的基础底面面积也愈大；反之，当传至基础底面处的建筑物荷载一定时，地基容许承载力愈小，需要的基础底面面积将愈大。在建筑设计中，可以根据建筑物基础、地基及其荷载之间的这种关系，调整和选择建筑方案。

例如，当建筑物的建筑场地已经确定（即地基容许承载力一定）时，可以通过调整建筑物的层数和每层的建筑面积，也就是说，通过调整传至基础底面处的建筑物荷载，来调整和确定建筑物基础的底面面积大小；如果建筑物的设计方案已经确定（即传至基础底面处的建筑物荷载一定）时，则可以通过选择建造场地（如果可以选择的话）来选择不同的地基容许承载力，从而调整和确定建筑物基础底面面积的大小。

2.1.3 地基的分类

(1)天然地基

天然地基是指具有足够的承载力的天然土层，可以直接在天然土层上建造基础的地基。岩石、碎石、砂石等地基可作为天然地基。

(2)人工地基

人工地基是指当天然土层较软弱，不足以承受建筑物荷载时，需要经过人工加固才能在其上建造基础的地基。

人工加固地基通常采用的方法有：强夯法、换填垫层法、预压排水固结法、化学加固法、复合地基法、冲振碎石桩法及打桩法等。

2.1.4 地基与基础的设计要求

(1)地基承载能力和均匀程度的要求

建筑物的建造地址尽可能选在地基土的承载力较高且分布均匀的地段，如岩石类、碎石类等地基土。若地基土质不均匀，会给基础设计增加困难。若处理不当将会使建筑物发生不均

匀沉降,引起墙身开裂,甚至影响建筑物的使用。

(2)基础强度和耐久性的要求

基础是建筑物的重要承重构件,它对整个建筑的安全起着保证作用。因此,基础所用的材料必须具有足够的强度,才能保证基础能够承担建筑物的荷载并传递给地基。

基础是埋在地下的隐蔽工程,由于它在土中经常受潮,而且建成后检查和加固也很困难,因此在选择基础的材料和构造形式等问题时,应与上部结构的耐久性相适应。

(3)基础工程应注意经济问题

基础工程的投资占建筑总造价的10%～40%,在保证安全性和耐久性的前提下,降低基础工程的投资是降低工程总投资的重要一环。因此,在设计中应选择较好的土质地段,对需要特殊处理的地基和基础,尽量使用地方材料,并采用恰当的形式及构造方法,从而节省工程投资。

2.1.5 基础埋置深度及影响因素

2.1.5.1 基础的埋置深度

为了防止基础被破坏以及让建筑物选择一个合适的地基,基础需要有一定的埋置深度。基础的埋置深度是从室外地坪算起的。室外地坪分为自然地坪和设计地坪,自然地坪是指施工地段的现有地坪,设计地坪是指按设计要求工程竣工后室外场地经垫起或开挖后的地坪。基础的埋置深度一般是指室外设计地坪至基础底面的距离,如图2.2所示。

根据基础的埋置深度不同,基础分为浅基础和深基础。一般情况下,基础埋置深度小于5m且用常规方法施工的基础称为浅基础,当基础埋置深度大于5m且用特殊方法施工的基础通常称为深基础。在确定基础的埋置深度时,应优先选用浅基础。其特点是:构造简单,施工方便,造价低廉且不需要特殊的施工设备。只有在表层土质极软弱或总荷载较大或其他特殊情况下,才选用深基础。

基础的埋置深度也不能过小,至少不能小于500mm,因为地基受到建筑物荷载作用后可能将四周土挤走,使基础失稳,或地面受到雨水冲刷、机械破坏而导致基础暴露,影响建筑的安全。

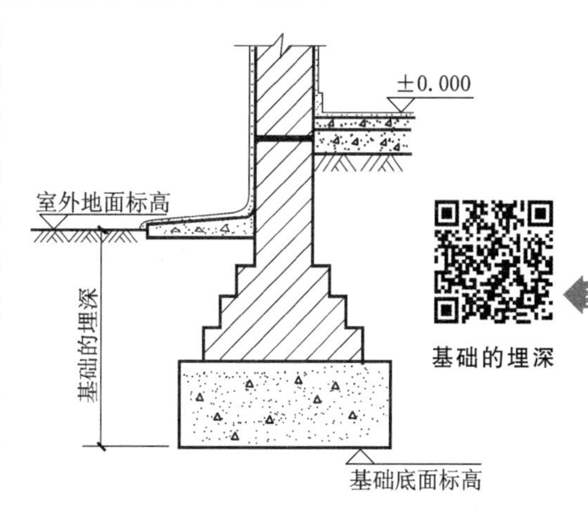

扫一扫

图2.2 基础的埋深

2.1.5.2 基础埋置深度的影响因素

一般来说,在保证建筑物安全稳定、耐久适用的前提下,基础应尽量浅埋,以节省工程量而且便于施工。如何确定基础的埋置深度,应综合考虑下列因素。

(1)建筑物用途,有无地下室、设备基础和地下设施,基础的类型和构造

确定基础埋深时,应了解建筑物的用途及使用要求。当有地下室、设备基础和地下设施时,建筑物就需要根据地下部分的设计标高、管沟及设备基础的具体标高加大基础的埋深。又如,对于高层建筑物,为满足稳定性及抗震要求,也应该加大基础埋深。

另外,基础的类型和构造有时对基础埋深起决定性作用。例如,采用无筋扩展基础,当基

础底面面积确定后，基础本身的构造要求(即满足台阶宽高比允许值要求)就决定了基础的最小高度，从而决定了基础的埋深。

(2)作用在地基土的荷载大小和性质

基础埋深的选择必须考虑荷载的性质和大小的影响。一般来说，荷载大的基础需要承载力高、压缩性低的土层作为持力层。比如同一层土，对荷载小的基础可能是良好的持力层，而对荷载大的基础则可能不适宜做持力层。尤其是承受较大的水平荷载的基础或承受较大的上拔力的基础(如输电塔等)，往往需要有较大的基础埋深，以提供足够的抗拔力，保证基础的稳定性。

(3)工程地质和水文地质条件

①工程地质条件

工程地质条件往往对基础设计方案起着决定性的作用。实际工程中，常遇到地基上下各层土软硬不同的情况，此时应根据岩土工程勘察成果报告的地质剖面图，分析各土层的深度、层厚、地基承载力大小与压缩性高低，结合上部结构的情况进行技术与经济分析比较，确定最佳的基础埋深方案。一般来说，应选择地基承载力高、压缩性低的坚实土层作为地基持力层，尽量浅埋，确定基础的埋置深度。

②水文地质条件

如果存在地下水，宜将基础埋在地下水位以上，以避免地下水对基础开挖、基础施工及使用期间的影响。若基础必须埋在地下水位以下时，宜将基础底面埋置到最低地下水位 200mm 以下的位置，此时基础应采用耐水材料。

(4)相邻建筑物的基础埋深

新基础离原有建筑物基础很近时，在确定基础埋深时，应保证相邻原有建筑物的安全和正常使用。一般新建筑物基础埋深不宜大于相邻原有建筑物基础的埋深，而且应考虑当必须大于原有建筑物基础的埋深时，两相邻基础之间应保持一定净距，其数值应根据原有建筑荷载大小和土质情况确定。一般距相邻基础底面高差 1～2 倍，见图 2.3。

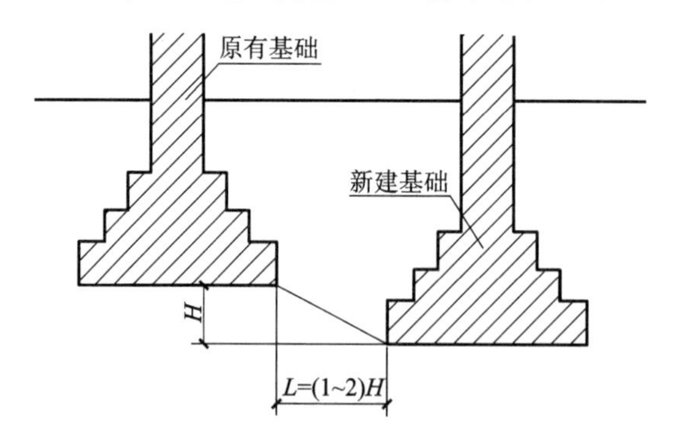

图 2.3　相邻建筑物对基础埋深的影响

(5)地基土冻胀和融陷影响

地面以下的冻结土与非冻结土的分界线称为冰冻线。由于各地区气温不同，冻结深度也不同。我国温暖和炎热地区冻结深度较小，如上海仅为 0.12～0.2m；严寒地区冻结深度较大，如哈尔滨为 1.9～2.0m。一般要求基础底面应埋置在冰冻线 200mm 以下。

2.2 基础的分类与构造

基础的类型取决于建筑物上部结构和地基土的性质，研究基础的类型是为了经济合理地选择基础的形式和材料，确定其构造。

2.2.1 按所用材料分类

按照不同的基础材料，可分为砖基础、毛石基础、灰土基础、混凝土基础和钢筋混凝土基础等。

2.2.1.1 砖基础

砖基础(图 2.4)多用于地基土质好、地下水位低、五层以下的多层混合结构民用建筑。该基础的优点是就地取材、砌筑方便、造价低等，但砖基础强度低且抗冻性差，因此不宜建筑在寒冷地区。一般来说，在砖基础下面先做 100mm 厚的 C15 混凝土垫层。为保证其耐久性，砖的强度等级不低于 MU10，砌筑砂浆强度等级不低于 M5，砖基础剖面一般砌筑成阶梯形，称为大放脚。大放脚从垫层上开始砌筑，通常采用等高式或间隔(不等高)式两种形式。等高式大放脚是每一皮或者每两皮砖一收，每次收进 1/4 砖长加灰缝；不等高式大放脚是两皮一收与一皮一收相间隔。一皮即一层砖，标志尺寸为 60mm。

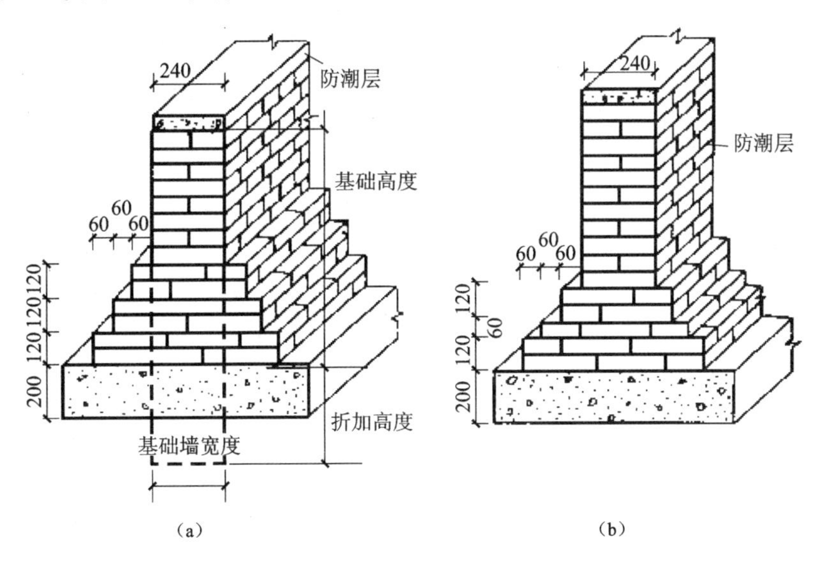

图 2.4 砖基础

(a)等高式大放脚；(b)不等高式大放脚

2.2.1.2 毛石基础

毛石基础(图 2.5)是用强度等级不低于 MU20 的毛石，强度等级不低于 M5 的砂浆砌筑而成。该基础具有强度高、抗冻性好、耐久性好的优点。相对于砖基础，毛石基础可以用于地下水位线较高的地区。毛石尺寸差别较大，为保证砌筑质量，毛石基础每台阶高度和基础墙厚度不宜小于 400mm，每阶两边各伸出宽度不宜大于 200mm。石块应错缝搭砌，缝内砂浆应饱满。

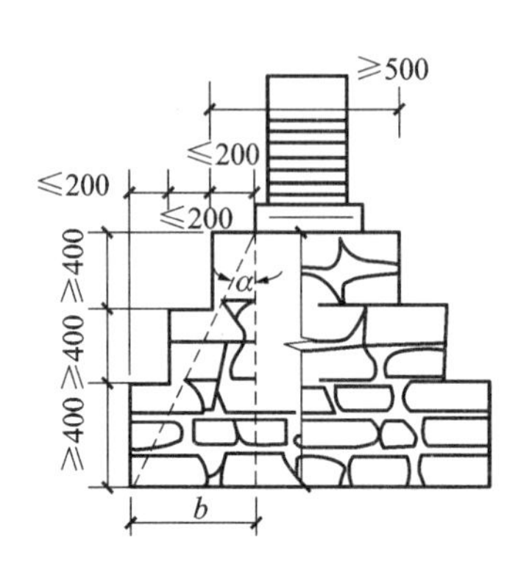

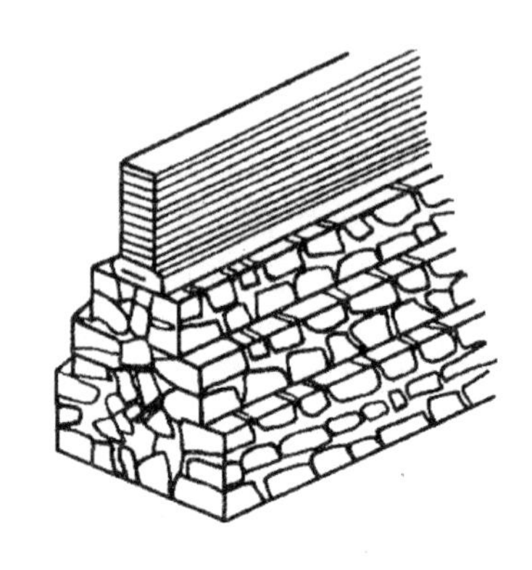

图 2.5　毛石基础

2.2.1.3　混凝土基础

混凝土基础强度高，耐久性、整体性和抗冻性均较好，其混凝土强度等级一般可采用 C15 以上，常用于荷载较大、潮湿的地基，以及地基的均匀性较差或受到冷冻作用的墙柱基础。混凝土基础的断面形式有矩形、阶梯形和锥形三种。为了施工方便，当基础底面宽度小于 350mm 时多做成矩形，大于 350mm 时多做成阶梯形；当基础底面宽度大于 2000mm 时，还可做成锥形，锥形断面能节约混凝土，从而减小基础自重。

混凝土基础的刚性角 α 为 45°，阶梯形断面宽高比应小于 1∶1或 1∶1.5。混凝土浇筑前应验槽，轴线、基坑(槽)尺寸和土质等均应符合设计要求，基坑(槽)内浮土、积水、淤泥、杂物等均应清除干净，基底局部软弱土层应挖去，用灰土或砂砾回填夯实至基底相平。

2.2.1.4　灰土与三合土基础

灰土是用熟化石灰和粉土或黏性土拌和而成。按体积配合比为 3∶7或 2∶8加适量水拌和均匀，铺在基槽内分层夯实，每层虚铺 220～250mm，夯实至 150mm。灰土基础造价低，但其抗冻、耐水性差，因此地下水位较高时不宜采用。多用于五层及五层以下的民用建筑及轻型厂房等。

三合土是由石灰、砂和骨料(矿渣、碎砖或石子)组成，按体积比为 1∶2∶4或者 1∶3∶6加适量水拌和均匀，铺在基槽内分层夯实，每层虚铺 220mm 厚，夯实至 150mm。三合土基础强度较低，一般用于四层及四层以下的民用房屋中。

2.2.1.5　钢筋混凝土基础

钢筋混凝土基础(图 2.6)适用范围广泛，由于其强度高，耐久性、整体性和抗冻性均很好，常用于建筑荷载较大、地基均匀性较差以及基础位于地下水位以下以及抗冻要求高的建筑。

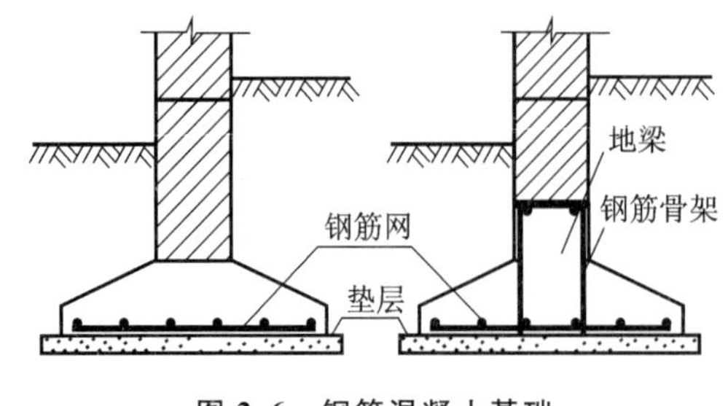

图 2.6　钢筋混凝土基础

钢筋混凝土基础是通过在混凝土基础下部配置钢筋来承受底面的拉力，所以基础不受宽高比的限制，可以做得宽而薄，一般为扁锥形，端部最薄处的厚度不宜小于 200mm。基础中受力钢筋的数量应通过计算确定，但钢筋直径不宜小于 8mm，间距不宜大于 200mm。基础混凝土的强度等级不宜低于 C20。为了使基础底面能够均匀传力和便于配置钢筋，基础下面一般用强

度等级为C15的混凝土做垫层，厚度宜为50～100mm。有垫层时，钢筋下面保护层的厚度不宜小于40mm；不设垫层时，保护层的厚度不宜小于70mm。

2.2.2 按刚度分类

2.2.2.1 刚性基础

刚性基础是由刚性材料制作的基础，又称为无筋扩展基础。一般将抗压强度高，而抗拉、抗剪强度较低的材料称为刚性材料，常用的有砖、灰土、混凝土、三合土、毛石等。为了满足地基容许承载力的要求，地基承载力在一般情况下低于结构墙体或柱等上部结构的抗压强度，故基础底面宽度均要大于上部墙或柱的宽度，如图2.7中B大于B_0。地基承载力愈小，基础底面宽度愈大。从基础受力方面分析，加宽挑出部分的基础相当于一个悬臂构件，它的底面将受拉，当它挑出的部分过长且较薄时，其挑出部分的底面受拉区的拉应力超过材料的抗拉强度，基础底面将因受拉而开裂，使基础破坏。那么用砖、石、灰土、混凝土等刚性材料建造基础时，为保证基础不被拉应力和冲切应力破坏，基础就必须具有足够的高度。也就是说，对基础大放脚的挑出宽度b与高度H之比（称基础放脚宽高比）进行限制，以保证基础的可靠与安全。按通常刚性材料的受力状况，基础在传力时只能在材料允许范围内控制，这个控制范围的夹角称为刚性角，用α表示。在刚性基础挑出的放脚部分，将其对角线与高度线所形成的夹角称为刚性角。图2.7(b)在基础宽度加大的同时，也增加基础高度，使基础放脚宽高比控制在允许范围内。图2.7(a)基础宽度加大，其放脚宽高比超过允许刚性角范围，基础因受拉开裂而破坏。因此可以说，凡是受刚性角限制的基础，称为刚性基础。一般砖、石基础的刚性角控制在26°～33°[(1∶1.25)～(1∶1.50)]以内，混凝土基础刚性角控制在45°(1∶1)以内。

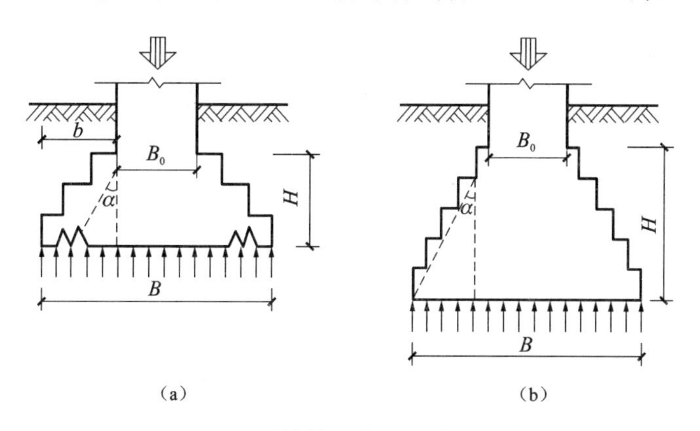

图2.7 刚性基础的受力、传力特点

一般情况，刚性基础多用于地基承载力较大的低层或多层的民用建筑以及墙承载的轻型厂房等。

2.2.2.2 非刚性(柔性)基础

当建筑物的荷载较大、地基承载力较小时，基础底面面积必须加大。如果仍然采用砖、石、灰土、混凝土材料做基础，由于基础刚性角的限制，基础的高度和埋置深度势必会加大，这样既增加了基础材料的用量，又使土方工程量大大增加，对工期和造价都十分不利。那么在混凝土基础的受拉区增设受拉钢筋，利用钢筋来承受拉应力，使基础底部能承受较大的弯矩，这时，由

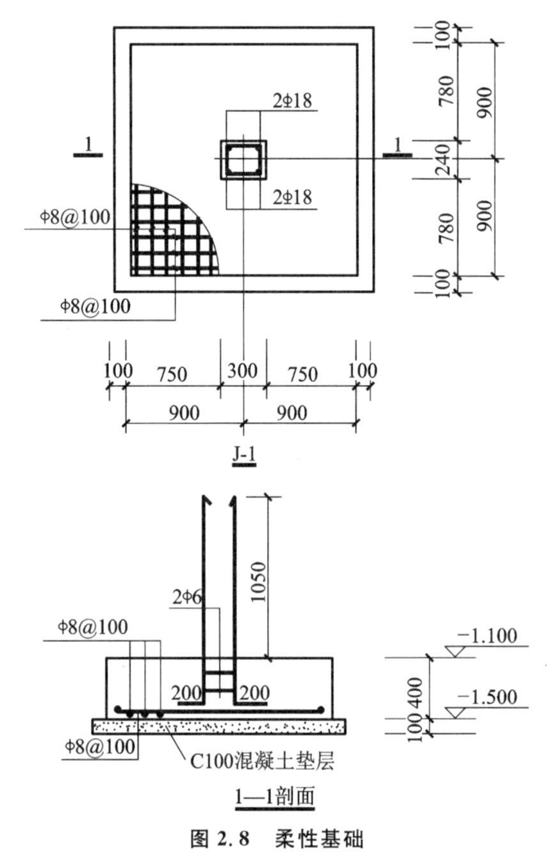

图 2.8 柔性基础

于不受基础放脚宽高比的限制，基础底面积的增加不需要以加大基础高度和基础深度为代价，基础的适应性就大大提高了。这种不受刚性角限制的钢筋混凝土基础称为柔性基础或非刚性基础，如图 2.8 所示。

2.2.3 按构造形式分类

2.2.3.1 独立式基础

当建筑物上部结构采用框架结构或单层排架结构时，基础常采用方形或矩形的独立式基础，这类基础称为独立式基础或柱式基础。独立式基础是柱下基础的基本形式。

当柱采用预制构件时，基础做成杯口形，然后将柱子插入并嵌固在杯口内，故称杯形基础，如图 2.9 所示。单独基础的优点是土方工程量较少，便于管道穿行，节约基础材料。但各单独基础之间无连接构件，基础整体抵抗不均匀沉降的能力较差，因此，单独基础适用于地基土质均匀、建筑物荷载均匀的柱承载结构的建筑物。

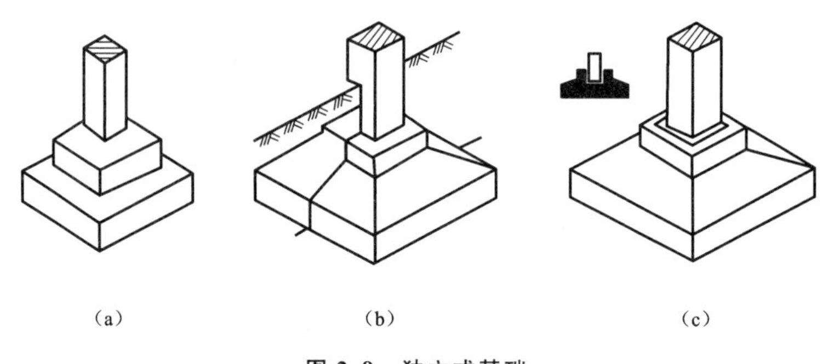

图 2.9 独立式基础

(a)阶梯形；(b)锥形；(c)杯形

2.2.3.2 条形基础

条形基础是连续带形的，故也称带形基础。主要用于墙承载结构中。这种基础空间刚度较好，可减缓局部不均匀下沉，常选用砖、石、灰土、三合土、混凝土等刚性材料建造，如图 2.10 所示。

2.2.3.3 井格式基础

井格式基础适用于柱网下的地基软弱、土的压缩性或各柱荷载的分布沿两个柱列方向都很不均匀的情况。当基础的设计中一方面需要进一步扩大基础面积，另一方面又要求基础具有足够的空间刚度以调整不均匀沉降，采用柱下井格式基础就比较有效。井格式基础如图 2.11 所示。

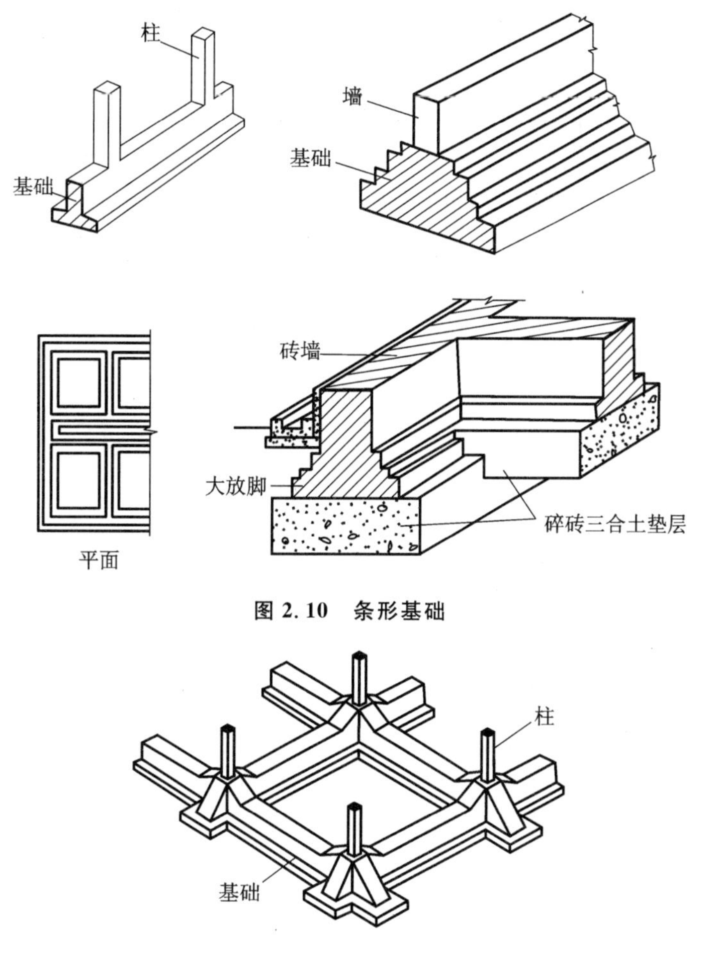

图 2.10 条形基础

图 2.11 井格式基础

2.2.3.4 片筏式基础(筏形基础)

当地基土特别软弱或在两个方向存在分布不均匀的问题，而建筑物上部荷载又很大，特别是带有地下室的高层建筑物，采用简单的条形基础或井格式基础已不能适应地基变形的需要或相邻基础距离很小时，通常将整个基础底板连成一片而成为片筏式基础(筏形基础)。片筏式基础的整体性好，可以跨越基础下的局部软弱土。片筏式基础常用于地基软弱的多层砌体结构、框架结构、剪力墙结构的建筑，以及上部结构荷载较大且不均匀或地基承载力小的情况，按其结构布置分为梁板式(也叫满堂基础)和无梁式，其受力特点与倒置的楼板相似。

片筏式基础以其成片覆盖于建筑物地基的整个面积和完整的平面连续性为明显特点，它不仅易于满足软弱地基承载力的要求，减少地基的附加应力和不均匀沉降，还具有前述条形基础、独立式基础、柱下条形基础等所不完全具备的良好功能。如作为水池、油库等的防渗底板；增强建筑物的整体抗震性能等。但是片筏式基础也有不足之处，如其自身平面面积较大，而厚度有限，因此，片筏式基础只具有有限的抗弯刚度，无力调整过大的沉降差异，尤其是对土岩组合地基等软硬明显不均的情况，就须局部处理才能适应；片筏式基础由于其连续性，在局部荷载作用下，既要有正弯矩钢筋，又要有负弯矩钢筋，还需要设置一定数量的构造钢筋，因此经济指标较高。筏板厚度不宜小于200mm。一般情况下，筏板边缘应伸出边柱和角柱外侧包线或侧墙以外，伸出长度不宜大于伸出方向边跨柱距的1/4。片筏式基础如图2.12所示。

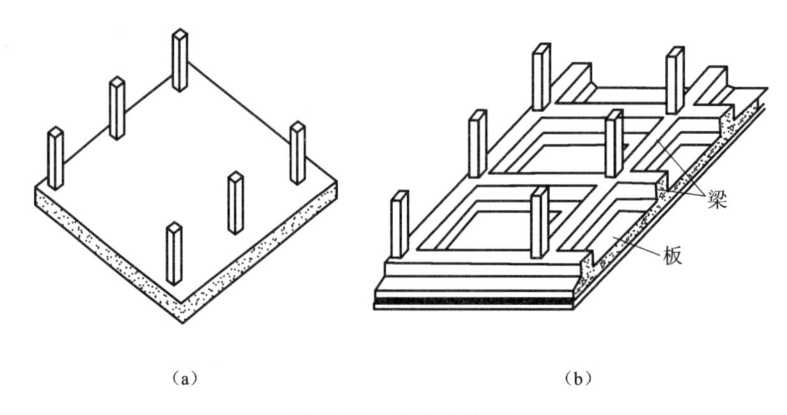

图2.12 片筏式基础

(a)平板式；(b)梁板式

2.2.3.5 箱形基础

当地基特别软弱或分布不均匀，荷载又很大时，特别是带有地下室的建筑物，可将基础做成由钢筋混凝土底板、顶板和钢筋混凝土纵横墙组成的箱形基础。它是筏形基础的进一步发展。箱形基础整体抗弯刚度相当大，使上部结构不易开裂，且基础的空心部分可做地下室。由于埋深和空腹，因此可减少基地的附加应力，这对建筑物设计和基础设计十分有利。箱形基础(图2.13)可采用多层结构，在高层建筑物及重要的构筑物中常被采用。但箱形基础耗用大量的钢筋及混凝土，故采用这类基础，应根据地基土质情况、荷载大小及上部结构形式等各方面因素做技术、经济比较后确定。

箱形基础从其底板底面到顶板顶面的高度应满足结构承载力、整体刚度和使用功能的要求，一般可取建筑物高度的1/12～1/8，也不宜小于箱形基础长度的1/8，并不小于3m。

箱形基础的埋置深度，满足建筑物对地基承载力、基础抗倾覆及滑移稳定性以及建筑物整体倾斜等的要求，还应受基坑开挖极限深度、对周围建筑基础的影响等因素的制约，一般可取等于箱形基础的高度，在地震区则不宜小于建筑物高度的1/10。箱形基础顶板厚度不小于150mm，外墙厚度不小于250mm，内墙厚度不小于200mm。

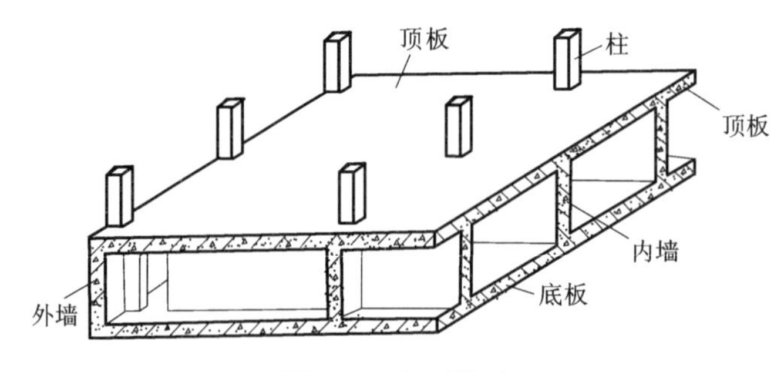

图2.13 箱形基础

2.2.3.6 桩基础

当天然地基上的浅基础沉降量过大或地基稳定性不能满足建筑物的要求时，常采用桩基

础。桩基础具有承载力大，沉降量小，节约基础材料，减少挖填土方工程量，改善施工条件和缩短工期等优点，因此应用较为广泛。

桩基础的种类较多，按桩的传力及作用性质分为端承桩和摩擦桩；按材料分为混凝土桩、钢筋混凝土桩和钢桩等；按桩的制作方法分为预制桩和灌注桩。我国目前常用的桩基础有钢筋混凝土预制桩、振动灌注桩、钻孔灌注桩、爆扩灌注桩等。

钢筋混凝土预制桩是在预制厂或施工现场预制，由桩尖、桩身和桩帽三部分组成，断面多为方形，施工时用打桩机打入土层内，然后再在桩帽上浇筑钢筋混凝土承台，见图 2.14。

振动灌注桩是将带有活瓣桩尖的钢管经振动沉入土中，至设计标高后向钢管内灌入混凝土，再将钢管随振随拔，使混凝土留入土中而成，见图 2.15。钻孔灌注桩是利用钻孔机钻孔，然后在孔内浇筑混凝土而成。爆扩灌注桩简称爆扩桩，是用钻孔机钻孔或先钻一细孔，在孔内放入装有炸药的塑料管（药条），经引爆成孔后，再用炸药爆炸扩大孔底，然后灌注混凝土而成，见图 2.16。

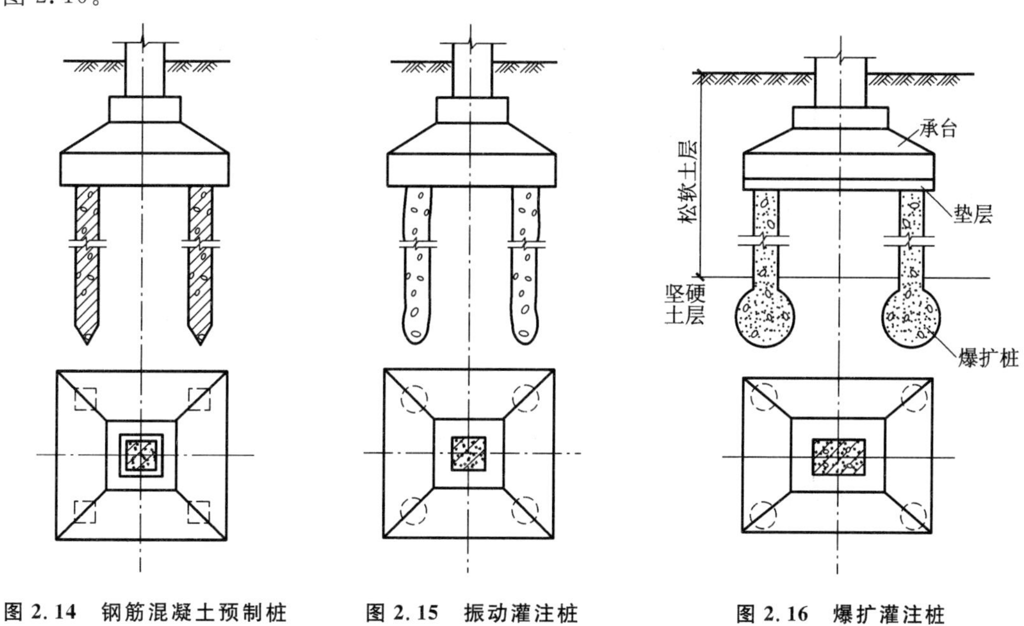

图 2.14 钢筋混凝土预制桩 **图 2.15 振动灌注桩** **图 2.16 爆扩灌注桩**

2.3 地下室的构造

2.3.1 地下室的构造组成

建筑物下部的地下使用空间称为地下室。地下室一般由墙身、底板、顶板、门窗、楼梯等部分组成，如图 2.17 所示。

（1）墙体

采用筏形基础的地下室，地下室钢筋混凝土外墙厚度不应小于 250mm，内墙厚度不应小于 200mm。墙的截面设计除满足承载力要求外，尚应考虑变形、抗裂和防渗等要求。墙体内应设置双面钢筋，竖向和水平钢筋直径不应小于 12mm，间距不应大于 300mm。

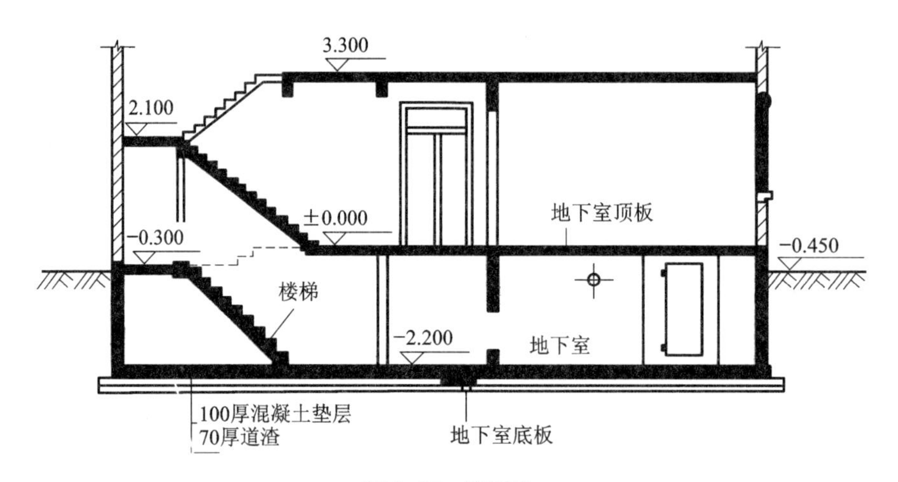

图 2.17 地下室

高层建筑地下室外墙设计应满足水土压力及地面荷载侧压作用下承载力要求，其竖向和水平分布钢筋应双层双向布置，间距不宜大于 150mm，配筋率不宜小于 0.3%。

(2)顶板

顶板可用预制板、现浇板或者在预制板上做现浇层(装配整体式楼板)。若为防空地下室，必须采用现浇板，并按有关规定决定厚度和混凝土强度等级，在无采暖的地下室顶板上，即首层地板处应设置保温层，以利于提高首层房间的舒适性。

(3)底板

当底板处于最高地下水位以上，并且无压力产生作用的可能时，可按一般地面工程处理，即垫层上现浇混凝土 60～80mm 厚，再做面层。当底板处于最高地下水位以下时，底板不仅承受上部垂直荷载，还承受地下水的浮力荷载，因此应采用钢筋混凝土底板，并双层配筋，底板下垫层上还应设置防水层，以防渗漏。

(4)门窗

普通地下室的门窗与地上房间门窗相同，地下室外窗若在室外地坪以下，应设置采光井和防护箅，以利室内采光、通风和室外行走安全。防空地下室一般不允许设窗，若需开窗，应设置战时堵严设施。防空地下室的外门应按防空等级要求设置相应的防护构造。

(5)楼梯

楼梯可与地面上房间结合设置，层高小或用作辅助房间的地下室，可设置单跑楼梯。人防地下室至少要设置两部楼梯通向地面的安全出口，并且必须有一个是独立的安全出口。这个安全出口周围不得有较高建筑物，以防空袭倒塌堵塞出口，影响疏散。

(6)采光井

半地下室窗外一般应设采光井，一般每一个窗设一个独立的采光井。当窗与采光井的距离很近时，也可将采光井连在一起。采光井由侧墙和底板构成，侧墙一般用砖砌筑，井底板则用混凝土浇筑，如图 2.18 所示。采光井的深度由地下室窗台的高度而定，一般窗台应高于采光井底板面层 250～300mm，采光井的长度应比窗宽 1000mm 左右；采光井的宽度视采光井的深度而定，当采光井深度为 1～2m 时，宽度为 1m 左右。采光井侧墙顶面应比室外设计地面高 250～300mm，以防地面水流入井内。

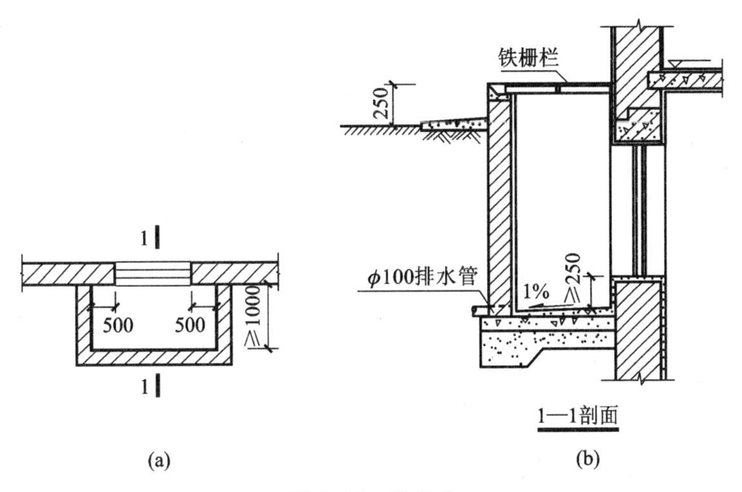

图 2.18 采光井

2.3.2 地下室的分类

2.3.2.1 按埋入地下深度不同分类

(1)全地下室

全地下室是指地下室地面低于室外地坪的高度超过该房间净高的 1/2 的地下空间。

(2)半地下室

半地下室是指地下室地面低于室外地坪的高度为该房间净高的 1/3～1/2 的地下空间。

2.3.2.2 按使用功能不同分类

(1)普通地下室

普通地下室一般用作高层建筑的地下停车库、设备用房，根据用途及结构需要可做成一层或多层地下室，如图 2.19 所示。

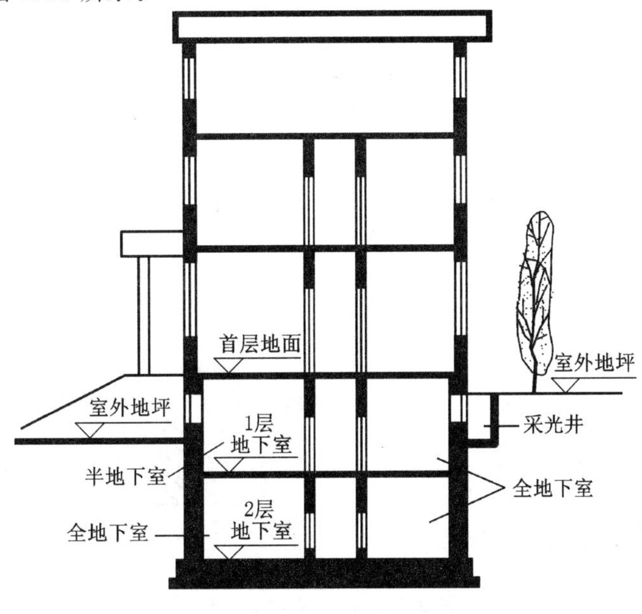

图 2.19 普通地下室

(2)人防地下室

人防地下室是结合人防要求设置的地下空间,用以应付战时人员的隐蔽和疏散,并具备保障人身安全的各项技术措施。

2.3.3 地下室的防潮与防水

地下室的外墙和底板常年埋在地下,受到土中水分和地下水的侵蚀,如不采取有效的构造措施,地下室将受到水的渗透,轻则引起墙皮脱落、墙面霉变,影响美观和使用;重则将影响建筑物的耐久性。因此,保证地下室不潮湿、不进水是地下室设计和施工的重要任务。

2.3.3.1 地下室的防潮、防水设计原则

(1)根据地下水位的高度确定防潮防水方案

①地下水位低于地下室地坪高度,墙体应以防潮为主;

②地下水位高于地下室地坪高度,必须考虑地坪及墙体防水处理,防水高度高于室外地面500mm。

(2)根据不同地基土性质和地下水位高度确定防潮防水方案

地下室周围土层属于弱透水性,有滞水存在的可能,防水层按有压水考虑,设计高度应超过地面以上。

2.3.3.2 地下室的防潮

当地下水的常年水位和最高水位都在地下室地面标高以下时,地下水不可能直接浸入室内,墙和底板仅受土层中潮气的影响,这时地下室只需做防潮处理。

地下室的防潮是在地下室外墙外面设置防潮层。具体做法是:在外墙外侧先抹 20mm 厚 1:2.5 水泥砂浆(高出散水 300mm 以上),然后涂冷底子油一道和热沥青两道(至散水底),最后在其外侧回填隔水层。北方常用 2:8灰土,南方常用炉渣,其宽度不少于 500mm。

地下室顶板和底板中间位置应设置水平防潮层,使整个地下室防潮层连成整体,以达到防潮目的,如图 2.20 所示。

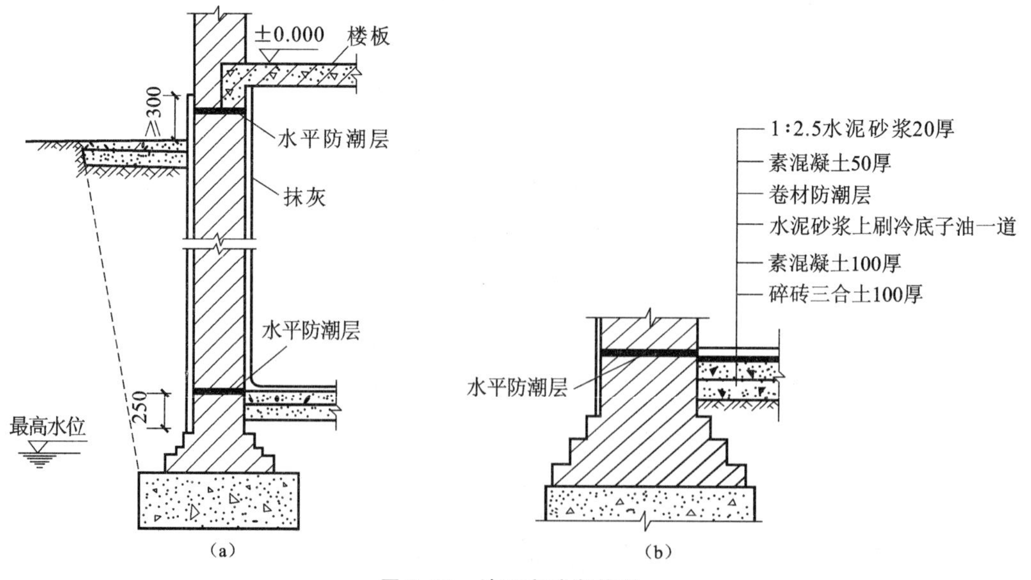

图 2.20 地下室防潮处理

(a)墙体防潮;(b)地坪处防潮

2.3.3.3　地下室的防水

当最高地下水位高于地下室地坪时，地下水不仅可以浸入地下室，而且地下室外墙和底板还分别受到地下水的侧压力和浮力。水压力大小与地下水高出地下室地坪高度有关，高差愈大，压力愈大。这时，对地下室必须进行防水处理。

地下工程防水等级划分见表2.1。

表2.1　地下工程防水等级划分

防水等级	标准
一级	不允许渗水，结构表面无湿渍
二级	不允许漏水，结构表面可有少量湿渍； 工业与民用建筑：总湿渍面积不应大于总防水面积（包括顶板、墙面、地面）的1/1000；任意100m² 防水面积上的湿渍不超过2处，单个湿渍的最大面积不大于0.1m²； 其他地下工程：总湿渍面积不应大于总防水面积的2/1000；任意100m² 防水面积上的湿渍不超过3处，单个湿渍的最大面积不大于0.2m²；其中，隧道工程还要求平均渗水量不大于0.05L/(m²·d)，任意100m² 防水面积上的渗水量不大于0.15L/(m²·d)
三级	有少量漏水点，不得有线流和漏泥沙； 任意100m² 防水面积上的漏水或湿渍点数不超过7处，单个漏水点的最大漏水量不大于2.5L/d，单个湿渍的最大面积不大于0.3m²
四级	有漏水点，不得有线流和漏泥沙； 整个工程平均漏水量不大于2L/(m²·d)；任意100m² 防水面积上的平均漏水量不大于4L/(m²·d)

地下室防水构造通常有卷材防水、砂浆防水和涂料防水等。

(1)卷材防水

卷材防水构造适用于受侵蚀性介质或受振动作用的地下工程。卷材应采用高聚物改性沥青防水卷材和合成高分子防水卷材，铺设在地下室混凝土结构主体的迎水面上。铺设位置是自底板垫层至墙体顶端的基面上，同时应在外围形成封闭的防水层。地下室卷材防水做法：防水卷材铺贴前应在基层表面上涂刷基层处理剂，基层处理剂应与卷材及胶粘剂的材料相容，可采用喷涂或涂刷法施工，喷涂应均匀一致、不露底，待表面干燥后方可铺贴卷材。两幅卷材短边和长边的搭接宽度均不应小于100mm。当采用多层卷材时，上下两层和相邻两幅卷材的接缝应错开1/3幅宽，且两层卷材不得相互垂直铺贴，防水卷材厚度见表2.2。

表2.2　防水卷材厚度

防水等级	设防道数	合成分子防水卷材	高聚物改性沥青防水卷材
一级	三道或三道以上设防	单层：不应小于1.5mm； 双层：总厚不应小于2.4mm	单层：不应小于4mm； 双层：总厚不应小于6mm
二级	二道设防		
三级	一级设防	不应小于1.5mm	不应小于4mm
	复合设防	不应小于1.2mm	不应小于3mm

地下室顶板在室外地坪之下的具体构造及其细部做法如图2.21所示。

在阴阳角处，卷材应做成圆弧，而且应当与在有女儿墙处的卷材防水屋面做法一样，加铺一道相同的卷材，宽度≥500mm。

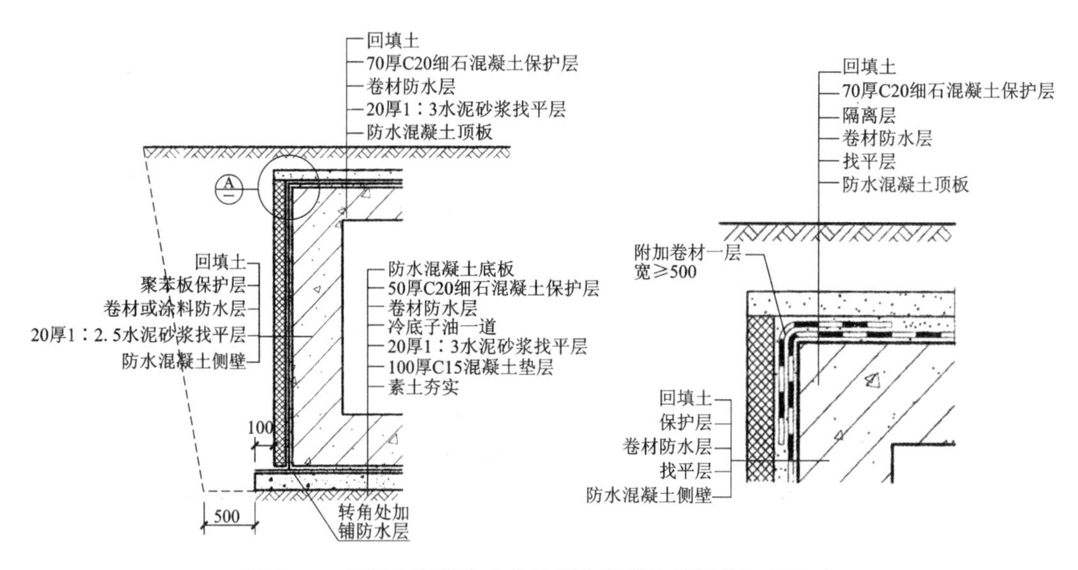

图 2.21 地下室顶板在室外地坪之下的构造及其细部做法

地下室顶板在室外地坪之上的具体构造及做法如图 2.22 所示。

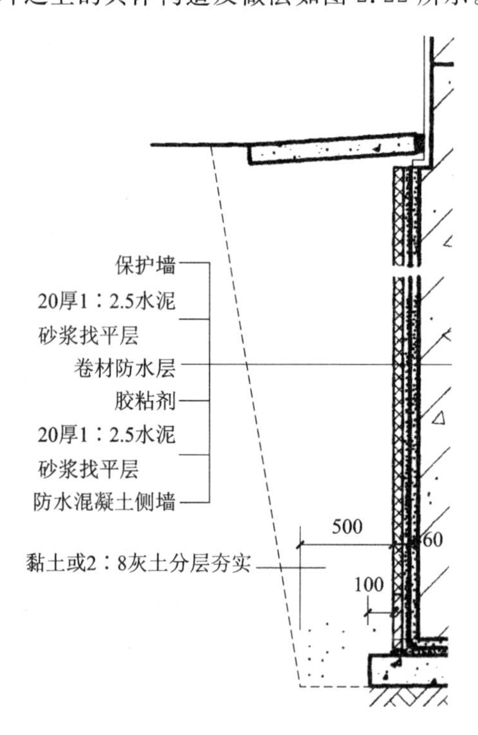

图 2.22 地下室顶板在室外地坪之上的构造及做法

(2)砂浆防水

砂浆防水构造适用于混凝土或砌体结构的基层上。不适用于环境有侵蚀性、持续振动或温度高于 80℃的地下工程。所用砂浆应为水泥砂浆或高聚物水泥砂浆、掺外加剂或掺合料的防水砂浆。

地下室砂浆防水做法：施工应采取多层抹压法。水泥砂浆的配比应为1∶1.5～1∶2。高聚物水泥砂浆单层厚度为6～8mm；双层厚度为10～12mm。掺外加剂或掺合料的防水砂浆防水层厚度为18～20mm。

(3)涂料防水

有机防水涂料主要包括合成橡胶类、合成树脂类和橡胶沥青类，适宜做在主体结构的迎水面。其中如氯丁橡胶防水涂料、SBS改性沥青防水涂料等聚合物乳液防水涂料，属挥发固化型(水乳型)；聚氨酯防水涂料等属反应固化型。另有聚合物水泥涂料，国外称之为弹性水泥防水涂料。

无机防水涂料主要包括聚合物改性水泥基防水涂料和水泥基渗透结晶型防水涂料，应认为是刚性防水材料，所以不适用于变形较大或受振动部位，适宜用在主体结构的背水面。

防水涂料厚度见表2.3。

表2.3　防水涂料厚度(mm)

防水等级	设防道数	有机涂料			无机涂料	
		反应型	水乳型	聚合物型	水泥基	水泥基渗透结晶型
一级	三道或三道以上设防	1.2～2.0	1.2～1.5	1.5～2.0	1.5～2.0	≥0.8
二级	二道设防	1.2～2.0	1.2～1.5	1.5～2.0	1.5～2.0	≥0.8
三级	一道设防	—	—	≥2.0	≥2.0	—
	复合设防	—	—	≥1.5	≥1.5	—

复习思考题

一、填空题

1. 地基分为________和________两类。
2. 基础埋深：________为深基础，________为浅基础。
3. 基础按所采用的材料和受力特点，可分为________和________。
4. 地下室组成部分有________、________、________、________及门窗等五部分。

二、单选题

1. 基础埋深不得过小，一般不小于(　　)mm。

   A. 100　　B. 500　　C. 300　　D. 400

2. 无筋扩展基础的受力特点是(　　)。

   A. 抗拉强度大，抗压强度小　　B. 抗拉、抗压强度均大

   C. 抗剪强度大　　D. 抗压强度大，抗拉强度小

3. 在(　　)的情况下，地下室应采取防潮处理方案。

   A. 地下水位在地下室底板标高之下

   B. 设计最高地下水位在地下室底板标高之下

   C. 地下水位在地下室底板标高之上

D. 设计最高地下水位在地下室底板标高之上

4. 在下列地下工程的防水做法中，宜优先考虑（　　）防水方法。

A. 钢筋混凝土自防水　　B. 水泥砂浆防水层

C. 卷材防水　　D. 金属防水层

三、简答题

1. 地基和基础有何关系？

2. 基础埋深如何确定？

3. 基础按构造形式分为几种类型？各适用于哪类建筑？

4. 地下室在什么情况下要防潮？什么情况下要防水？其构造分别是怎样的？

3 墙体构造

学习目标

(1)掌握墙体类型及设计要求。

(2)掌握砖墙及其细部构造。

(3)掌握墙体加固措施。

(4)掌握砌块墙及隔墙构造。

(5)掌握墙体保温及装修构造。

学习重点

砖墙的构造要求、墙体细部构造做法、墙体加固措施、墙体装修。

3.1 墙体概述

3.1.1 墙体的类型

墙体概述

根据墙体在建筑物中的位置、受力状况、所用材料、构造方式及施工方法的不同,可将其分成不同的类型。

(1)按墙所处位置及方向分类

按墙所处位置分为外墙和内墙。外墙位于房屋的四周,能抵抗大气侵袭,保证内部空间舒适,故又称为外围护墙。内墙位于房屋内部,主要起分隔内部空间的作用。按墙的方向又可分为纵墙和横墙。沿建筑物长轴方向布置的墙称为纵墙,房屋有外纵墙和内纵墙。沿建筑物短轴方向布置的墙称为横墙,房屋有内横墙和外横墙,外横墙通常叫山墙(图 3.1)。

(2)按受力情况分类

在砖混结构建筑中,墙按结构受力情况分为承重墙和非承重墙两种。承重墙直接承受楼板及屋顶传下来的荷载。非承重墙不承受外来荷载,它又可以分为自承重墙和隔墙。自承重墙仅承受自身重量,并把自重传给基础。隔墙则把自重传给楼板层。在框架结构中墙不承受外来荷载,自重由框架承受,墙仅起分隔作用,称为框架填充墙。

(3)按材料及构造方式分类

墙按构造方式可以分为实体墙、空体墙和组合墙三种。实体墙由单一材料组成,如普通砖墙、实心砌块墙等。空体墙也是由单一材料组成,可由单一材料砌成内部空腔,例如空斗砖墙,也可用具有空洞的材料建造墙,如空心砌块墙、空心板材墙等。组合墙由两种以上材料组合而

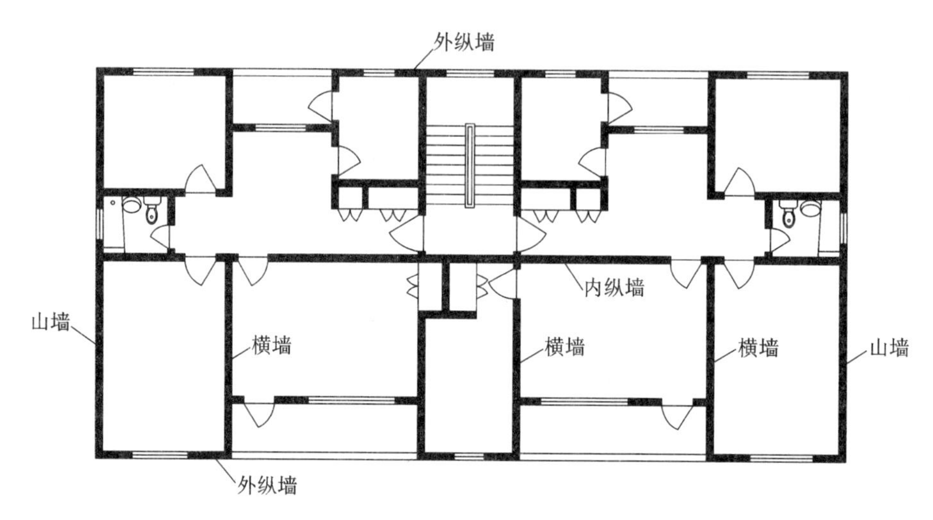

图 3.1 墙的名称

成，例如混凝土、加气混凝土复合板材墙，其中混凝土起承重作用，加气混凝土起保温隔热作用。墙体构造形式如图 3.2 所示。

(a) (b) (c)

图 3.2 墙体构造形式

(a)实体墙；(b)空体墙；(c)组合墙

(4)按施工方法分类

墙按施工方法可分为块材墙、板筑墙及板材墙三种。块材墙是用砂浆等胶结材料将砖石块材等组砌而成，如砖墙、石墙及各种砌块墙等。板筑墙是在现场立模板，现浇而成的墙体，如现浇混凝土墙等。板材墙是预先制成墙板，施工时安装而成的墙，如预制混凝土大板墙、各种轻质条板内隔墙。

3.1.2 墙体的作用

房屋建筑学中的墙体一般分为以下四种作用：

(1)承重

承受建筑物屋顶、楼层、人和设备的荷载，以及墙体自重、风荷载、地震作用等。

(2)围护

抵御风、霜、雨、雪的侵袭，防止太阳辐射和噪声干扰等。

(3)分隔

把房间分隔成若干个小空间或小房间。

(4)装饰

是建筑装修的重要部分，墙面装饰对整个建筑物的装饰效果影响很大。

3.1.3 墙体的设计要求

(1)具有足够的强度和稳定性。

(2)满足热工方面(保温、隔热、防止产生凝结水)的要求。

(3)满足隔声的要求。

(4)满足防火要求。

(5)满足防潮、防水要求。

(6)满足经济要求和适应建筑工业化的发展要求。

3.1.4 墙体的承重方案

横墙承重:楼板支承在横向墙上。这种做法使建筑物的横向刚度较强、整体性好,多用于横墙较多的建筑中,如住宅、宿舍、办公楼等。

纵墙承重:楼板支承在纵向墙体上。这种做法使开间布置灵活,但横向刚度弱,而且承重纵墙上开设门窗洞口有时受到限制,多用于使用上要求有较大空间的建筑,如办公楼、商店、教学楼、阅览室等。

混合承重:一部分楼板支承在纵向墙上,另一部分楼板支承在横向墙上。这种做法多用于中间有走廊或一侧有走廊的办公楼,以及开间、进深变化较多的建筑,如幼儿园、医院等。

内框架承重:房屋内部采用柱、梁组成的内框架承重,四周采用墙承重。

由墙和柱共同承受水平承重构件传来的荷载,适用于室内需要大空间的建筑,如大型商店、餐厅等。图 3.3 所示为墙体的承重方式。

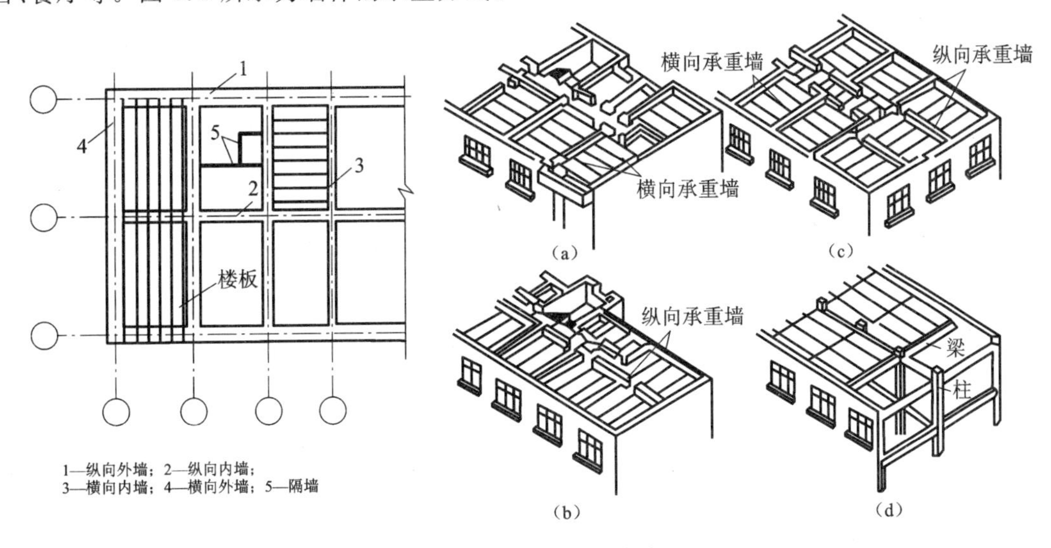

图 3.3 墙体的承重方式

(a)横墙承重;(b)纵墙承重;(c)混合承重;(d)内框架承重

3.2 砖墙构造

3.2.1 砖墙材料

砖墙构造

砖墙包括砖和砂浆两种材料,是由砂浆胶结材料将砖块砌筑而成的砌体。

(1)砖

砖的种类很多,从材料上看有黏土砖、灰砂砖、页岩砖、煤矸石砖、水泥砖以及各种工业废料砖(如炉渣砖等)。从形状上看,有实心砖及多孔砖,其中普通黏土实心砖使用最普遍。普通黏土砖是全国统一规格,称为标准砖,尺寸为 240mm×115mm×53mm。砖的长宽厚之比为 4:2:1,标准砖每块重量约为 25N,适合于手工砌筑。

常用砖的种类及规格见表 3.1。

表 3.1　常用砖的种类及规格

名称	简图	主要规格(mm)	强度等级(MPa)	表观密度(kg/m³)	主要产地
普通黏土砖		240×115×53	MU10～MU30	1600～1800	全国各地
黏土多孔砖		190×190×90 240×115×90 240×180×115	MU10～MU30	1200～1300	全国各地
黏土空心砖		300×300×100 300×300×100 400×300×80	MU10～MU30	1100～1450	全国各地
炉渣空心砖		400×195×180 400×115×180 400×90×180	MU2.5～MU7.5	1200	全国各地
煤矸石半内燃砖		240×115×53 240×120×55	MU10～MU15	1600～1700	宁夏、湖南、陕西、辽宁
蒸养灰砂砖		240×115×53	MU7.5～MU20	1700～1850	北京、山东、四川
炉渣砖		240×115×53 240×180×53	MU7.5～MU20	1500～1700	北京、广东、福建、湖北
粉煤灰砖		240×115×53	MU7.5～MU10	1370～1700	北京、河北、陕西
页岩砖		240×115×53	MU7.5～MU10	1300～1600	广西、四川
水泥砂空心大砖		390×190×190 190×190×190	MU7.5～MU10	1200	广西

烧结普通砖、烧结多孔砖等的强度等级分五级:MU30、MU25、MU20、MU15 和 MU10。砖的强度等级是根据标准试验方法所测得的抗压强度平均值来确定的,单位为 MPa。

(2)砂浆

砂浆是黏结材料,砖块需经砂浆砌筑成墙体,使它传力均匀。砂浆还起着嵌缝作用,能提高墙体防寒、隔热和隔声的能力。砌筑砂浆要求有一定的强度,以保证墙体的承载能力,还要求有适当的稠度和保水性,即有好的和易性,方便施工。

砌筑砂浆通常使用的有水泥砂浆、石灰砂浆及混合砂浆三种。水泥砂浆强度高、防潮性能

好，主要用于受力和防潮要求高的墙体中；石灰砂浆强度和防潮均差，但和易性好，用于强度要求低的墙体；混合砂浆由水泥、石灰、砂拌和而成，有一定的强度，和易性也好，所以被广泛使用。

砂浆的强度等级是用龄期为28d的标准立方试块(70.7mm×70.7mm×70.7mm)进行抗压试验，取其抗压强度平均值来确定的，单位为MPa。烧结普通砖、烧结多孔砖、蒸压灰砂普通砖和蒸压粉煤灰普通砖采用的普通砂浆的强度等级分为五级：M15、M10、M7.5、M5和M2.5。

3.2.2 砖墙的组砌方式

组砌是指砌块在砌体中的排列。组砌的原则是：上下错缝、内外搭接、接槎牢固、横平竖直、灰浆饱满。如果上下皮砖或内外层砖没有上下交错和内外砖搭接，则墙体将出现处于一条线上的垂直缝，即形成通缝。在荷载作用下，墙体的强度和稳定性会显著降低。图3.4所示为砖墙组砌名称及错缝。当墙面为清水墙时，组砌还应考虑墙面图案美观。

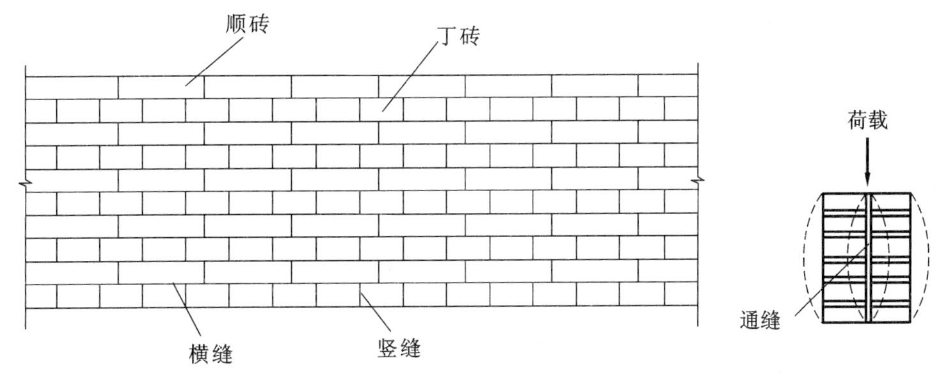

图3.4 砖墙组砌名称及错缝

在砖墙的组砌中，把砖的长方向垂直于墙面砌筑的砖叫丁砖，把砖的长方向平行于墙面砌筑的砖叫顺砖。上下皮之间的水平灰缝称横缝，左右两块砖之间的垂直缝称竖缝。普通黏土砖常用的组砌方式有图3.5所示的几种。

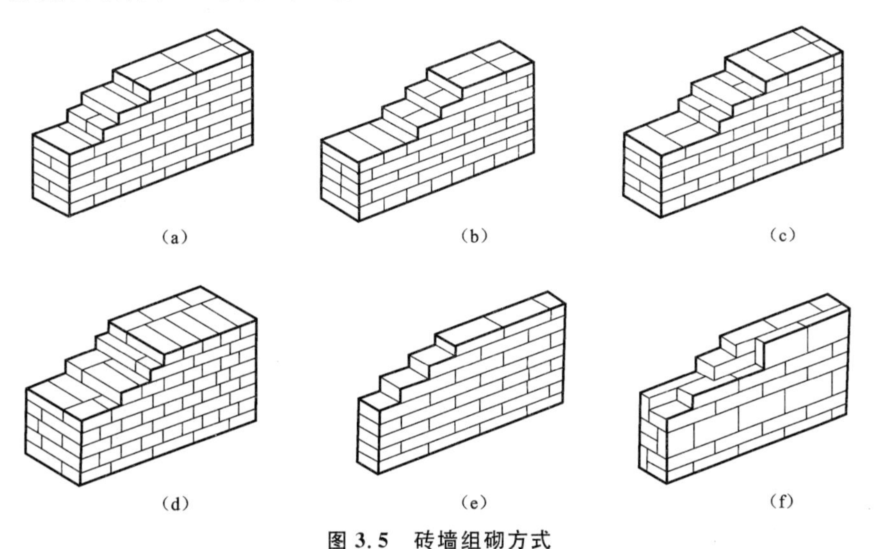

图3.5 砖墙组砌方式

(a)一顺一丁；(b)多顺一丁；(c)十字式；(d)370mm墙；(e)120mm墙；(f)180mm墙

3.2.3 砖墙的基本尺寸

标准砖的规格为240mm×115mm×53mm，用砖块的长、宽、高作为砖墙的基数，在错缝或墙厚超过砖块时，均按灰缝10mm进行组砌。从尺寸上不难看出，它以砖厚加灰缝、砖宽加灰缝后与砖长形成1∶2∶4的比例，组砌灵活。墙厚与砖规格的关系如图3.6所示。标准砖墙厚度见表3.2。

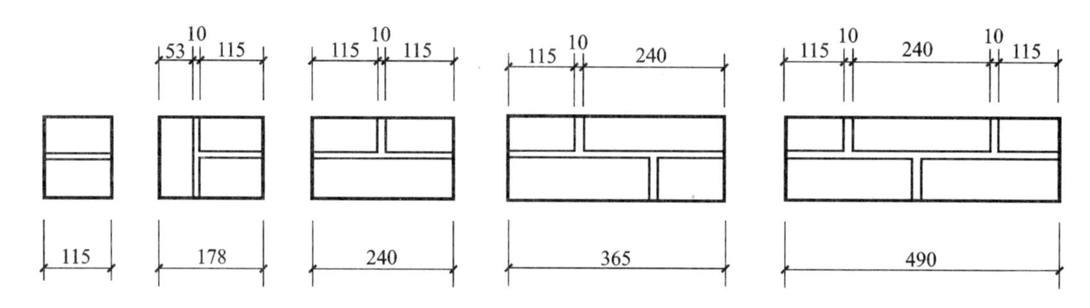

图3.6 墙厚与砖规格的关系

表3.2 标准砖墙厚度

墙厚	名称	尺寸(mm)	墙厚	名称	尺寸(mm)
1/4砖墙	6厚墙	53	1砖墙	24墙	240
1/2砖墙	12墙	115	3/2砖墙	37墙	365
3/4砖墙	18墙	178	2砖墙	49墙	490

3.3 砖墙的细部构造

砖墙的细部构造(1)

为了保证砖墙的耐久性和墙体与其他构件的连接，应在相应的位置进行构造处理。砖墙的细部构造包括墙脚、门窗洞口、墙身加固等。

3.3.1 墙脚构造

墙脚是指室内地面以下、基础以上的这段墙体。内外墙都有墙脚，外墙的墙脚又称勒脚，墙脚的位置如图3.7所示。由于砖墙体本身存在很多微孔以及墙脚所处的位置，常有地表水和土壤中的水渗入，致使墙身受潮，饰面层脱落。因此，必须做好墙脚防潮，增加勒脚的坚固耐久性，排除房屋四周的地面水。

(1)墙身防潮

墙身防潮的方法是在墙脚铺设防潮层，防止土壤和地面水渗入砖墙体。

防潮层的位置：当室内地面垫层为混凝土等密实材料时，防潮层的位置应设在垫层范围内、低于室内地面60mm处，同时还应至少高于室外地坪150mm，防止雨水溅湿墙面。当室内地面垫层为透水材料时(如炉渣、碎石等)，水平防潮层的位置应在平齐或高于室内地面60mm处。当内墙两侧地面出现高差时，应在墙身内设高低两道水平防潮层，并在土壤一侧设垂直防潮层。墙身防潮层的位置如图3.8所示。

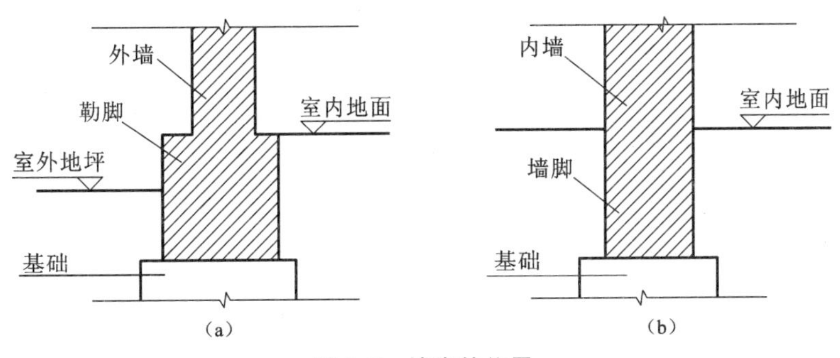

图 3.7 墙脚的位置

(a)外墙;(b)内墙

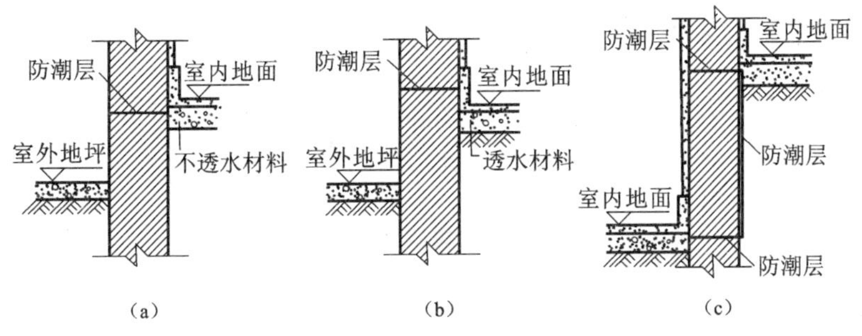

图 3.8 墙身防潮层的位置

(a)地面垫层为密实材料;(b)地面垫层为透水材料;(c)室内地面有高差

防水砂浆防潮层:采用 1∶2水泥砂浆加 3%～5%防水剂,厚度为 20～25mm;或用防水砂浆砌三皮砖作为防潮层,此种做法构造简单,但砂浆开裂或不饱满时影响防潮效果。

细石混凝土防潮层:采用 60mm 厚的细石混凝土带,内配 3ϕ6 钢筋,其防潮性能好。

油毡防潮层:油毡防潮层是先抹 20mm 厚水泥砂浆找平层,再铺一毡两油。该做法防水效果好,但由于有油毡隔离,削弱了砖墙的整体性,不宜在刚度要求高的建筑中或地震区采用。

如果墙脚采用不透水的材料(条石或混凝土等)或设有钢筋混凝土地圈梁时,可以不设防潮层。

(2)勒脚构造

勒脚是外墙的墙脚,它和内墙脚一样,受到土壤中水分的侵袭,应做相应的防潮层。同时,它还受地表水、机械力等的影响,所以要求勒脚更加坚固耐久和防潮。另外,勒脚的做法、高矮、色彩等应结合建筑物造型,选用耐久性高的材料或防水性能好的外墙饰面。勒脚一般采用图 3.9 所示的几种构造做法。

(3)踢脚

概念:外墙内侧或内墙两侧的下部与室内地面交接处的构造(图 3.10)。

作用:加固并保护内墙脚,遮盖墙面与楼地面的接缝,防止平时使用中污染墙面。

高度:一般为 120～150mm,有时为了突出墙面效果或防潮,也可将其延伸至 900～1800mm(这时即成为墙裙)。

面层材料:常用的是水泥砂浆、水磨石、木材、缸砖、油漆等,但设计施工时应尽量选用与地面材料相一致的面层材料。

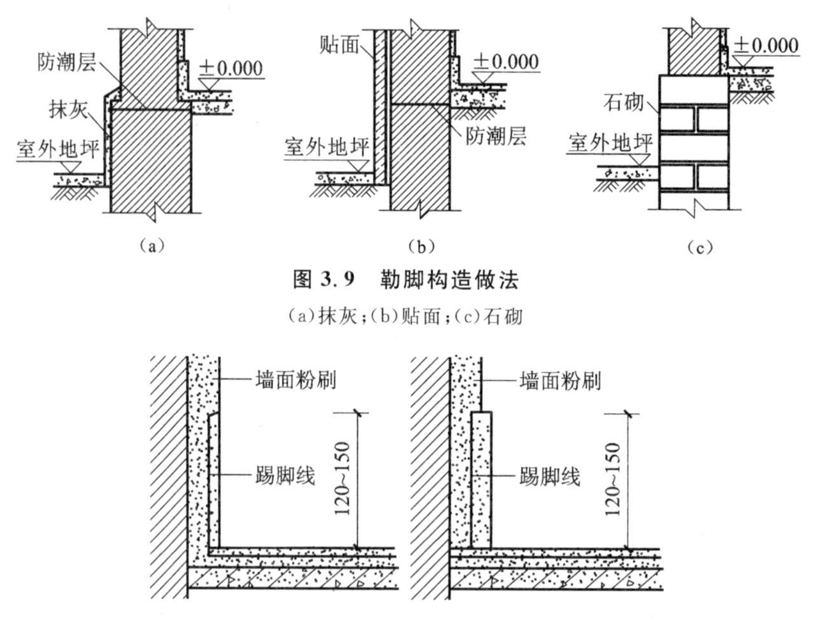

图 3.9 勒脚构造做法

(a)抹灰;(b)贴面;(c)石砌

图 3.10 踢脚构造做法

(4)外墙周围的排水处理

房屋四周可采用散水或明沟排除雨水。当屋面为有组织排水时一般设明沟或暗沟。屋面为无组织排水时一般设散水,并可加滴水砖(石)带。

散水的构造做法(图 3.11)通常是在素土夯实的地面上铺三合土、混凝土等材料,厚度为60~70mm。散水应设不小于3%的排水坡,散水宽度一般为0.6~1.0m。散水与外墙交接处应设分格缝,分格缝用弹性材料嵌缝,防止外墙下沉时将散水拉裂。

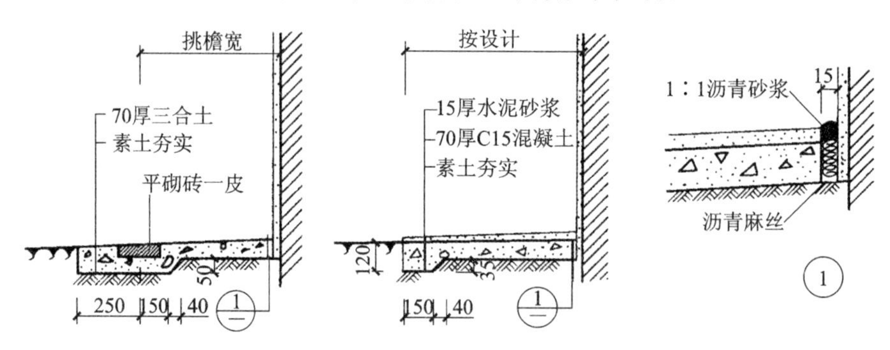

图 3.11 散水构造做法

明沟(图 3.12)可用砖砌、石砌、混凝土现浇,沟底应做纵坡,坡度为0.5%~1%,坡向窨井。沟中心应正对屋檐滴水位置,外墙与明沟之间应做散水。

扫一扫

砖墙的细部构造(2)

3.3.2 门窗洞口构造

(1)门窗过梁构造

过梁是承重构件,用来支承门窗洞口上墙体的荷载,承重墙上的过梁还要支承楼板荷载。根据材料和构造方式的不同,过梁有钢筋混凝土过梁、砖拱过

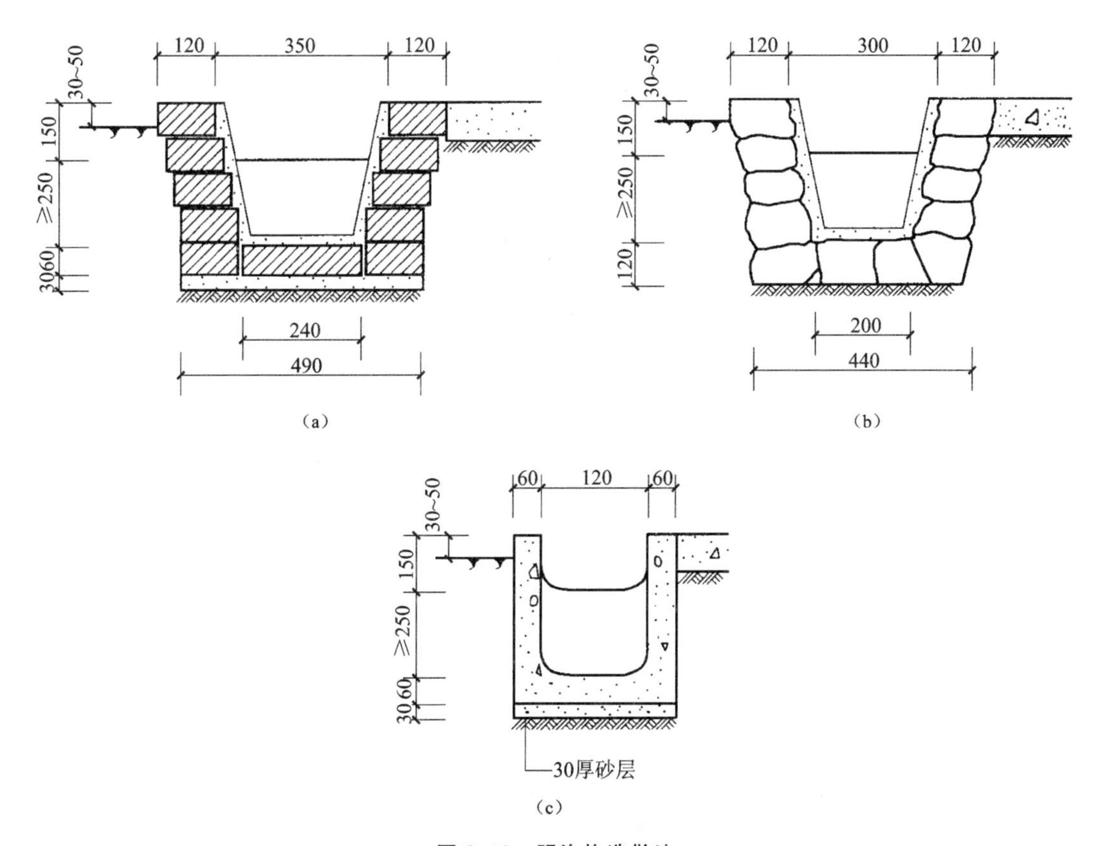

图 3.12 明沟构造做法

(a)砖砌明沟;(b)石砌明沟;(c)现浇混凝土明沟

梁、钢筋砖过梁三种。

①钢筋混凝土过梁

该过梁承载能力强,可用于较宽的门窗洞口,对房屋的不均匀下沉或振动有一定的适应性,所以应用较为广泛。图 3.13 所示为钢筋混凝土过梁的几种形式。

矩形截面过梁施工制作方便,是常用的形式[图 3.13(a)]。过梁宽度一般同墙厚,高度按结构计算确定,但应配合砖的规格,如 60mm、120mm、240mm,过梁两端伸进墙内的支承长度不小于 240mm。在立面中往往有不同形式的窗,过梁的形式应配合窗的形式加以处理。如有窗套的窗,过梁截面为 L 形,挑出 60mm,厚 60mm[图 3.13(b)]。又如带遮阳板的窗,可按设计要求出挑,一般可挑 300～500mm,厚度 60mm[图 3.13(c)]。

②砖拱过梁

砖拱过梁(图 3.14)是将立砖和侧砖相间砌筑而成的,它利用灰缝上大下小,使砖向两边倾斜,相互挤压形成拱的作用来承担荷载。有平拱(图 3.15)和弧拱两种。砖砌平拱的高度多为一砖长,灰缝上部宽度不宜大于 15mm,下部宽度不应小于 5mm,中部起拱高度约为洞口跨度的 1/50,受力后拱体下落时,使成水平。适宜的宽度为 1.0～1.8m。弧拱高度不小于 120mm,其余同平拱做法,但跨度不宜大于 3m。砖拱过梁用砖的强度等级不低于 MU7.5,砂浆强度等级不低于 M10,才能保证过梁的强度和稳定性。砖拱过梁不宜用于上部有集中荷载或有较大振动荷载,或可能产生不均匀沉降和有抗震设防要求的建筑中。

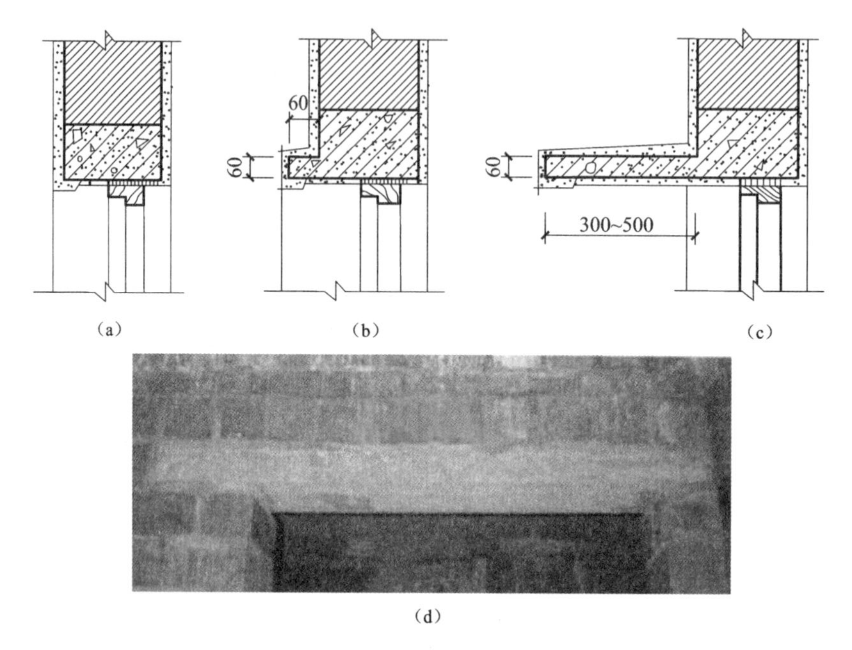

图 3.13 钢筋混凝土过梁

(a)平墙过梁;(b)带窗套过梁;(c)带遮阳板的窗过梁;(d)实物图

图 3.14 砖拱过梁

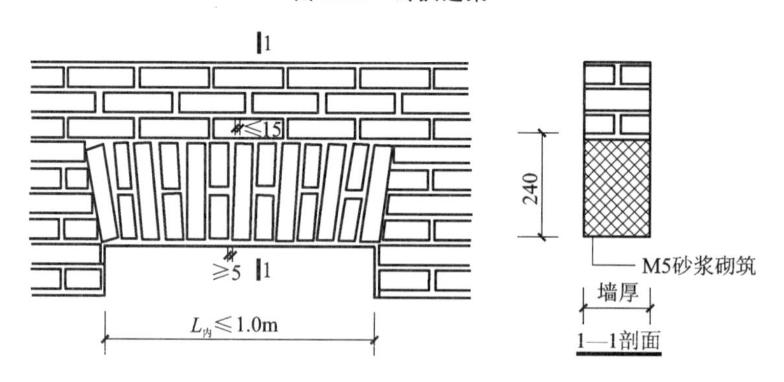

图 3.15 砖砌平拱过梁

③钢筋砖过梁

钢筋砖过梁是配置了钢筋的平砌砖过梁。砌筑形式与墙体的一样,一般用一顺一丁或梅花丁。通常将间距小于 120mm 的 $\phi6$ 钢筋埋在梁底部 30mm 厚 1∶2.5 的水泥砂浆层内,钢筋伸入洞口两侧墙内的长度不应小于 240mm,并设 90°直弯钩,埋在墙体的竖缝内。在洞口上部

不小于 1/4 洞口跨度的高度范围内(且不应小于 5 皮砖),用强度等级不低于 M5.0 的水泥砂浆砌筑。钢筋砖过梁净跨宜小于或等于 1.5m,不应超过 2m;适用于跨度不大,上部无集中荷载的洞口上。

(2)窗台构造

窗台的作用是排除沿窗面流下的雨水,防止其渗入墙身且沿窗缝渗入室内,同时避免雨水污染外墙面。处于内墙或阳台等处的窗,不受雨水冲刷,可不必设挑窗台。外墙面材料为贴面砖时,墙面被雨水冲洗干净,可不设挑窗台。

3.3.3 墙身加固措施

(1)门垛和壁柱

在墙体上开设门洞一般应设门垛,特别是在墙体转折处或丁字墙处,用以保证墙身稳定和门框安装。门垛宽度同墙厚,门垛长度一般为 120mm 或 240mm,过长会影响室内使用,见图 3.16(a)。

当墙体受到集中荷载或墙体过长时(如 240mm 厚,长超过 6m),应增设壁柱(扶墙柱),使之与墙体共同承担荷载和起到稳定墙身的作用。壁柱的尺寸应符合砖的规格,通常壁柱凸出墙面 120mm 或 240mm,壁柱宽 370mm 或 490mm,见图 3.16(b)。

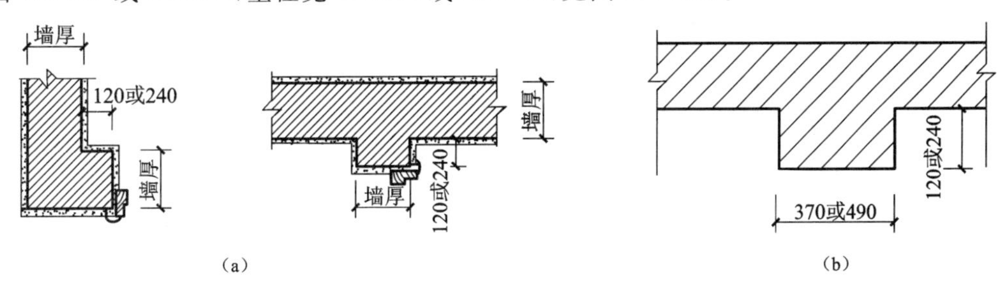

图 3.16 门垛和壁柱

(a)门垛构造;(b)壁柱构造

(2)圈梁

圈梁的作用是提高房屋的整体刚度和稳定性,减轻地基不均匀沉降对房屋的破坏,抵抗地震作用。圈梁设在房屋四周外墙及部分内墙中,处于同一水平高度,其上表面与楼板面相平,像箍一样把墙箍住。圈梁与门窗过梁统一考虑时,可用圈梁代替门窗过梁。圈梁应闭合,若遇标高不同的洞口,应上下搭接,做成附加圈梁,见图 3.17。

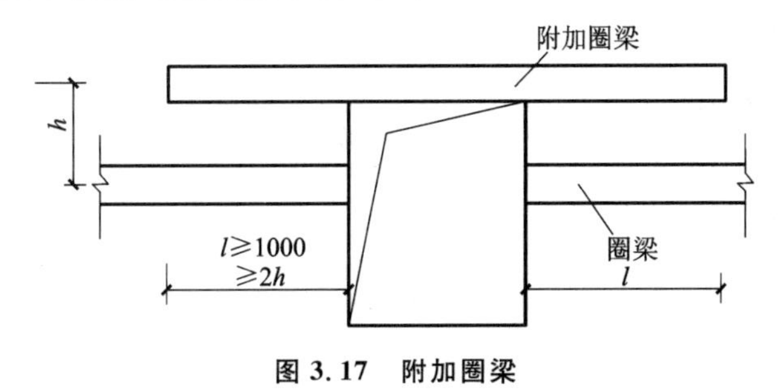

图 3.17 附加圈梁

圈梁有钢筋混凝土圈梁和钢筋砖圈梁两种。钢筋混凝土圈梁整体刚度强,应用广泛。圈梁宽度同墙厚，高度一般为 180mm、240mm。在圈梁中设置纵向钢筋不应少于 4ϕ10，箍筋间距不应大于 300mm。钢筋砖圈梁的构造做法详见有关资料。

(3)构造柱

抗震设防地区，为了提高建筑物的整体刚度和稳定性，在多层砖混结构房屋的墙体中，还需设置钢筋混凝土构造柱，使之与各层圈梁连接，形成空间骨架，增强墙体抗弯、抗剪能力，使墙体在破坏过程中具有一定的延伸性，减缓墙体在地震作用下酥碎现象的产生。构造柱是防止房屋倒塌的一种有效措施。

多层砖房构造柱的设置部位为：外墙四角、错层部位横墙与外纵墙交接处、较大洞口两侧、大房间内外墙交接处。构造柱的最小截面尺寸为 240mm×180mm，竖向钢筋一般用 4ϕ12，箍筋间距不大于 250mm，随地震烈度加大和层数增加，房屋四角的构造柱可适当加大截面及增加配筋。施工时必须先砌墙，后浇筑钢筋混凝土柱，并应沿墙高每隔 500mm 设 2ϕ6 拉结钢筋，每边伸入墙内不小于 1m（图 3.18）。构造柱可不单独设置基础，但应伸入室外地面下 500mm，或锚入浅于 500mm 的基础圈梁内。

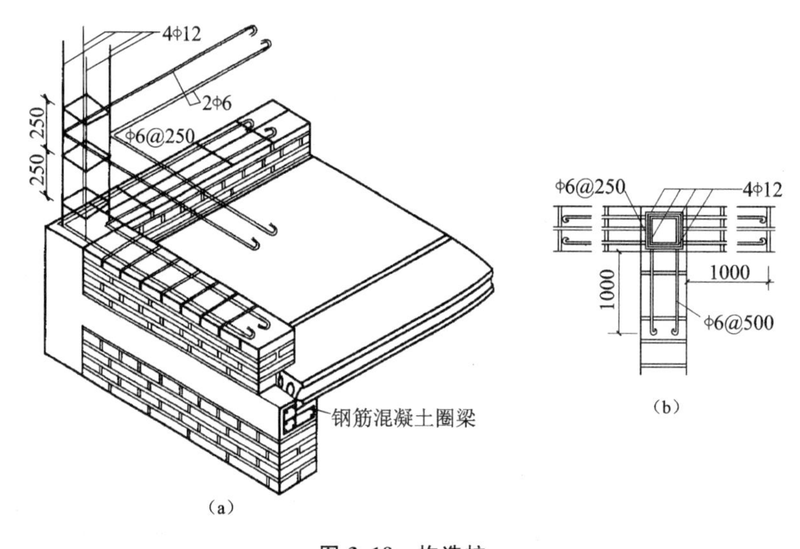

图 3.18　构造柱

(a)外墙转角构造柱；(b)内外墙构造柱

3.4　砌块墙构造

3.4.1　砌块的类型

砌块墙一般适用于 6 层以下的住宅、学校、办公楼以及单层厂房。按单块重量和幅面大小分为小型砌块、中型砌块和大型砌块；按砌块材料分为普通混凝土砌块、加气混凝土砌块、轻骨料混凝土砌块；按砌块的构造分为空心砌块和实心砌块，空心砌块的孔有方孔、圆孔、扁孔等几种。

3.4.2　砌块的规格

小型砌块：高度为 115～380mm，单块重量不超过 20kg，便于人工砌筑。

中型砌块：高度为 380～980mm，单块重量在 20～350kg 之间。

大型砌块：高度大于 980mm，单块重量大于 350kg。

中小型砌块是我国目前采用较多的砌块。

3.4.3 砌块墙的排列与组合

砌块的尺寸比较大，砌筑不够灵活。因此，在设计时应考虑砌块的排列，并给出砌块排列组合图，并注明每一砌块的型号和编号，以便施工时按图进料和安装。砌块排列组合图一般有各层平面、内外墙立面的分块图(图 3.19)。在进行砌块的排列组合时，应按墙面尺寸和门窗布置，对墙面进行合理的分块，正确选择砌块的规格尺寸，尽量减少砌块的规格类型。同时应做好大面积墙面的错缝搭接、内外墙及转角墙处的交接咬砌，并使其排列有致，以避免出现垂直通缝。还应做到空心砌块的孔对孔、肋对肋，以保证其有足够的承压面积。此外，应优先采用大规格的砌块做主要砌块，尽量提高主要砌块的使用率，减少局部补填砖的数量。

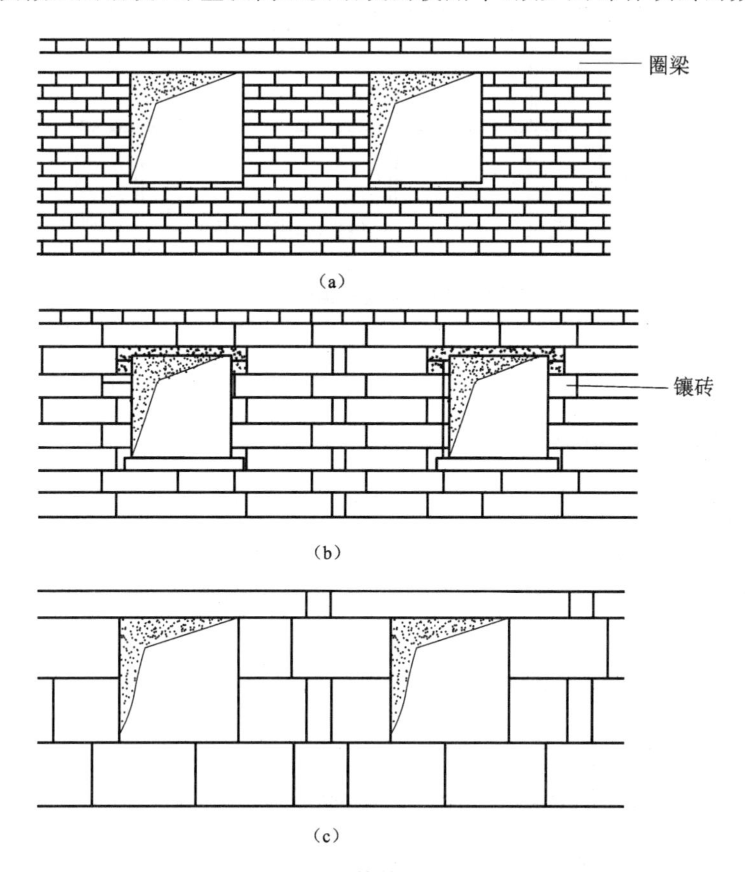

图 3.19 砌块的排列组合图

(a)小型砌块；(b)中型砌块；(c)大型砌块

3.4.4 砌块的接缝

(1)中型砌块上下皮搭接长度不小于砌块高度的 1/3，且不小于 150mm；小型空心砌块上下皮搭接长度不小于 90mm。当搭接长度不足时，应在水平灰缝内设置不小于 2φ4 的钢筋网片，网片每端均超过该垂直缝 300mm(图 3.20)。

内外墙的交接处和转角处的砌块搭接处理

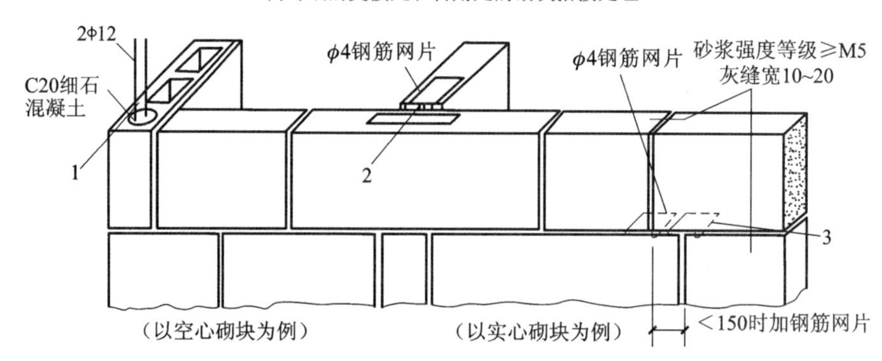

图 3.20　砌缝的构造处理

1—转角配筋；2—丁字墙配筋；3—错缝配筋

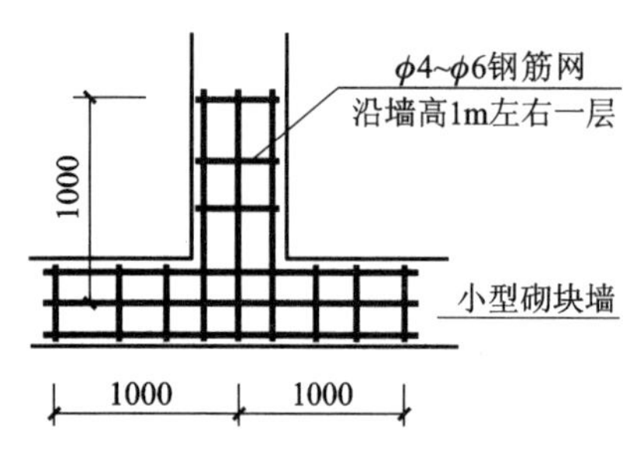

图 3.21　内外墙交接处的钢筋网拉结

(2)在内外墙的交接处和转角处，应使砌块互相搭接。如不能搭接，可采用 $\phi4\sim\phi6$ 的钢筋网拉结(图 3.21)。

(3)砌筑砌块一般采用强度等级不低于 M5 的水泥砂浆。竖直灰缝的宽度主要根据砌块材料和规格大小确定，一般情况下，小型砌块为 10～15mm，中型砌块为 15～20mm。当竖直灰缝宽大于 30mm 时，须用 C20 细石混凝土灌缝密实(图 3.22)。

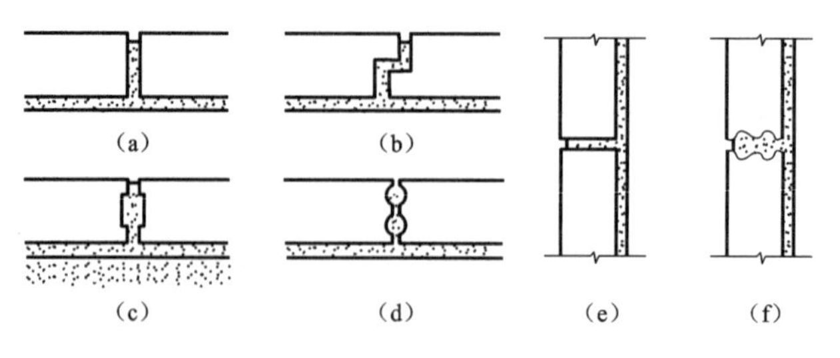

图 3.22　砌块的竖缝

(a)平缝；(b)高低缝；(c)单槽；(d)双槽；(e)垂直平缝；(f)垂直槽口缝

3.4.5 砌块中过梁、圈梁和构造柱的设置

过梁(图 3.23):是砌块墙中的重要构件,当出现层高与砌块高的差异时,可通过调节过梁的高度来协调。

图 3.23 砌块中的过梁

圈梁(图 3.24):当圈梁与过梁位置接近时,可以将过梁与圈梁合并考虑设计施工。圈梁分现浇和预制两种。现浇圈梁整体性好,对墙身加固有利,但现场施工复杂。预制圈梁一般采用U形预制块代替模板,然后在凹槽内配筋,再浇灌混凝土。

构造柱(图 3.25):构造柱多利用空心砌块上下孔洞对齐,并在孔中用 2 ϕ(12～14)的钢筋分层插入,再用 C20 细石混凝土分层灌实。构造柱与砌块墙连接处的拉结钢筋网片,每边伸入墙内不少于 1m。混凝土小型砌块房屋可采用 ϕ6 点焊钢筋网片,沿墙高每隔 600mm 设置,中型砌块可采用 ϕ6 钢筋网片,并隔皮设置。

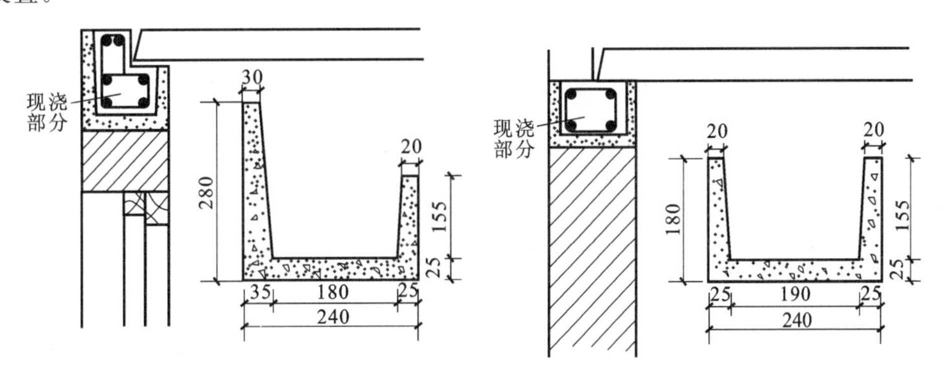

图 3.24 砌块预制圈梁

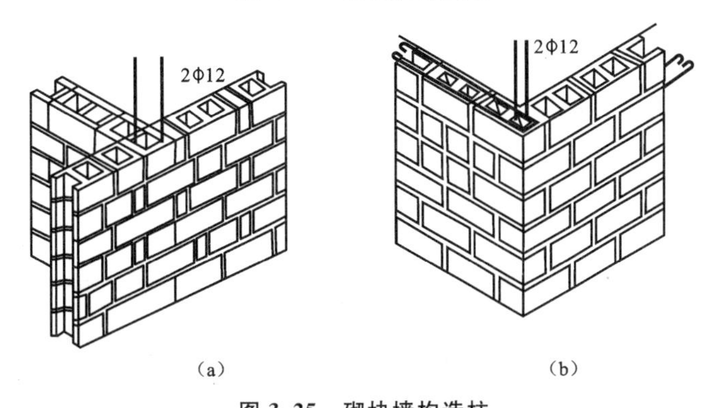

图 3.25 砌块墙构造柱

(a)内外墙交接处构造柱;(b)外墙转角处构造柱

3.5 隔墙构造

隔墙是分隔室内空间的非承重构件。在现代建筑中,为了提高平面布局的灵活性,大量采

用隔墙以适应建筑功能的变化。由于隔墙不承受任何外来荷载，且本身的重量还要由楼板或小梁来承受，因此要求隔墙具有自重小、厚度小、便于拆卸、有一定的隔声能力的特点。

卫生间、厨房隔墙还应具有防水、防潮、防火等性能。隔墙的类型很多，按其构造方式可分为轻骨架隔墙、块材隔墙、板材隔墙三大类。

3.5.1 块材隔墙

块材隔墙是用普通砖、空心砖、加气混凝土等块材砌筑而成的，常用的有普通砖隔墙和砌块隔墙。

(1)普通砖隔墙：有半砖(120mm)和1/4砖(60mm)两种。

半砖隔墙用普通砖顺砌，砌筑砂浆强度等级宜大于M2.5。在墙体高度超过5m时应加固，一般沿高度每隔0.5m砌入2φ4钢筋，或每隔1.2～1.5m设一道30～50mm厚的水泥砂浆，内放2φ6钢筋。顶部与楼板相接处用立砖斜砌，填塞墙与楼板的空隙。隔墙上有门时，要预埋铁件或带有木楔的混凝土预制块砌入隔墙中以固定门框。半砖隔墙坚固耐久，有一定的隔声能力，但自重大，湿作业多，施工麻烦(图3.26)。

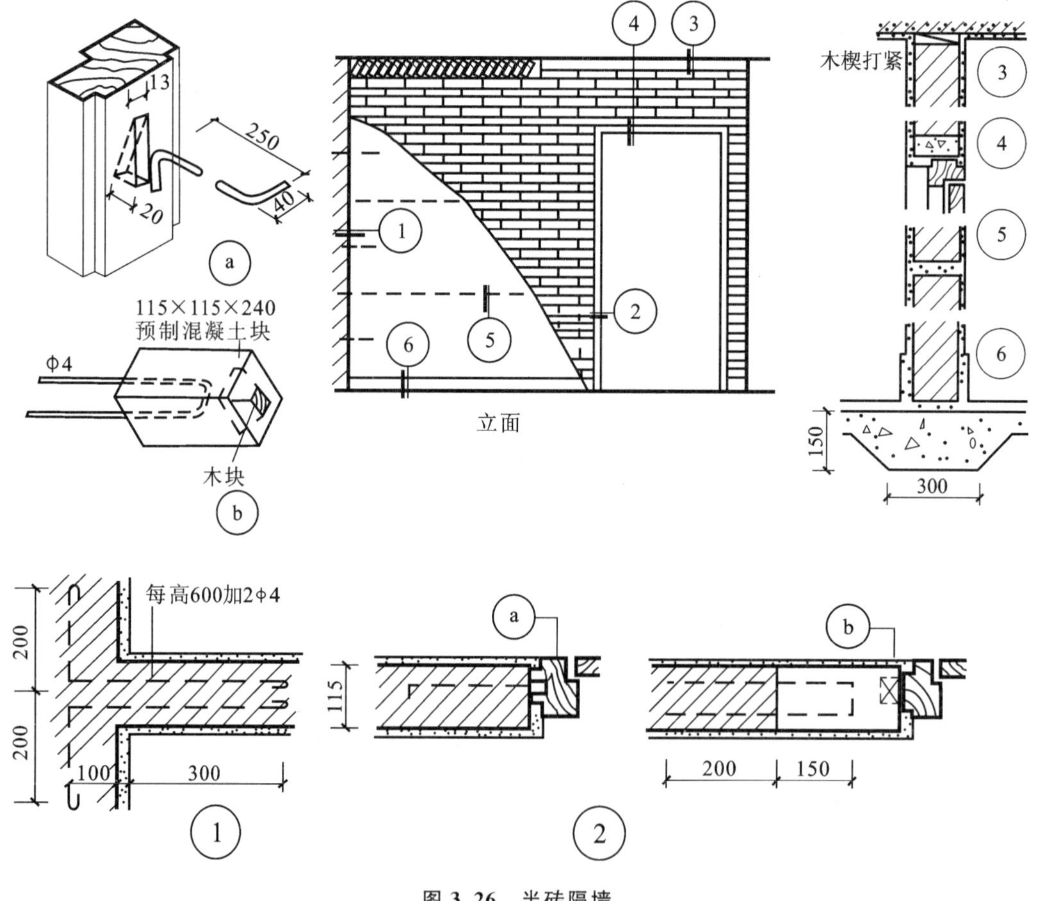

图3.26 半砖隔墙

1/4砖隔墙是由普通砖侧砌而成的，由于厚度较小，稳定性差，对砌筑砂浆强度的要求较高，一般强度等级不低于M5。隔墙的高度和长度不宜过大，且常用于不设门窗洞的部位，如

厨房与卫生间之间的隔墙。若面积大又须开设门窗洞时，须采取加固措施，常用的方法是在高度方向每隔 500mm 砌入 2 ϕ 4 钢筋，或在水平方向每隔 1200mm，立 C20 细石混凝土柱一根，并沿垂直方向每隔 7 皮砖砌入 1 ϕ 6 钢筋，使之与两端墙连接，如图 3.27 所示。

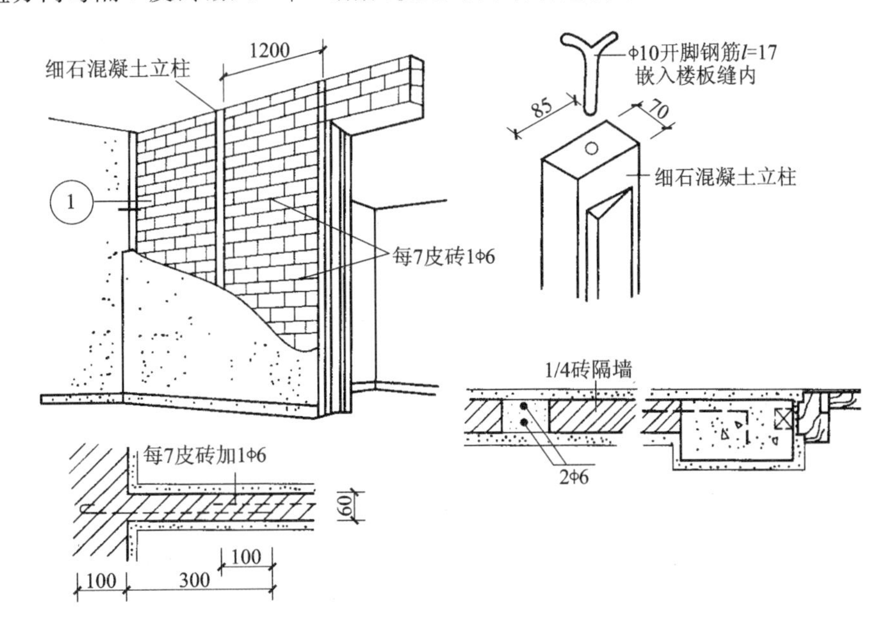

图 3.27　1/4 砖隔墙

(2)砌块隔墙：为了减小隔墙的重量，可采用质轻块大的各种砌块，目前最常用的是加气混凝土块、粉煤灰硅酸盐砌块、水泥炉渣空心砖等。隔墙厚度由砌块尺寸而定，一般为 90～120mm。砌块大多具有质轻、空隙率大、隔热性能好等优点，但吸水性强，因此，砌筑时应在墙下先砌 3～5 皮黏土砖。砌块隔墙厚度较小，也须采取增强稳定性的措施，其方法与砖隔墙类似。

3.5.2　轻骨架隔墙

轻骨架隔墙由骨架和面层两部分组成，由于是先立墙筋(骨架)后再做面层，因而它又被称为立筋式隔墙。

(1)骨架：常用的骨架有木骨架和型钢骨架。

木骨架由上槛、下槛、墙筋、斜撑及横档组成，上、下槛及墙筋断面尺寸为(45～50)mm×(70～100)mm，斜撑与横档断面相同或略小些，墙筋间距常用 400mm，横档间距可与墙筋间距相同，也可适当放大。木骨架板条抹灰面层如图 3.28 所示。

轻钢骨架是由各种形式的薄壁型钢制成，其主要优点是强度高、刚度大、自重小、整体性好、易于加工和大批量生产，还可根据需要拆卸和组装。常用的薄壁型钢有 0.8～1mm 厚槽钢和工字钢。

图 3.29 所示为一种薄壁轻钢骨架的轻隔墙，其安装过程是先用螺钉将上槛、下槛(导向骨架)固定在楼板上，上下槛固定后安装钢龙骨(墙筋)，间距为 400～600mm，龙骨上留有走线孔。

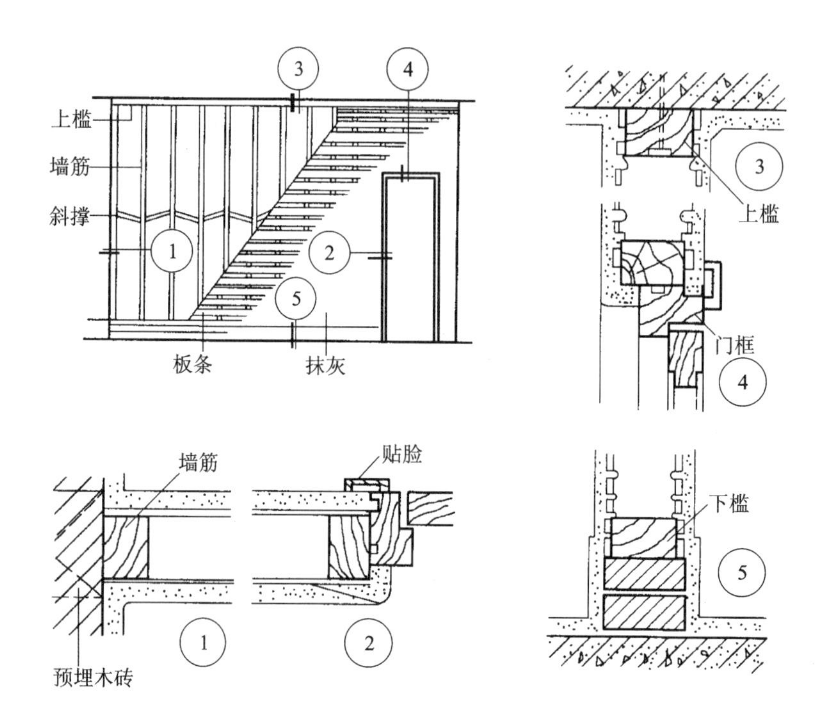

图 3.28　木骨架板条抹灰面层

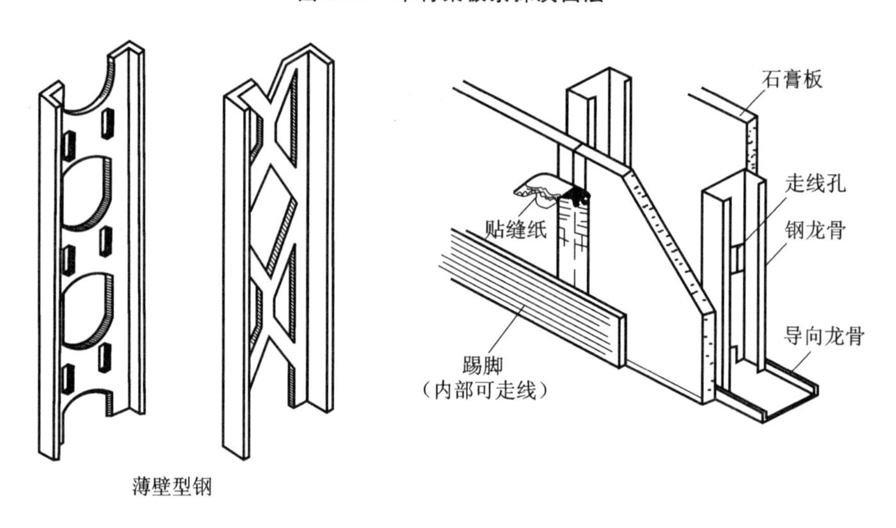

图 3.29　薄壁轻钢骨架

(2)面层：轻骨架隔墙的面层有抹灰面层和人造板面层。抹灰面层常用于木骨架，即传统的板条灰隔墙。人造板面层可用于木骨架或轻钢骨架。隔墙的名称根据面层材料而定。

①板条抹灰面层：是在木骨架上钉灰板条，然后抹灰(图 3.28)。

②人造板材面层：人造板材面层为人造面板，如胶合板、纤维板、石膏板等。胶合板、硬质纤维板等以木材为原料的板材多用于木骨架，石膏面板多用于石膏或轻钢骨架，见图 3.30。它具有自重小、厚度小、防火、防潮、易拆装且均为干作业等特点，可直接支撑在楼板上，施工方便，速度快，应用广泛。

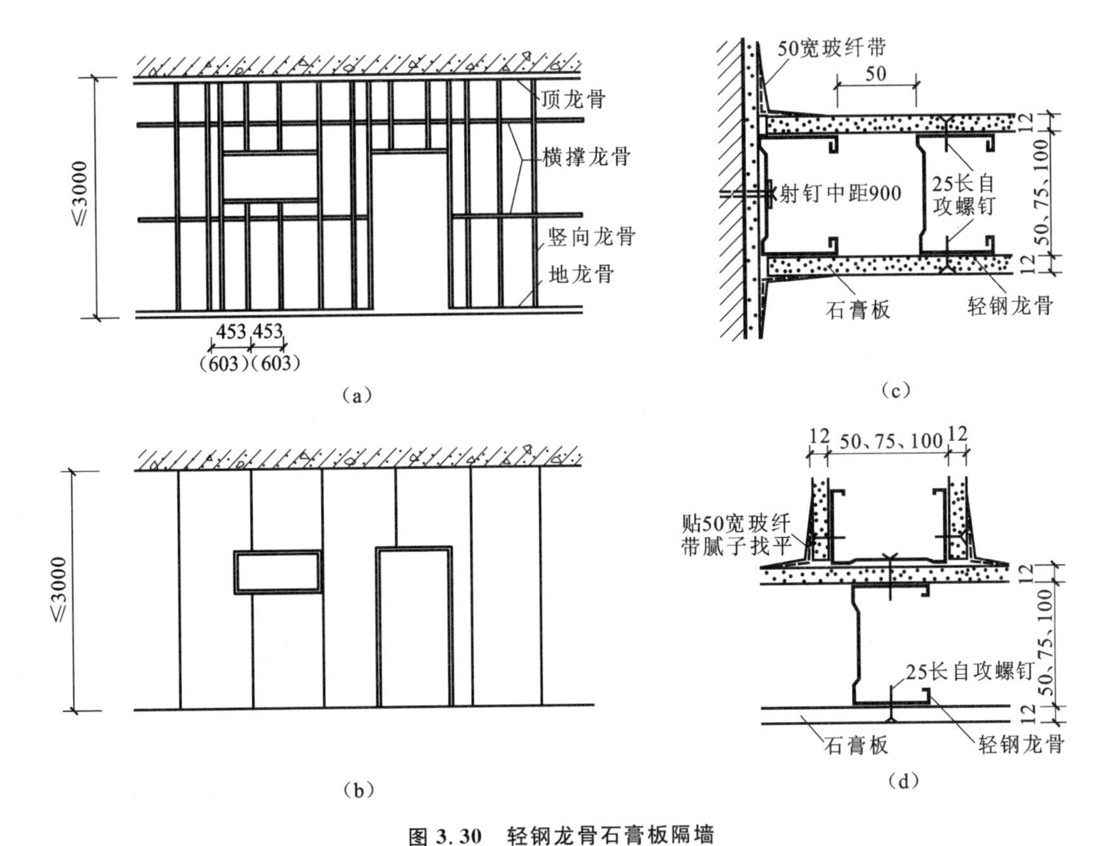

图 3.30 轻钢龙骨石膏板隔墙

(a)龙骨排列;(b)石膏板排列;(c)靠墙节点;(d)丁字隔墙节点

3.5.3 板材隔墙

板材隔墙是指单板高度相当于房间净高、面积较大、不依赖骨架、能直接装配的隔墙。目前,采用的大多为条板,如加气混凝土条板、石膏条板、碳化石灰板、蜂窝纸板、水泥刨花板等,其规格一般为:长 2700～3000mm,宽 500～800mm,厚 80～120mm。

图 3.31 所示为碳化石灰板隔墙构造。安装时,在板顶与楼板之间用木楔将条板揳紧,条板间的缝隙用水玻璃黏结剂(水玻璃∶细矿渣∶细砂∶泡沫剂＝1∶1∶1.5∶0.01)或 107 胶水泥砂浆(1∶3的水泥砂浆加入适量的 107 胶)进行黏结,待安装完成后,进行表面装修。碳化石灰板具有容重小、隔声性能好、安装工艺简单、施工进度快、造价低等特点。

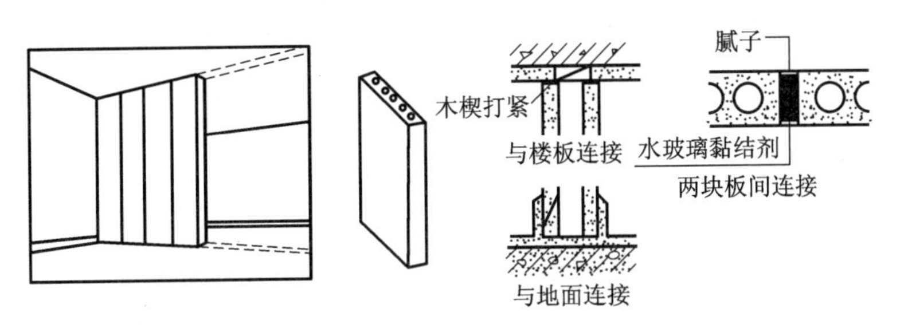

图 3.31 碳化石灰板隔墙构造

3.6 墙体的装饰装修

3.6.1 墙面装修的作用与设计要求

(1)墙面装修的作用

①保护作用

对墙面进行装修处理,可以使墙体结构免遭风雨的直接袭击,提高墙体防潮、防风化的能力,从而增强了墙体的坚固性和耐久性。

②改善墙体的使用功能

对墙面进行装修处理,还可以改善墙体热工性能,对室内可增加光线的反射,提高室内照度,对有吸声要求的房间的墙面进行吸声处理后,还可以改善室内音质效果。

③提高建筑物的艺术效果

利用墙面装修材料的色彩、质感和线脚纹样等,可以提高建筑的艺术效果,丰富和美化室内外空间。

(2)墙面装修设计要求

①根据使用功能,确定装修的质量标准

不同等级和功能的建筑除在平面空间组合中满足其要求外,还应采用不同装修的质量标准,如高级公寓和普通住宅就不能等同对待,应为之选择相应的装修材料、构造方案和施工措施。就是同等级建筑,由于位置不同,装修的要求也不能视为一样,就是同一栋建筑的不同部位,也可按不同标准进行处理,有特殊要求的,如声学要求较高的录音室、广播室,除了选择声学性能良好的饰面材料外,还应采用相应的构造措施和施工方案。

不同建筑由于装修质量标准不同,采用的材料、构造方案和施工方法不同而造成造价的差别是很大的,一般民用建筑装修费用占土建造价25%左右,标准较高的工程可达40%~50%,一般地讲,高档装修材料能取得较好的艺术效果,但单纯追求效果,片面提高工程质量标准,也是不合理的。反之,片面节约造成不合理使用,甚至影响建筑的耐久性也是不对的。故应根据不同等级建筑的不同经济条件,选择并确定与之相适应的装修标准。

②正确合理地选用材料

建筑装修材料是装饰工程的重要物质基础,在装修费用中一般占70%左右,装修工程所用材料量大面广、品种繁多。能否正确选择和合理地利用材料,直接关系到工程的质量、效果、造价、做法,而材料的物理、化学性能及其使用性能是装修用料选择的依据。

除大城市重要的公共建筑可采用较高级装修外,对大量性建筑来讲,因造价不高,装修用料应尽可能因地制宜,就地取材,不要舍近求远,舍内求外。只要合理利用材料,就既能达到经济节约的目的,又能保证良好的装饰效果。

(3)墙面装修的类型

①按墙面装修的位置,有室外装修和室内装修,室外装修用于外墙面,应选用强度高,耐久性好,抗冻性、抗腐蚀性好的材料,室内装修要根据室内空间的使用功能综合考虑。

②按材料和施工方式的不同,墙面装修有抹灰类、贴面类、涂料类、铺钉类、裱糊类五大类。

另外,随着国民经济和建筑事业的发展,现在对建筑装修工程的要求越来越高,一些特种装修已逐渐被人们接受,如玻璃幕墙装修。

3.6.2 抹灰类墙面装修

抹灰又称粉刷,是将水泥、石灰膏等胶结材料加入砂或石渣,再与水拌和成砂浆或石渣浆用抹具抹到墙面上的一种操作工艺,属湿作业范畴,是一种传统的墙面装修。

(1)抹灰的组成

为保证墙面抹灰牢固、平整,避免开裂和脱落,抹灰应分层施工。普通标准抹灰一般由底层和面层组成;装修标准较高的中级、高级抹灰,在底层和面层之间还要增加一层或数层中间层,如图 3.32 所示。抹灰层总厚度根据位置不同而变化,一般室内抹灰为 15～20mm,室外抹灰为 15～25mm。

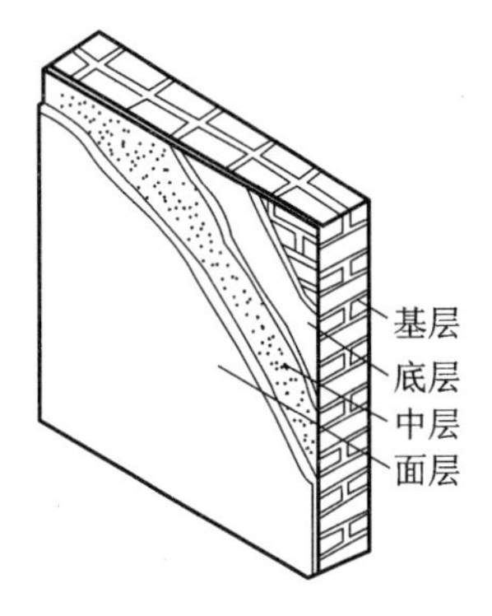

图 3.32 墙面抹灰分层的构造

①底层抹灰

底层抹灰的作用是与基层黏结初步找平,厚度为 5～15mm。一般室内砖墙多用石灰砂浆和混合砂浆,室外或室内有防水、防潮要求时,应用水泥砂浆。混凝土墙体一般应用混合砂浆或水泥砂浆,加气混凝土墙体内墙可用石灰砂浆或混合砂浆。

②中层抹灰

一般中层抹灰所用的材料与底层基本相同,其除找平作用外还能弥补底层砂浆的干缩裂缝。中层抹灰厚度一般为 7～8mm,层数要根据墙面装饰等级确定。

③面层抹灰

面层抹灰的作用是装饰,要求平整、均匀,所用材料为各种砂浆或水泥石渣浆。

(2)常用抹灰做法

根据饰面面层采用的材料不同,有多种抹灰做法。常用的抹灰做法见表 3.3。

表 3.3 常用抹灰做法说明

抹灰名称	做法说明	适用范围
纸筋灰墙面(一)	①喷内墙涂料; ②2 厚纸筋灰罩面; ③8 厚 1∶3石灰砂浆; ④13 厚 1∶3石灰砂浆打底	砖基层的内墙
纸筋灰墙面(二)	①喷内墙涂料; ②2 厚纸筋灰罩面; ③8 厚 1∶3石灰砂浆; ④6 厚 TC 砂浆打底扫毛,配比如下: 水泥∶砂∶TC 胶∶水＝1∶6∶0.2∶适量; ⑤刷加气混凝土界面处理剂一道	加气混凝土基层的内墙
混合砂浆墙面	①喷内墙涂料; ②5 厚 1∶0.3∶3水泥石灰混合砂浆面层; ③15 厚 1∶1∶6水泥石灰混合砂浆打底找平	内墙

续表 3.3

抹灰名称	做法说明	适用范围
水泥砂浆墙面(一)	①6 厚 1:2.5 水泥砂浆罩面; ②9 厚 1:3水泥砂浆刮平扫毛; ③10 厚 1:3水泥砂浆打底扫毛或划出纹道	砖基层的外墙或有防水要求的内墙
水泥砂浆墙面(二)	①6 厚 1:2.5 水泥砂浆罩面; ②6 厚 1:1:6水泥石灰砂浆刮平扫毛; ③6 厚 2:1:8水泥石灰砂浆打底扫毛; ④喷一道 107 胶水溶液,配比为:107 胶:水=1:4	加气混凝土基层的外墙
水刷石墙面	①8 厚 1:1.5 水泥石子(小八厘)或 10 厚1:1.25水泥石子(中八厘)罩面; ②刷素水泥浆一道(内掺水重 3%~5%的 107 胶); ③12 厚 1:3水泥砂浆打底扫毛	砖基层外墙

(3)细部处理

①护角

为增加墙面转角处的强度,对室内墙面、柱面和门窗洞口的阳角,须做 1:2水泥砂浆护角,如图 3.33 所示。水泥护角的高度不应小于 2m,每侧宽度不应小于 50mm。

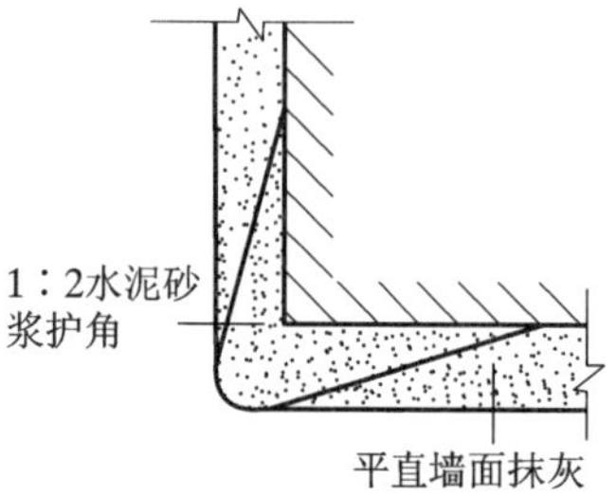

图 3.33 护角的做法

②墙裙

对有防水要求的内墙下段,应做墙裙对墙身进行保护。常用的做法有水泥砂浆抹灰、贴瓷砖和做水磨石等,如图 3.34 所示。一般的墙裙高度约为 1.5m。

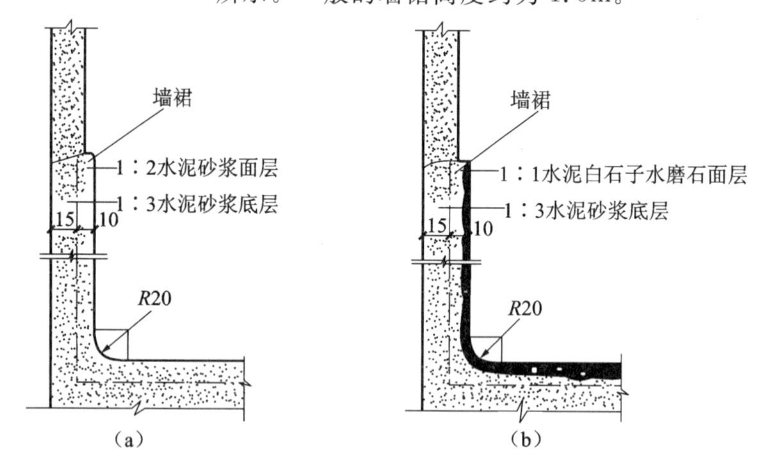

图 3.34 墙裙的构造

(a)水泥砂浆墙裙;(b)水磨石墙裙

③引条线

由于外墙抹灰面积较大,为防止材料干缩和温度变化引起裂缝,常将抹灰面层做分格,称为引条线。引条线的具体做法是在面层抹灰施工前的底灰上埋放不同形式的木引条,面层抹灰后取出木引条,再用水泥砂浆勾缝,如图 3.35 所示。引条线对外墙面有一定的装饰作用,应

结合立面要求设计。

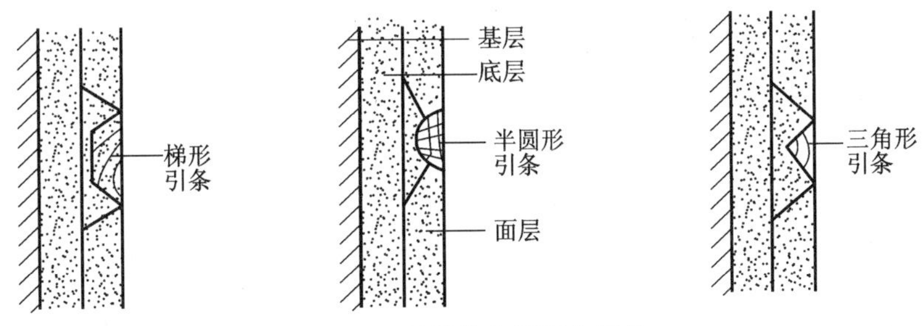

图 3.35 外墙抹灰面引条做法

3.6.3 贴面类墙面装修

贴面类墙面装修是用各种人造板或天然石板等直接粘贴，或通过绑、挂等连接方式固定于墙面的一种装饰方法。它具有耐久性强、装饰效果好、易于清洁等特点。常用的贴面类饰面材料有面砖、瓷砖、陶瓷锦砖、玻璃锦砖、人造板材及大理石、花岗岩等天然板材等。

(1)面砖、锦砖饰面

面砖多数是以陶土和瓷土为原料，压制成型后经高温煅烧而成的。面砖有上釉和不上釉两类，上釉的釉面砖又分为有光釉和无光釉两种。面砖有多种规格尺寸和色彩花纹。

①面砖饰面

面砖饰面的构造，如图 3.36 所示。先在基层上抹 1∶3水泥砂浆底灰，厚约 15mm，分层两遍抹平，用厚度不小于 10mm 的黏结砂浆贴面砖，再用 1∶1水泥细砂砂浆填缝。常用黏结砂浆有 1∶2.5 水泥砂浆或掺入 107 胶的 1∶2.5 水泥砂浆。

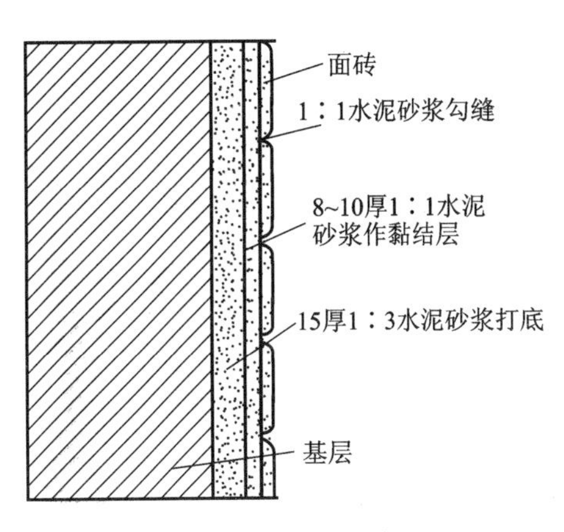

图 3.36 面砖饰面的构造

②锦砖饰面

锦砖一般是指陶瓷锦砖，又称“马赛克”。陶瓷锦砖是以优质陶土烧制而成的小块瓷砖，小瓷砖块的规格有 18.5mm×18.5mm×5mm 等，生产时正面铺贴在 325mm×325mm 的牛皮纸上，又称为“纸皮砖”。陶瓷锦砖有上釉和不上釉两种。

与陶瓷锦砖类似，还有一种玻璃马赛克，它以玻璃烧制成片状小块，预贴在牛皮纸上。陶瓷锦砖和玻璃马赛克可设计成各种花纹图案，如图 3.37 所示。

玻璃马赛克为乳浊状半透明的玻璃质饰面材料，陶瓷锦砖不透明，两者在装饰效果上不尽相同。

锦砖的饰面构造与面砖类似，施工时将纸面朝外整块粘贴在 1∶1水泥细砂砂浆上，用木板压平，待砂浆硬结后洗去牛皮纸即可。

(2)人造石材、天然石材饰面

人造石材和天然石材按厚度有薄型和厚型两种，一般将厚度在 30～40mm 以下的称为板材，厚度在 40～130mm 以上的称为块材。

常用的人造石板有人造大理石板、水磨石板等。

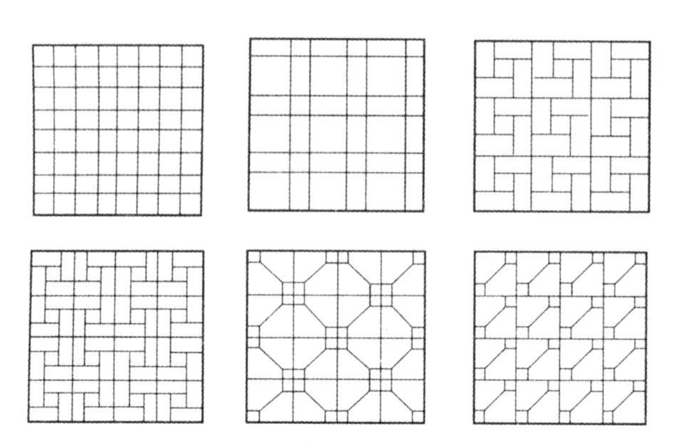

图 3.37　锦砖花纹图案示例

常用的天然石材有大理石、花岗岩板材或块材。在石材的选择上要了解其结构特征、物理力学性能，以适应不同场合的需要。石材使用场合与物理性能关系，见表 3.4。

表 3.4　石材使用场合与物理性能关系

名称	容重	吸水率	抗压强度	冻融抗压强度	抗折强度	标准弹性模量	热膨胀系数	抗冲击强度	抗磨损强度	努氏显微硬度
外墙面	××	×××	××	×××	×××	××	××			
内墙面	××	×	×		×			×××		
室外地面	××	×××	××	×××	××	×	×	×××	×××	×××
室内地面	××	×	×		××			×××	×××	×××
屋面(不上人)	××	×××	××		××			××	×	×

注：×××重要；××一般；×次要。

天然石材饰面构造一般有石材墙面挂贴法和石材墙面干挂法。人造石板饰面构造与天然石材类似。

①石材墙面挂贴法

石材墙面挂贴法又称为湿式工法，如图 3.38 所示，具体做法是在墙体结构中预埋ϕ6 钢筋或 U 形构件，中距 500mm 左右，上绑ϕ6 或ϕ8 纵横向钢筋，形成钢筋网格，网格大小应根据石材规格确定。用直径不小于 2mm 的镀锌铅丝或铜片，穿过石材上下边缘处预凿的小孔，将石材固定在钢筋网格上，石材与墙体之间留有约 30mm 的缝隙，中间灌以 1∶3水泥砂浆，使石材与基层紧密连接。

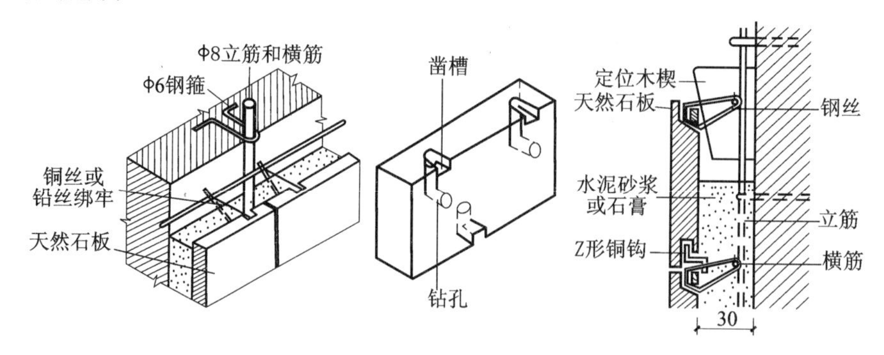

图 3.38　石材挂贴法的构造

由于石材与水泥砂浆的热膨胀系数不同，并且石材的吸水率小，背面平滑黏结力差，在长期温度、湿度变化条件有脱落的可能。挂贴石墙面高度超过3m时，底部必须落地，并加强拉结结构的可靠性。刚度小的建筑物，尤其是在地震地区的建筑物应尽量避免采用石材墙面挂贴法。

②石材墙面干挂法

石材墙面干挂法又称为干式工法，如图3.39所示。这种做法是通过金属连接件，如不锈钢挂钩、金属支架和支座等将石材固定在墙体上，石材墙面干挂法能适应墙面温度变化及建筑物受风荷载、地震作用而产生的变形，石材面层与主体结构之间形成空气层，对建筑隔热或保温有利，但对设计、安装技术要求较高，造价高。石材面板之间的缝隙可以不做密封，也可以用密封胶嵌缝封闭。

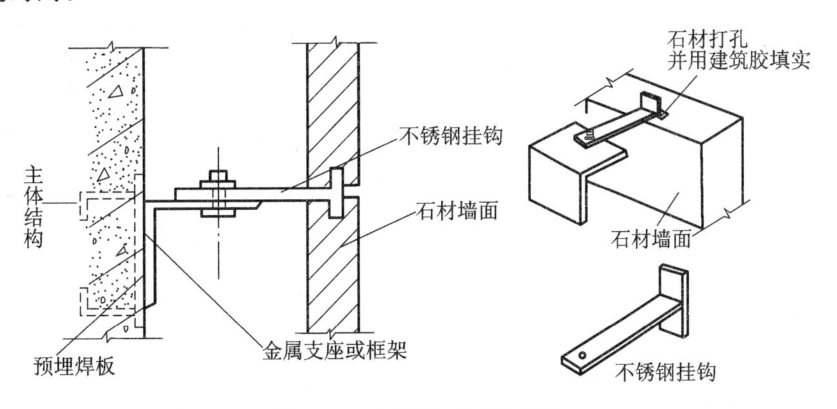

图3.39 石材干挂法的构造

3.6.4 涂料类墙面装修

涂料类墙面装修是在已经做好的墙面基层上，经局部或满刮腻子处理使墙面平整，然后涂刷选定的材料，起到保护和装饰墙面的作用。这种方法省工省料、工效高、工期短、自重小、更新方便、造价较低。

(1)涂料类装修的构成

涂料类装修的涂层一般由底层、中间层和面层构成。

①底层

底层的主要作用是增强涂层与基层之间的黏结力，还可以进一步清理基层表面灰尘，使一部分悬浮的灰尘颗粒固定于基层。

②中间层

中间层是涂层构造的成型层，通过特定的工艺可以形成一定的厚度，达到保护基层的目的和形成装饰效果。

③面层

面层的作用是体现涂层的色彩和光感，为保证色彩均匀，并满足耐久性、耐磨性等要求，面层最少应涂刷两遍。

涂料类施工方式有刷涂、弹涂、滚涂等，不同的施工方式会产生不同的质感效果。

(2)涂料的类型

用于涂料类饰面的涂料品种繁多，应根据使用功能、墙面所处的环境、施工技术和经济条件选择无毒、附着力强、装饰效果好的涂料。

涂料按成膜物质的不同，分为无机涂料和有机涂料两类。

①无机涂料

无机涂料有普通无机涂料和高分子无机涂料。常用普通无机涂料有石灰浆、大白浆、水泥浆等，多用于一般标准的室内装饰；无机高分子涂料具有耐水、耐酸碱、抗冻融和装饰效果好等特点，多用于外墙面装饰和有耐擦洗要求的内墙面装修。

②有机涂料

有机涂料按其主要成膜物质与稀释剂不同，有溶剂型涂料、水溶性涂料和乳胶涂料。

溶剂型涂料是以高分子合成树脂为主要成膜物质，有机溶剂为稀释剂，加入一定量的颜料、配料和辅料配置成的挥发性涂料。溶剂型涂料有传统的油漆涂料、聚苯乙烯内墙涂料等。

水溶性涂料无毒无味，具有一定的透气性，但耐久性较差。目前常用的有聚乙烯醇水玻璃内墙涂料(106 涂料)，聚合物水泥砂浆饰面涂料，改性水玻璃内墙涂料等。

乳胶涂料又称乳胶漆，具有无毒无味、不易燃烧和环保等特点。常见的有乙丙乳胶涂料、苯丙乳胶涂料等。

涂料施工时，后一遍涂料必须在前一遍涂料干燥后进行，否则易发生皱皮、开裂等问题。当采用双组分和多组分的涂料时，施工前应严格按产品说明书规定的配合比，按用量分批混合，并在规定时间内用完。

3.6.5 裱糊类墙面装修

裱糊类墙面装修是将各种装饰性的壁纸、壁布和织锦等卷材类装饰材料裱糊在墙面上的一种装修饰面。用于裱糊类饰面的材料和花色品种繁多，有套色印花并压纹、仿锦缎、仿木材、仿石材，还有带明显凹凸质感及静电植绒等。这种墙体饰面装饰性强、造价较经济、施工方法简捷高效、材料容易更换。

壁纸的基层材料有塑料、纸基、布基、石棉纤维等，面层材料多为聚乙烯和聚氯乙烯。特种壁纸有耐水壁纸、防火壁纸、木屑壁纸、金属箔壁纸等。

裱糊饰面基层涂抹的腻子应坚固，不得粉化、起皮和裂缝；胶粘剂应耐老化、耐潮湿、耐酸碱和防霉变。在裱糊施工中，先贴长墙面，后贴短墙面，粘贴每条壁纸均由上而下进行，上端不留余量，先在一侧对缝，对花形，拼缝到底，压实后，再抹平大面，阳角转角处不留拼缝。裱糊面不得有气泡、空鼓、翘边、皱褶和污渍。

3.6.6 铺钉类墙面装修

铺钉类墙面装修又称为镶板类墙面装修，是用各种天然或人造饰面板，通过镶、钉、拼、粘等构造措施对墙面的装修。铺钉类墙面由骨架和面板两部分组成。

(1)骨架

骨架分木骨架和金属骨架。木骨架由立柱和横撑组成，钉固在预埋的木砖上或用射钉等直接固定在墙面上。为防止墙面受潮损坏骨架和面板，应对骨架固定前的墙面做防潮处理，如抹一层 10mm 厚的混合砂浆，并涂刷热沥青两道等。金属骨架多由槽形截面的薄钢立柱和横撑组成。

(2)面板

常用的铺钉类饰面板有竹、木及其制品,石膏板、塑料板、玻璃板和金属薄板等。

硬木条板是室内墙面装饰的常用材料,其构造是将各种截面形式的条板直接镶钉在骨架横撑上,如图 3.40 所示。

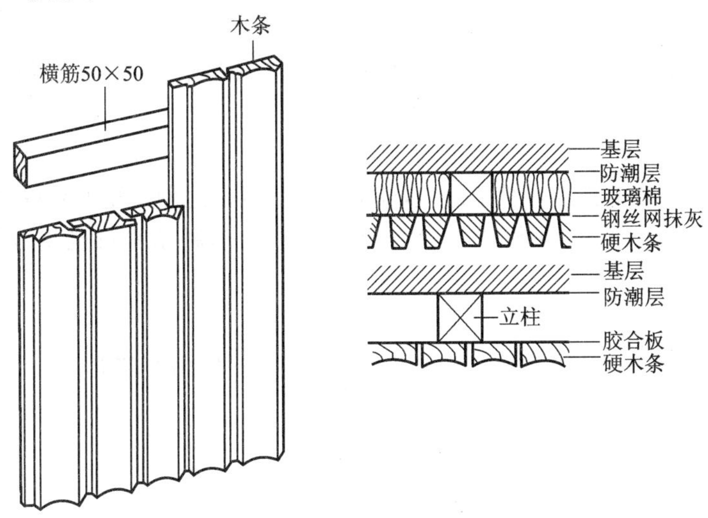

图 3.40　硬木条板饰面的构造

胶合板、纤维板等人造薄板可直接用圆钉或木螺丝固定在木骨架上,板间留有 5～8mm 的缝隙,保证面板正常的变形。

石膏板与金属骨架之间一般用自动螺丝或电钻打孔后用镀锌螺丝连接。

3.6.7　玻璃幕墙装修

玻璃幕墙是一种现代的建筑墙体装饰方法,它轻巧、晶莹,具有透射和反射性质,可以创造出明亮的室内光环境、内外空间交融的效果,还可反映出周围各种动和静的物体形态,具有十分动人的魅力,它同时还承担着墙体的功能。

玻璃幕墙从大的方面说包括两部分,一是饰面的玻璃,二是固定玻璃的框架。目前用于玻璃幕墙的玻璃,主要有热反射玻璃(俗称镜面玻璃)、吸热玻璃(亦称染色玻璃)、双层中空玻璃及夹层玻璃、夹丝玻璃等品种。另外,各种无色或着色的浮法玻璃也常被采用。玻璃幕墙的框架多采用经特殊挤压成型工艺而制成的各种铝合金型材以及用于连接与固定的各种规格的连接件和紧固件。

玻璃幕墙装配时,先把骨架通过连接件安装在主体结构上,然后将玻璃镶嵌在骨架的凹槽内,周边缝隙用密封材料处理(图 3.41)。为排出因密封不严而流入槽内的雨水,骨架横档支承玻璃的部位做成倾斜状,外侧用一条铝合金盖板封住。下面介绍几种常见的幕墙结构类型。

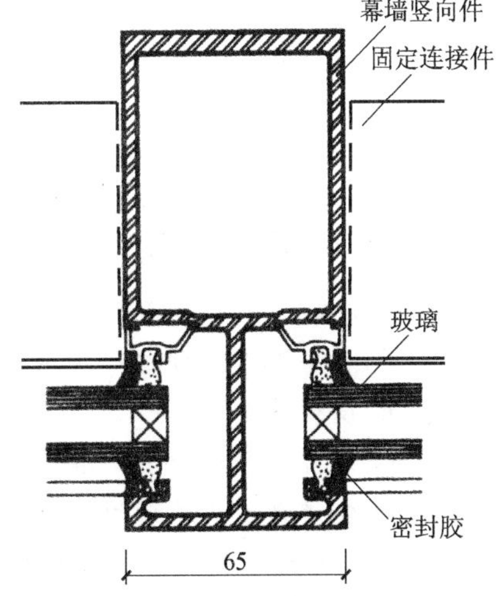

图 3.41　双层中空玻璃在立柱上的安装构造

(1)型钢框架体系

这种结构体系是以型钢做幕墙的骨架，将铝合金框与骨架固定，然后再将玻璃镶嵌在铝合金框内；但也可不用铝合金框，而完全用型钢组成玻璃幕墙的框架，如以钢窗料为框架做成的幕墙即属此类。

(2)铝合金型材框架体系

这种结构体系是以特殊截面的铝合金型材作为玻璃幕墙的框架，玻璃镶嵌在框架的凹槽内。

(3)不露骨架结构体系

这种结构体系是玻璃直接与骨架连接，外面不露骨架。这种类型的幕墙，最大特点在于立面既不见骨架，又不见窗框。因此，在造价方面占有优势，这种结构可能是幕墙结构形式的一个发展方向。

(4)没有骨架的玻璃幕墙体系

这种体系，玻璃本身既是饰面构件，又是承重构件。所使用的玻璃多为钢化玻璃和夹层钢化玻璃。

复习思考题

一、填空题

1. 为增加墙体的整体稳定性，提高建筑物的刚度，可设圈梁和________。

2. 墙面装修的作用有________、________、________、________。

3. 标准砖的规格为________，砌筑砖墙时，必须保证上下皮砖________搭接，避免形成通缝。

4. 墙体承重方案有：________、________、________、________。

二、选择题

1. 墙体勒脚部位的水平防潮层一般设于(　　)。

A. 基础顶面

B. 底层地坪混凝土结构层之间的砖缝中

C. 底层地坪混凝土结构之下 60mm 处

D. 室外地坪之上 60mm 处

2. 下列做法不是墙体的加固做法的是(　　)。

A. 当墙体长度超过一定限度时，在墙体局部位置增设壁柱

B. 设置圈梁

C. 设置钢筋混凝土构造柱

D. 在墙体适当位置用砌块砌筑

3. 为提高墙体的保温与隔热性能，不可采取的做法是(　　)。

A. 增加外墙厚度

B. 采用组合墙体

C. 在靠室外一侧设隔气层

D. 选用浅色的外墙装修材料

4. 施工规范规定的砖墙竖向灰缝宽度为(　　)。

A. 6～8mm　　B. 7～9mm　　C. 10～12mm　　D. 8～12mm

三、简答题

1. 水平防潮层的位置如何确定?

2. 墙面装修按材料和施工工艺不同主要分为哪几类?其特点是什么?

3. 砖混结构的抗震构造措施主要有哪些?

4. 构造柱的作用和设置位置是什么?

4 楼 地 层

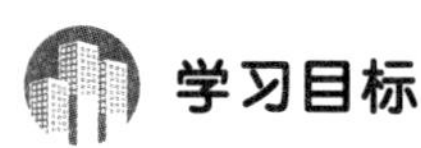

学习目标

(1)掌握楼板层的类型、组成。

(2)掌握常见楼板层的构造特点及适用范围。

(3)掌握楼板层和地坪层的组成和设计要求。

(4)掌握现浇钢筋混凝土楼板、预制装配式楼板、装配整体式楼板的构造。

(5)掌握楼板层和地面的细部构造。

(6)掌握顶棚、阳台、雨篷的分类、特点和一般构造。

学习重点

钢筋混凝土楼板构造,地面构造,楼层的防水、保温、隔声等要求。

4.1 楼板的组成及类型

楼板层概述

楼板层与地坪层是建筑空间的水平分隔构件,同时又是建筑结构的承重构件,一方面承受自重和楼板层上的全部荷载,并合理有序地把荷载传给墙和柱,增强房屋的刚度和整体稳定性。另一方面对墙体起水平支撑作用,以减少风和地震产生的水平力对墙体的影响,增加建筑物的整体刚度;此外,楼地层还具备一定的防火、隔声、防水、防潮等能力,并具有一定的装饰和保温作用。

4.1.1 楼板层的构造组成

楼板层主要由面层、结构层和顶棚三部分组成,为了满足保温、隔声、隔热等方面的要求,必要时可根据实际情况增设附加层,如图 4.1 所示。

(1)面层

面层又称楼面或地面,位于楼板层的最上层,起着保护楼板层、分布荷载、承受并传递荷载的作用,同时又对室内起美化装饰作用。根据使用要求和选用材料的不同,可有多种做法。

(2)结构层

结构层又称楼板,是楼板层的承重构件,一般包括梁和板,主要功能是承受楼板层上的全部荷载,并将荷载传给墙和柱,同时对墙身起水平支撑作用,以加强建筑物的刚度和整体性。

(3)顶棚层

顶棚层又称天花板,位于楼板层的最下层。主要起着保护楼板、安装灯具、遮掩各种水平

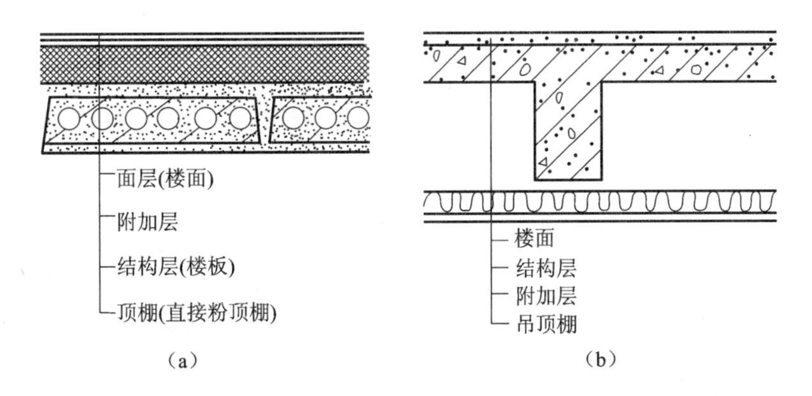

图 4.1　楼板层的组成

(a)预制钢筋混凝土楼板层；(b)现浇钢筋混凝土楼板层

管线设备、改善室内光照条件、装饰美化室内空间的作用。在构造上有直接抹灰顶棚、粘贴类顶棚和吊顶等多种形式。

(4)附加层

附加层又称功能层，根据楼板层的具体要求、使用功能的不同而设置，主要作用是保温、隔声、隔热、防水、防潮、防腐蚀、防静电等。根据需要，有时和面层合二为一，有时又和吊顶合为一体。

4.1.2　楼板层的类型

楼板层按结构层所用材料的不同，可分为木楼板、砖拱楼板、钢筋混凝土楼板、钢楼板及压型钢板组合楼板等，如图 4.2 所示。

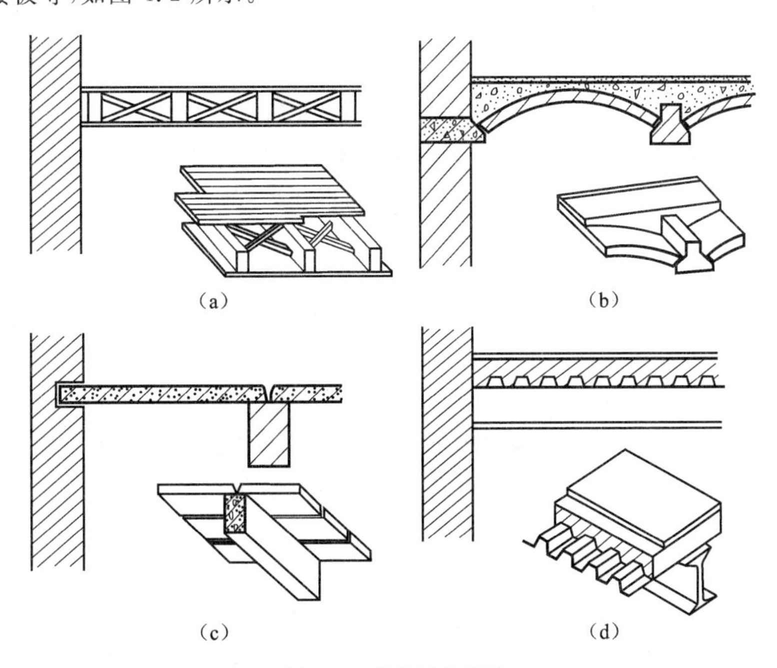

图 4.2　楼板层的类型

(a)木楼板；(b)砖拱楼板；(c)钢筋混凝土楼板；(d)压型钢板组合楼板

(1)木楼板

木楼板是在木搁栅之间设置剪刀撑,形成有足够整体性和稳定性的骨架,并在木搁栅上下铺钉木板所形成的楼板,如图 4.2(a)所示。这种楼板构造简单,自重小,导热系数小,但耐久性和耐火性差,耗费木材量大,除木材产区外较少采用。

(2)砖拱楼板

砖拱楼板是先在墙或柱上架设钢筋混凝土小梁,然后在钢筋混凝土小梁之间用砖砌成拱形结构所形成的楼板,如图 4.2(b)所示。砖拱楼板可节约钢材、水泥、木材,造价低,但承载能力和抗震能力差,结构层所占的空间大,顶棚不平整,施工较烦琐,所以现在已基本不用。

(3)钢筋混凝土楼板

钢筋混凝土楼板的强度大、刚度大、耐久性和耐火性好,还具有良好的可塑性,便于工业化的生产和施工,是目前应用最广泛的楼板类型,如图 4.2(c)所示。

(4)钢楼板

钢楼板自重小、强度大、整体性好、易连接、施工方便、便于建筑工业化,但用钢量大、造价高、易腐蚀、维护费用高、耐火性比钢筋混凝土差,一般常用于工业类建筑。

(5)压型钢板组合楼板

压型钢板组合楼板是在钢筋混凝土楼板的基础上发展起来的,利用压型钢板做衬板和底模,与混凝土浇筑在一起,既提高了楼板的刚度和强度,又加快了施工进度,是目前正大力推广的一种新型楼板。其特点是刚度大、整体性好、可简化施工程序,但需经常维护,如图 4.2(d)所示。

4.1.3 楼板层的设计要求

楼板层的设计应满足建筑的使用、结构、施工以及经济等多方面的要求。

(1)楼板层具有足够的强度和刚度

楼板层必须具有足够的强度和刚度才能保证楼板正常和安全使用。

足够的强度是指楼板能够承受自重和不同的使用要求下的使用荷载(如人群、家具设备等,也称活荷载)而不损坏。自重是楼板层构件材料的净重,其大小也将影响墙、柱、墩、基础等支承部分的尺寸。

足够的刚度是楼板在一定的荷载作用下,不发生超过规定的形变挠度,以及在人走动和重力作用下不发生显著的振动,否则就会使面层材料以及其他构配件损坏,产生裂缝等。刚度用相对挠度来衡量,即绝对挠度与跨度的比值。

楼板层是在整体结构中保证房屋总体强度、刚度和稳定性的构件之一,对房屋起稳定作用。比如:在框架建筑中,楼板是保证全部结构在水平方向不变形的水平支承构件;在砖混结构建筑中,当横向隔墙间距较大时,楼板构件也可以使外墙承受的水平风力传至横向隔墙上,以增加房屋的稳定性。

(2)满足隔声要求

为了防止噪声通过楼板传到上下相邻的房间,影响其使用,楼板层应具有一定的隔声能力。不同使用要求的房间对隔声的要求不同,如居住建筑因为量大面广,所以必须考虑经济条件,我国对住宅楼板的隔声标准中规定:一级隔声标准为 65dB,二级隔声标准为 75dB 等。对一些有特殊使用要求的公共建筑使用空间,如医院、广播室、录音室等,则有着更高的隔声要求。

楼板的隔声包括隔绝空气传声和固体传声两个方面，后者更为重要。空气传声如说话声及演奏乐器的声音都是通过空气来传播的。隔绝空气传声应采取使楼板无裂缝、无孔洞及增加楼板层的容重等措施。

固体传声一般由上层房间对下层产生影响，如步履声、移动家具对楼板的撞击声，缝纫机和洗衣机等振动对楼板的影响声等，都是通过楼板层构配件来传递的。由于声音在固体中传递时，声能衰减很少，因此固体传声的影响更大，是楼板隔声的重点。

提高楼层隔声能力的措施有以下几种：

①选用空心构件来隔绝空气传声；

②在楼板面铺设弹性面层，如橡胶、地毡等；

③在面层下铺设弹性垫层；

④在楼板下设置吊顶棚。

(3)满足热工、防火、防潮等要求

在冬季采暖建筑中，假如上下两层温度不同，应在楼板层构造中设置保温材料，尽可能使采暖方面减少热损失，并应使构件表面与房间的温差不超过规定数值。在不采暖的建筑中，如起居室、卧室等房间，从满足人们卫生和舒适要求的角度出发，楼面铺面材料亦不宜采用蓄热系数过小的材料，如黏土砖、石块、锦砖、水磨石等，因为这些材料在冬季容易传导人们足部的热量而使人缺乏舒适感。

采暖建筑中楼板等构件搁入外墙部分应具备足够的热阻，或可以设置保温材料提高该部分的隔热性能；否则热量可能通过此处散失，而且易产生凝结水，影响卫生及构件的寿命。

从防火和安全角度考虑，一般楼板层承重构件，应尽量采用耐火与半耐火材料制造。如果局部采用可燃材料时，应做防火特殊处理；木构件除了防火以外，还应注意防腐、防蛀。

潮湿的房间如卫生间、厨房等应要求楼板层有不透水性。除了支承构件采用钢筋混凝土以外，还可以设置有防水性能、易于清洁的各种铺面，如面砖、水磨石等。与防潮要求较高的房间上下相邻时，还应对楼板层做特殊处理。

(4)经济方面的要求

在多层房屋中，楼板层的造价一般占建筑造价的20%～30%，因此，楼板层的设计应力求经济合理。应尽量就地取材和提高装配化的程度，在进行结构布置和确定构造方案时，应与建筑物的质量标准和房间的使用要求相适应，并须结合施工要求，避免因不切合实际而造成浪费。

(5)建筑工业化的要求

在多层或高层建筑中，楼板结构占相当大的比重，要求在楼板层设计时，应尽量考虑减小自重和减少材料的消耗，并为建筑工业化创造条件，以加快建设速度。

4.2 钢筋混凝土楼板

钢筋混凝土楼板按其施工方法不同，可分为现浇式钢筋混凝土楼板、预制装配式钢筋混凝土楼板和装配整体式钢筋混凝土楼板三种。

现浇式钢筋混凝土楼板是指在施工现场通过支模、绑扎钢筋、整体浇筑混凝土及养护等工序而成型的楼板。这种楼板具有整体性好、刚度大、利于抗震、梁板布置灵活等特点，但其模板耗材大，施工进度慢，施工受季节限制。适用于地震区及平面形状不规则或防水要求较高的房间。

预制装配式钢筋混凝土楼板是指在构件预制厂或施工现场预先制作，然后在施工现场装配而成的楼板。这种楼板可节省模板、改善劳动条件、提高生产效率、加快施工速度，并利于推广建筑工业化，但楼板的整体性差。适用于非地震区、平面形状较规整的房间。

装配整体式钢筋混凝土楼板是指预制构件与现浇混凝土面层叠合而成的楼板。它既可节省模板、提高其整体性，又可加快施工速度，但其施工较复杂。目前多用于住宅、宾馆、学校、办公楼等大量性建筑中。

扫一扫

现浇钢筋混凝土板

4.2.1 现浇式钢筋混凝土楼板

现浇式钢筋混凝土楼板是在施工现场通过支模、绑扎钢筋、浇筑混凝土及养护等工序所形成的楼板。这种楼板具有能够自由成型、整体性强、抗震性能好的优点，但模板用量大、工序多、工期长、工人劳动强度大，并且施工受季节影响较大。

现浇式钢筋混凝土楼板根据受力和传力情况分为板式楼板、梁板式楼板、井字梁楼板、无梁楼板和压型钢板组合楼板。

(1)板式楼板

楼板内不设置梁，将板直接搁置在墙上的楼板称为板式楼板。板式楼板有单向板与双向板之分，如图 4.3 所示。当板的长边与短边之比大于 2 时，板基本上沿短边方向传递荷载，这种板称为单向板，板内受力钢筋沿短边方向设置。单向板的代号如 B/80，其中 B 代表板，80 代表板厚为 80mm。双向板长边与短边之比不大于 2，荷载沿双向传递，短边方向内力较大，长边方向内力较小，受力主筋平行于短边，并摆在下面。板厚的确定原则与单向板相同。

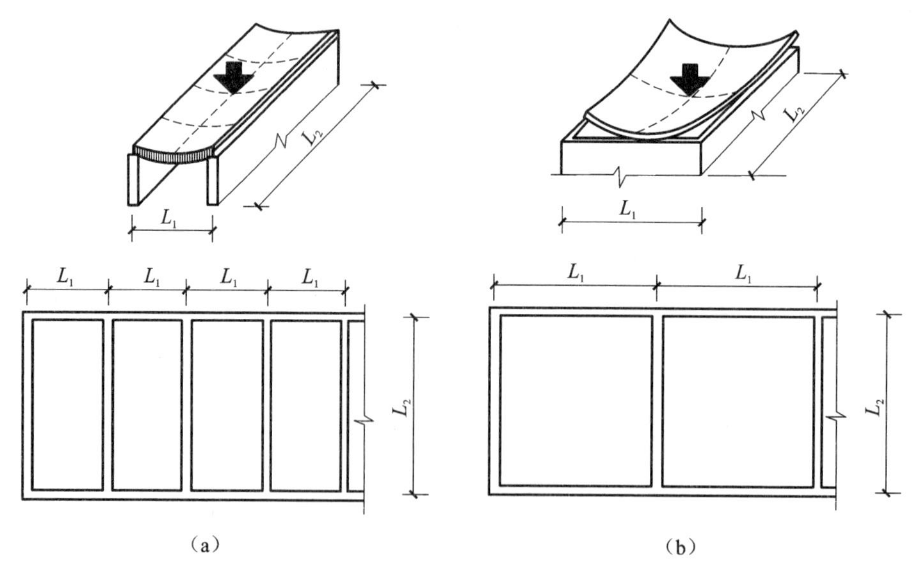

图 4.3 楼板的受力、传力方式

(a)单向板($L_2/L_1>2$)；(b)双向板($L_2/L_1\leqslant 2$)

板式楼板底面平整、美观，施工方便，但板的跨度较小，经济跨度为 2～3m，适用于小跨度房间或走廊，如厨房、卫生间等。板的厚度一般为 60～120mm。

(2)梁板式楼板

当跨度较大时,常在板下设梁以减小板的跨度,使楼板结构更经济合理,楼板上的荷载先由板传给梁,再由梁传给墙或柱。这种楼板称为梁板式楼板或梁式楼板,也称为肋形楼板,如图 4.4 所示。梁板式楼板中的梁可有主梁、次梁之分,主梁与次梁一般垂直相交,板搁置在次梁上,次梁搁置在主梁上,主梁搁置在墙或柱上,主梁可沿房间的纵向或横向布置。

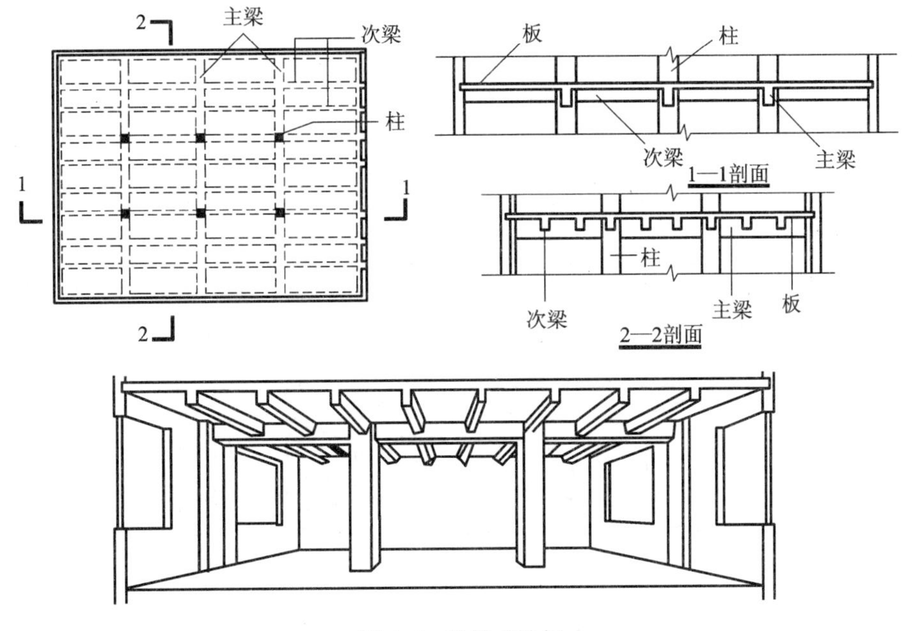

图 4.4 梁板式楼板

主梁的经济跨度为 5～8m,梁高为跨度的 1/18～1/14。次梁的经济跨度为 4～6m,梁高为跨度的 1/18～1/12。主梁、次梁宽度均为各自梁高的 1/3～1/2。板的跨度为 1.5～3m,板厚一般为 60～80mm。当梁支承在墙上时,为避免墙体局部压坏,支承处应有一定的支承面积,一般情况下,次梁在墙上的支承长度宜采用 240mm,主梁宜采用 370mm。该楼板适用于房间跨度较大的建筑,如教学楼、办公楼、小型商店等。

(3)井字梁楼板

井字梁楼板是肋形楼板的一种特殊形式。当房间尺寸较大,并接近正方形时,常沿两个方向布置等距离、等截面高度的梁,板为双向板,形成井格形的梁板结构,纵梁和横梁同时承担着由板传递下来的荷载。井式楼板的跨度一般为 6～10m,板厚为 70～80mm, 井格边长一般在 2.5m 之内。井式楼板有正井式和斜井式两种。梁与墙之间成正交梁系的为正井式,如图 4.5(a)所示;长方形房间梁与墙之间常作斜向布置形成斜井式,如图 4.5(b)所示。井式楼板常用于跨度为 10m 左右、长短边之比小于 1.5 的公共建筑的门厅、大厅。如果在井格梁下面加以艺术装饰处理,抹上线腰或绘上彩画,则可使顶棚更加美观。

(4)无梁楼板

无梁楼板是在楼板跨中设置柱子来减小板跨,不设主梁和次梁的楼板,如图 4.6 所示。在柱与楼板连接处,柱顶构造分为有柱帽和无柱帽两种。当楼面荷载较小时,采用无柱帽的形式;当楼面荷载较大时,为提高板的承载能力、刚度和抗冲切能力,可以在柱顶设置柱帽和托板

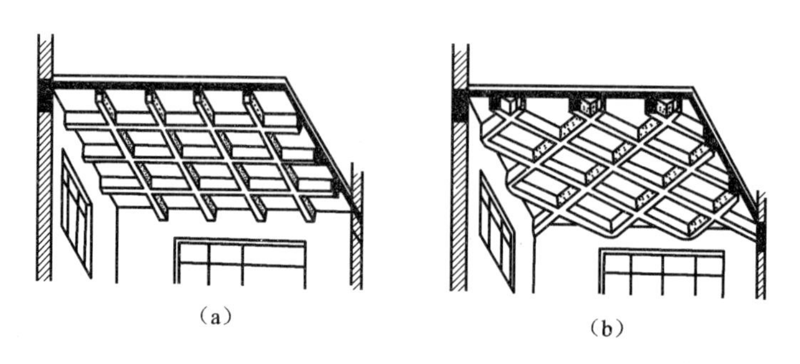

图 4.5　井式楼板

(a)正井式;(b)斜井式

来减小板跨度、增加柱对板的支托面积。无梁楼板的柱间距宜为 6m,成方形布置。由于板的跨度较大,故板厚不宜小于 150mm,一般为 160～200mm。

无梁楼板的板底平整,室内净空高度大,采光、通风条件好,便于采用工业化的施工方式,适用于楼面荷载较大的公共建筑(如商店、仓库、展览馆等)和多层工业厂房。

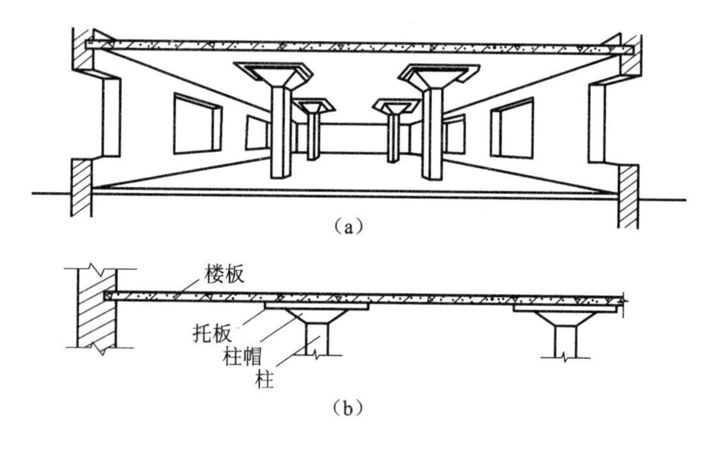

图 4.6　无梁楼板

(a)直观图;(b)投影图

(5)压型钢板组合楼板

压型钢板组合楼板是由钢梁、压型钢板和现浇混凝土三部分组成。压型钢板组合楼板的基本组成及其构造形式如图 4.7、图 4.8 所示。

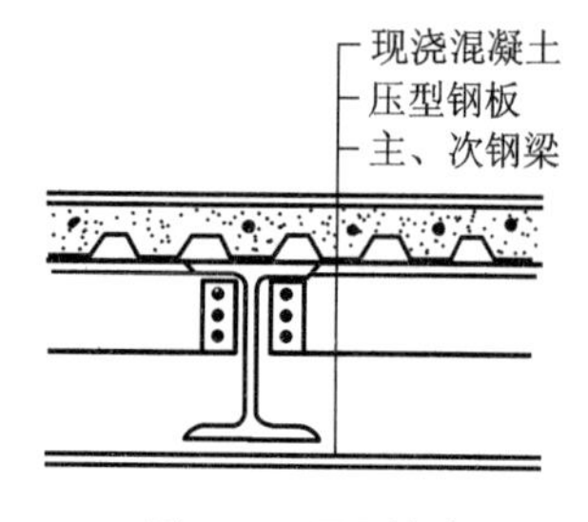

图 4.7　压型钢板组合楼板的基本组成

压型钢板组合楼板的整体连接是由栓钉(又称抗剪螺钉)将钢筋混凝土、压型钢板和钢梁组合成整体。栓钉是组合楼板的抗剪连接件,楼面的水平荷载通过它传递到梁、柱上,所以又称剪力螺栓,其规格和数量是按楼板与钢梁连接的剪力大小确定的。栓钉应与钢梁焊接。

压型钢板的跨度一般为 2～3m,铺设在钢梁上,与钢梁之间用栓钉连接。上面浇筑的混凝土厚 100～150mm。压型钢板组合楼板中的压型钢板承受施工时的荷载,是板底的受拉钢筋,也是楼板的永久性模板。这种楼板简化了施工程序,加快了施工进度,并且具有较强

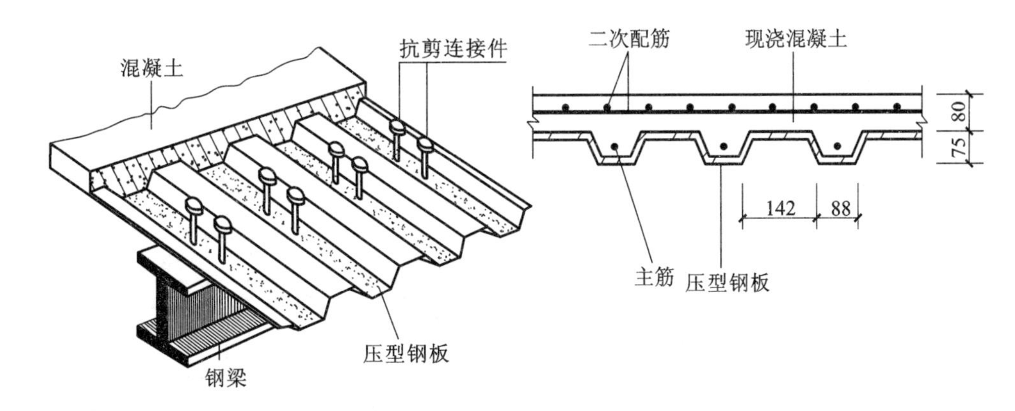

图 4.8　压型钢板组合楼板的构造形式

的承载力、刚度和整体稳定性，但耗钢量较大，适用于多、高层的框架或框剪结构的建筑中。

使用压型钢板组合楼板应注意的问题：

①有腐蚀的环境中应避免应用；

②应避免压型钢板长期暴露，以防钢板和梁生锈，降低结构的连接性能；

③在动荷载作用下，应仔细考虑其细部设计，并注意保持结构组合作用的完整性和共振问题。

4.2.2　预制装配式钢筋混凝土楼板

预制装配式钢筋混凝土楼板

预制装配式钢筋混凝土楼板是把楼板分成若干构件，在预制加工厂或者施工现场外预先制作，然后在施工现场进行安装的钢筋混凝土楼板。这种楼板可以节约模板、提高工效，但整体性差，一些抗震设防要求高的地区不宜采用。

4.2.2.1　预制装配式钢筋混凝土楼板的类型

(1)实心平板

实心平板上下板面平整，制作简单，但自重较大，隔声效果差。宜用于跨度小的走廊板、楼梯平台板、阳台板、管沟盖板等处。板的两端支承在墙或梁上，板厚一般为 50～80mm，跨度在 2.4m 以内为宜，板宽为 500～900mm。由于构件小，起吊机械要求不高，实心平板如图 4.9 所示。

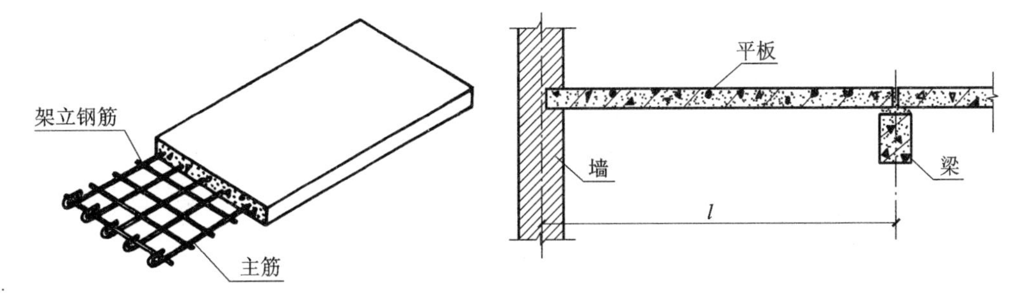

图 4.9　实心平板

(2)空心板

根据板的受力情况，结合考虑隔声的要求，并使板面上下平整，可将预制板沿纵向将受力小的一部分混凝土抽去做成空心板。空心板的孔洞有矩形、方形、圆形、椭圆形等。矩形孔较为经济但抽孔困难，圆形孔的板刚度较好，制作也较方便，因此使用较广。根据板的宽度，孔数有单孔、双孔、三孔、多孔。目前我国预应力空心板的跨度尺寸可达到 6m、6.6m、7.2m 等。板的厚度为 120～300mm。空心板的优点是节省材料，隔声、隔热性能较好，缺点是板面不能任意打洞。空心板如图 4.10 所示。

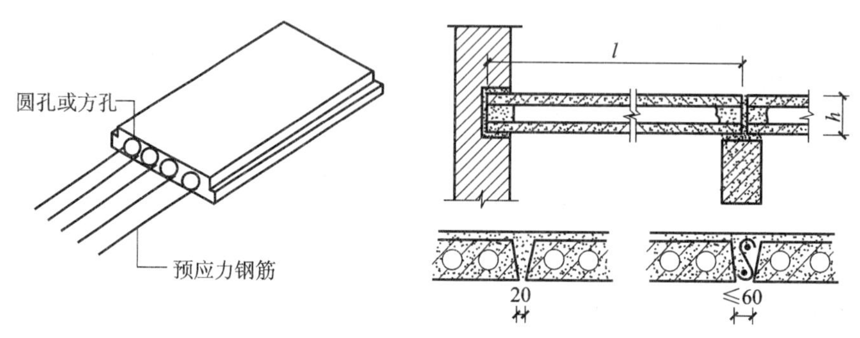

图 4.10　空心板

(3)槽形板

当板的跨度尺寸较大时，为了减小板的自重，根据板的受力状况，可将板做成由肋和板构成的槽形板。板长为 3～6m 的非预应力槽形板，板肋高为 120～240mm，板的厚度仅 30mm。槽形板减小了板的自重，具有省材料、便于在板上开洞等优点，但隔声效果差。当槽形板正放(肋朝下)时，板底不平整。当槽形板倒放(肋向上)时，需在板上进行构造处理，使其平整。槽内可填轻质材料，起保温、隔声作用。槽形板正放常用作厨房、卫生间、库房等楼板。当对楼板有保温、隔声要求时，可考虑采用倒放槽形板，如图 4.11 所示。

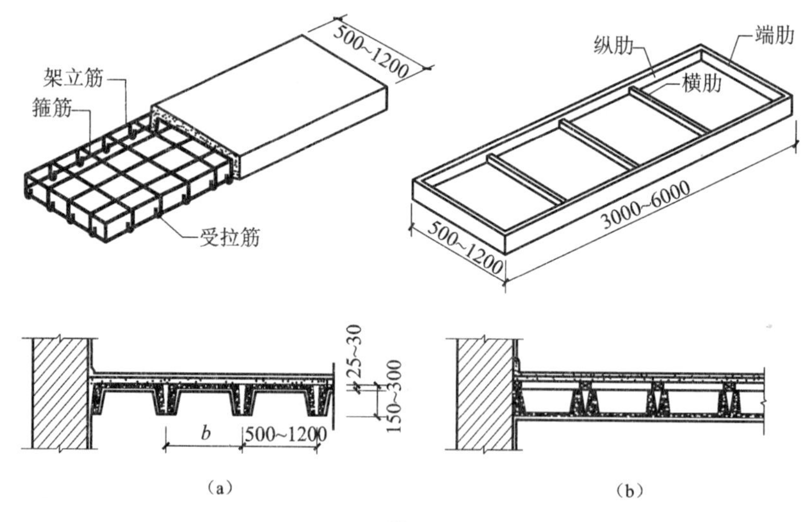

图 4.11　槽形板示意图

(a)正槽板；(b)反槽板

4.2.2.2　预制装配式钢筋混凝土楼板的布置与细部构造

(1)板的布置方式

①进行楼板布置时，首先应根据房间的使用要求确定板的种类，再根据开间与进深尺寸确定楼板的支承方式，然后根据现有板的规格进行合理的安排。板的支承方式有板式和梁板式，

预制板直接搁置在墙上的称板式布置；若预制楼板支承在梁上，梁再搁置在墙上的称为梁板式布置，如图 4.12 所示。板式结构布置多用于房间的开间和进深尺寸都不大的建筑，如住宅、宿舍等。梁板式结构布置多用于房间的开间和进深尺寸都比较大的建筑，如教学楼等。在确定板的规格时，应首选以房间的短边长度作为板跨。一般要求板的规格、类型愈少愈好。

板的布置应避免出现三边支承的情况，即楼板的长边不得布置在梁或砖墙内，否则在荷载作用下，板会产生裂缝。

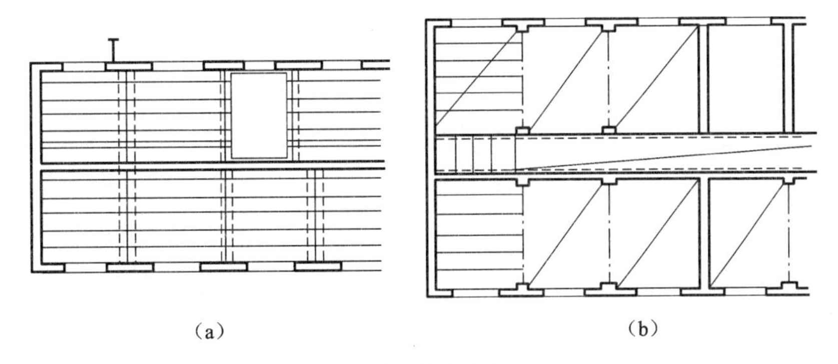

(a) (b)

图 4.12 预制楼板的结构布置

(a)板式；(b)梁板式

②板在梁上的搁置方式

当采用梁板式支承方式时，板在梁上的搁置方案一般有两种：一种是将板直接搁在梁顶上，如图 4.13(a)所示；另一种是将板搁置在花篮梁或十字形梁两翼梁肩上，如图 4.13(b)所示，板面与梁顶相平，在梁高不变的情况下，这种方式相应地提高了室内净空高度。但这时在选用预制板的规格时应注意，它的搁置长度不能按梁中线计算，而是要减去梁顶宽度。

预制板直接搁置在砖墙或者梁上时，应有足够的支承长度。在墙上的支承长度不宜小于 100mm；在钢筋混凝土梁上的支承长度不宜小于 80mm；当利用板端伸出钢筋拉结和混凝土灌缝时，其支承长度可为 40mm，但板端缝宽不小于 80mm，灌缝混凝土强度等级不宜低于 C20。铺板前，先在墙或梁上用 20mm 厚 M5 的水泥砂浆找平（即坐浆），然后铺板。此外，为增强建筑物的整体刚度，板与墙、梁之间及板与板之间常用钢筋拉结，如图 4.14 所示。

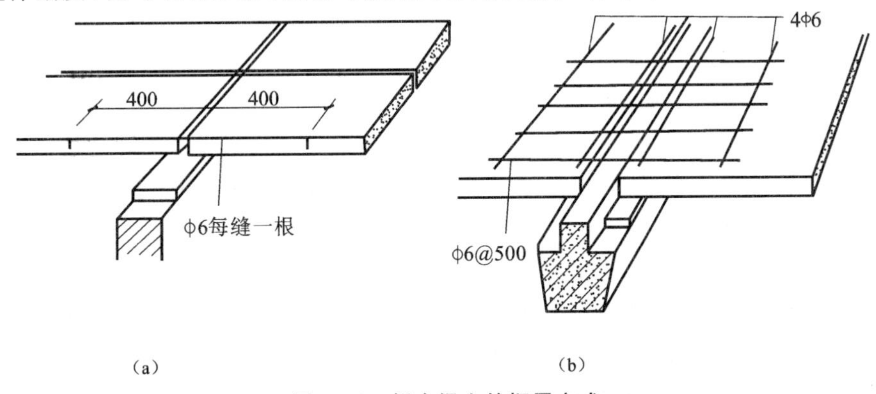

(a) (b)

图 4.13 板在梁上的搁置方式

(a)板直接搁置在矩形梁或 T 形梁上；(b)板搁在花篮梁或十字形梁肩上

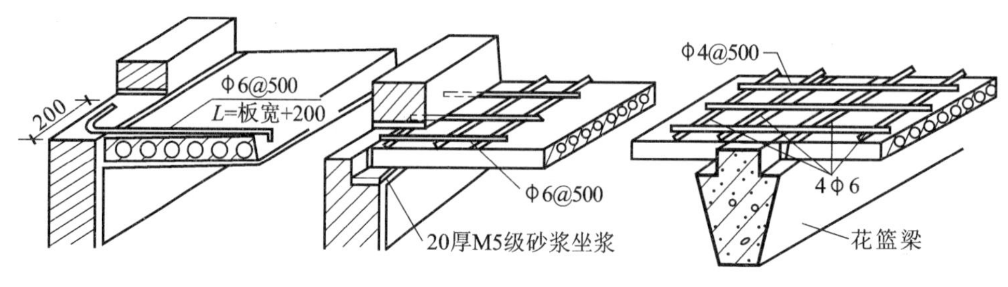

图 4.14 锚固筋的配置

(2)板的细部构造

①板缝处理

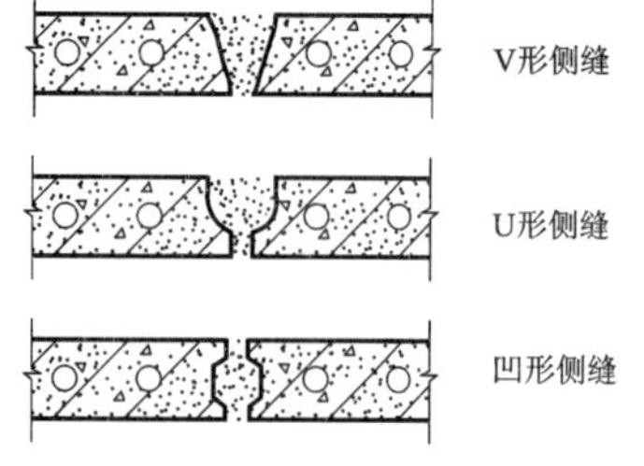

图 4.15 板的侧缝构造

为了便于板的安装铺设,板与板之间常留有 10～20mm 的缝隙。为了提高板的整体性,板缝内须灌入细石混凝土,并要求灌缝密实,避免在板缝处出现裂缝而影响楼板的使用和美观。板的侧缝构造一般有三种形式:V 形缝、U 形缝和凹槽缝,如图 4.15 所示。

V 形缝与 U 形缝板缝构造简单,便于灌缝,因此应用较广;凹形缝有利于加强楼板的整体刚度,板缝能起到传递荷载的作用,使相邻板能共同工作,但施工较麻烦。

②板缝差的调整与处理

板的排列受到板宽规格的限制,因此,排板的结果常出现较大的缝隙。根据排板数量和缝隙的大小,可考虑采用调整板缝的方式解决。当板缝宽小于 50mm 时,用细石混凝土灌实即可。当板缝宽达 50mm 时,常在缝中配置钢筋再灌以细石混凝土,如图 4.16(a)、(b)所示。也可以将板缝调至靠墙处,当缝宽不大于 120mm 时,可沿墙挑砖填缝;当缝宽大于 120mm 时,采用钢筋骨架现浇板带处理,如图 4.16(c)、(d)所示。

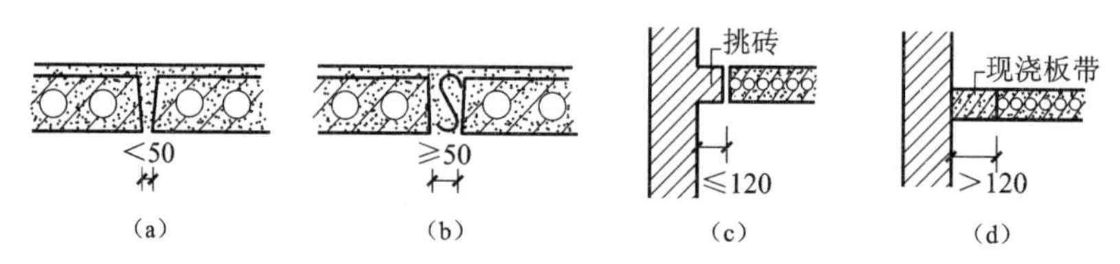

图 4.16 板缝及板缝差的处理

(a)缝宽<50mm 时用水泥砂浆或细石混凝土灌缝;(b)缝宽≥50mm 须配筋灌缝;
(c)缝宽≤120mm 时可沿墙挑砖处理;(d)缝宽>120mm 时用现浇板带填补

③板的锚固

为增强建筑物的整体刚度,特别是处于地基条件较差地段或地震区,应在板与墙及板端与板端连接处设置锚固钢筋,如图 4.17 所示。

④隔墙与楼板

隔墙若为轻质材料时,可直接立于楼板之上。如果采用自重较大的材料,如黏土砖等做隔墙,则不宜将隔墙直接搁置在楼板上,特别应避免将隔墙的荷载集中在一块楼板上。对有小梁搁置的楼板或槽形板,通常将隔墙搁置在小梁上或槽形板的边肋上,如果是空心板做楼板,可在隔墙下做现浇板带或设置预制梁解决。隔墙与楼板的关系如图 4.18 所示。

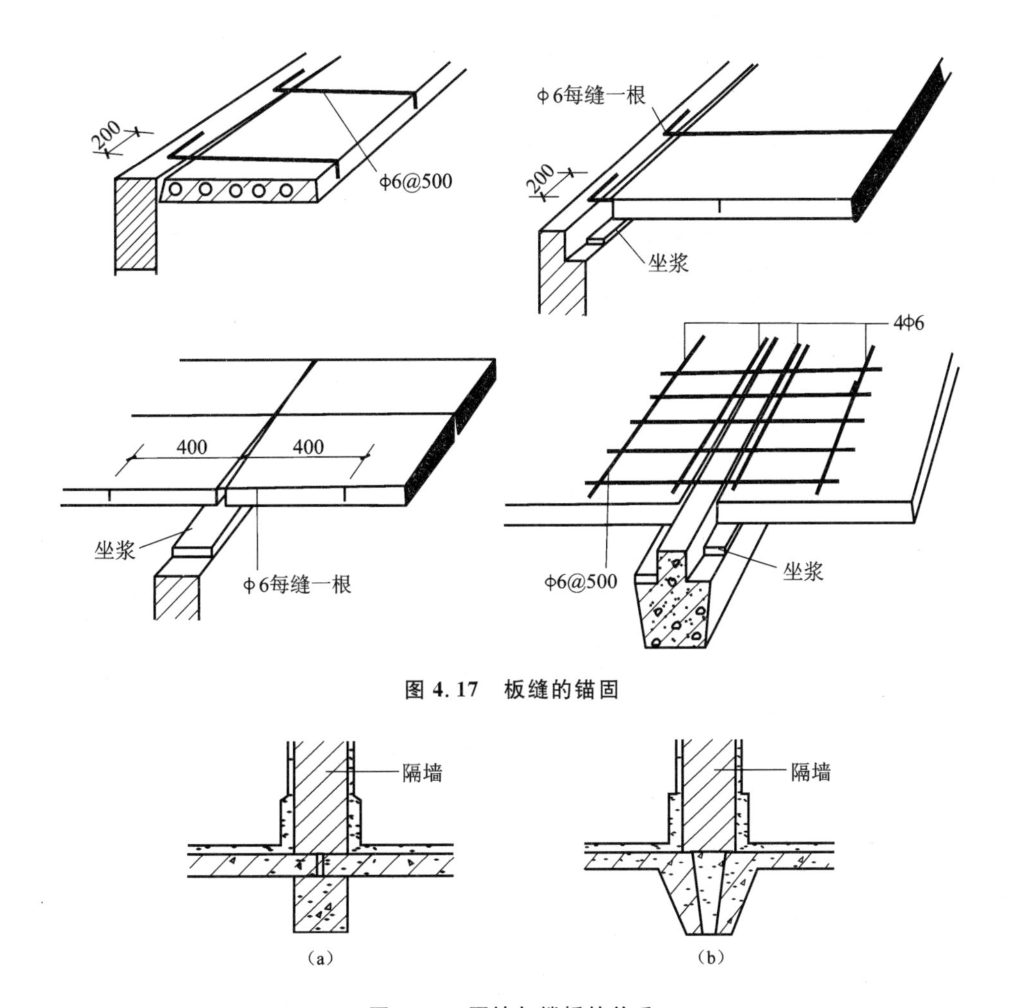

图 4.17 板缝的锚固

图 4.18 隔墙与楼板的关系

(a)隔墙支承在梁上;(b)隔墙支承在纵缝上

⑤板的面层处理

由于预制构件的尺寸误差或施工上的原因造成板面不平,须做找平层,通常采用 20～30mm 厚水泥砂浆或 30～40mm 厚的细石混凝土找平;然后再做面层,电线管等小口径管线可以直接埋在整浇层内。装修标准较低的建筑物,可直接将水泥砂浆找平层或细石混凝土整浇层表面抹光,即可作为楼面,如果要求较高,则须在找平层上另做面层。

4.2.3 装配整体式钢筋混凝土楼板

装配整体式钢筋混凝土楼板是先预制部分构件,然后在现场安装,再以整体浇筑方法连成一体的楼板。它克服了现浇板消耗模板量大、预制板整体性差的缺点,整合了现浇式楼板整体性好和装配式楼板施工简单、工期短的优点。装配整体式钢筋混凝土楼板按结构及构造方式可分为密肋填充块楼板和预制薄板叠合楼板。

(1)密肋填充块楼板

密肋填充块楼板的密肋小梁有现浇和预制两种。现浇密肋填充块楼板是以陶土空心砖、矿渣混凝土实心块等作为肋间填充块来现浇密肋和面板而成。预制小梁填充块楼板是在预制小梁之间填充陶土空心砖、矿渣混凝土实心块、煤渣空心块，上面现浇面层而成。密肋填充块楼板板底平整，有较好的隔声、保温、隔热效果，在施工中空心砖还可起到模板作用，也有利于管道的敷设。此种楼板常用于学校、住宅、医院等建筑中，如图 4.19 所示。

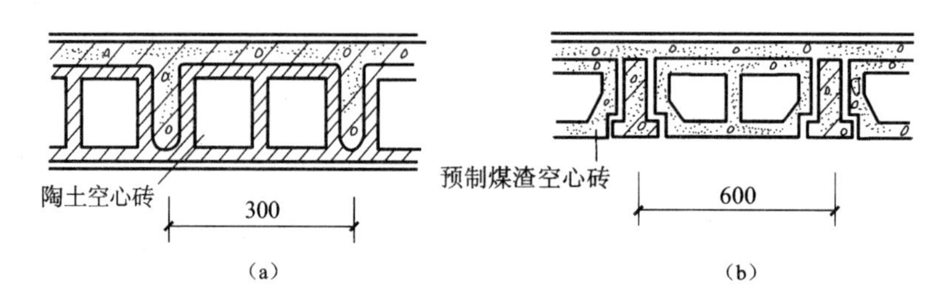

图 4.19　密肋楼板

(a)现浇；(b)预制

(2)预制薄板叠合楼板

预制薄板叠合楼板是由预制薄板和现浇钢筋混凝土层叠合而成的装配整体式楼板。预制板既是叠合楼板结构的组成部分，又是现浇钢筋混凝土叠合层的永久性模板，现浇叠合层内可敷设水平管线。预制板底面平整，可直接喷涂或粘贴其他装饰材料做顶棚。

为了保证预制薄板与叠合层有较好的连接，薄板上表面须做处理。如将薄板表面做刻槽处理、板面露出较规则的三角形结合钢筋等。预制薄板跨度一般为 2.4～6m，最大可达到 9m，板宽为 1.1～1.8m，板厚通常不小于 50mm。现浇叠合层厚度一般为 100～120mm，以大于或等于薄板厚度的两倍为宜。叠合楼板的总厚度一般为 150～250mm。叠合楼板的预制部分，也可采用普通的钢筋混凝土空心板，只是现浇叠合层的厚度较小，一般为 30～50mm，如图 4.20所示。

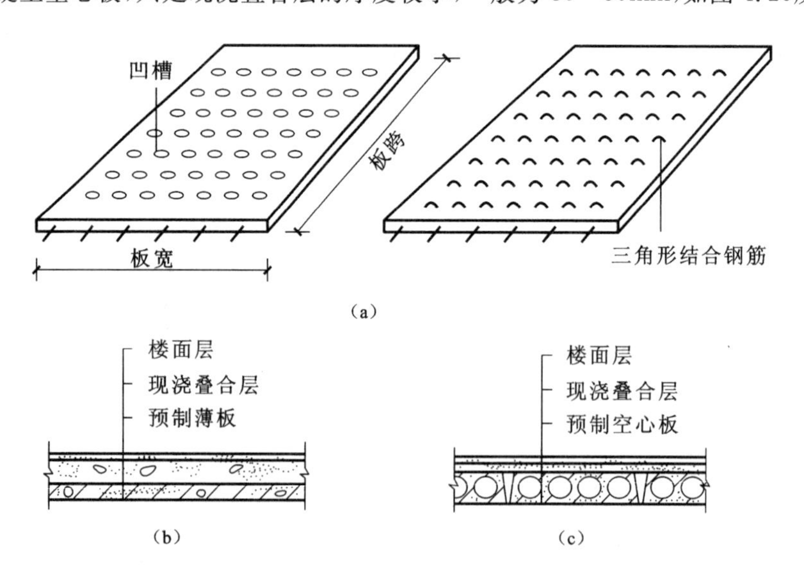

图 4.20　预制薄板叠合楼板

(a)预制薄板的板面处理；(b)预制薄板叠合楼板；(c)预制空心板叠合楼板

4.3 顶棚的构造

顶棚是指建筑物屋顶和楼层下表面的装饰构件，又称天棚、天花板。顶棚是室内空间的顶界面，同场面、楼地面一样，是建筑物主要装修部位之一。当悬挂在承重结构下表面时，又称吊顶。顶棚的构造设计与选择应从建筑功能、建筑声学、建筑照明、建筑热工、设备安装、管线敷设、维护检修、防火安全以及美观要求等多方面综合考虑。顶棚要求光洁、美观，能通过反射光来改善室内采光及卫生状况，对某些有特殊要求的房间，还要求顶棚具有隔声、防水、保温、隔热等功能。

扫一扫

顶棚构造

一般顶棚多为水平式，但根据房间用途的不同，顶棚可做成弧形、凹凸形、高低形、折线形等。

4.3.1 顶棚的作用

(1)改善室内环境，满足使用要求

顶棚的处理首先要考虑室内使用功能对建筑技术的要求。照明、通风、保温、隔热、吸声或反射、音响、防火等技术性能，可直接影响室内的环境与使用。如剧场顶棚的设计，要综合考虑光学、声学两个方面。在表演区，多采用综合照明，面光、耳光、追光、顶光甚至脚光一并采用；观众厅顶棚的设计则应以声学为主，结合光学的要求，做成多种形式的造型，以满足声音反射、漫反射、吸收和混响等方面的需要。

(2)装饰室内空间

顶棚是室内装饰的一个重要组成部分，除满足使用要求外，还要考虑室内的装饰效果、艺术风格的要求。即从空间造型、光影、材质等方面，来渲染环境，烘托气氛。

不同功能的建筑和建筑空间对顶棚装饰的要求不一样，装饰构造的处理手法也有区别。顶棚选用不同的处理方法，可以取得不同的空间感觉。有的可以延伸和扩大空间感，对人的视觉起导向作用；有的可使人感到亲切、温暖、舒适，以满足人们生理和心理对环境的需要。如建筑物的大厅、门厅，是建筑物的出入口、人流进出的集散场所，它们的装饰效果往往极大地影响人们对该建筑物及其空间的第一印象。所以，入口常常是重点装饰的部位。它们的顶棚，在造型上多运用高低错落的手法，以求得富有生机的变化；在材料选择上，多选用一些不同色彩、不同纹理和富于质感的材料；在灯具选择上，多选用高雅、华丽的吊灯，以增加豪华气氛。

4.3.2 顶棚的分类

顶棚按饰面与基层的关系，可归纳为直接式顶棚与悬吊式顶棚两大类。

(1)直接式顶棚

直接式顶棚是在屋面板或楼板结构底面直接做饰面材料的顶棚。它具有构造简单、构造层厚度小，施工方便，可取得较高的室内净空，造价较低等特点，但没有可供隐蔽管线、设备的内部空间，故适用于普通建筑或空间高度受到限制的房间。

直接式顶棚按施工方法可分为直接式抹灰顶棚、直接喷刷式顶棚、直接粘贴式顶棚、直接固定装饰板顶棚及结构顶棚。

（2）悬吊式顶棚

悬吊式顶棚是指顶棚的装饰表面悬吊于屋面板或楼板下，并与屋面板或楼板留有一定距离的顶棚，俗称吊顶。悬吊式顶棚可结合灯具、通风口、音响、喷淋、消防设施等进行整体设计，形成变化丰富的立体造型，改善室内环境，满足不同使用功能的要求。

悬吊式顶棚的类型很多，从外观上分有平滑式顶棚、井格式顶棚、叠落式顶棚、悬浮式顶棚；按龙骨材料分类，有木龙骨悬吊式顶棚、轻钢龙骨悬吊式顶棚、铝合金龙骨悬吊式顶棚；按饰面层和龙骨的关系分类，有活动装配式悬吊式顶棚、固定式悬吊式顶棚；按顶棚结构层的显露状况分类，有开敞式悬吊式顶棚、封闭式悬吊式顶棚；按顶棚面层材料分类，有木质悬吊式顶棚、石膏板悬吊式顶棚、矿棉板悬吊式顶棚、金属板悬吊式顶棚、玻璃发光悬吊式顶棚、软质悬吊式顶棚；按顶棚受力大小分类，有上人悬吊式顶棚、不上人悬吊式顶棚；按施工工艺不同分类，有暗龙骨悬吊式顶棚和明龙骨悬吊式顶棚。

4.3.3 直接式顶棚

直接式顶棚是直接在结构层底面进行喷浆、抹灰、粘贴壁纸、粘贴面砖、粘贴或钉接石膏板条与其他板材等饰面材料或铺设固定搁栅所做成的顶棚。

（1）饰面特点

直接式顶棚一般具有构造简单，构造层厚度小，可以充分利用空间的特点；采用适当的处理手法，可获得多种装饰效果；材料用量少，施工方便，造价也较低。但这类顶棚没有可供隐藏管线等设备、设施的内部空间，故小口径的管线应预埋在楼、屋盖结构及其构造层内，大口径的管道则无法隐蔽。它适用于普通建筑及室内建筑高度空间受到限制的场所。

（2）材料选用

直接式顶棚常用的材料有：

①各类抹灰：纸筋灰抹灰、石灰砂浆抹灰、水泥砂浆抹灰等。普通抹灰用于一般房间，装饰抹灰用于要求较高的房间。

②涂刷材料：石灰浆、大白浆、彩色水泥浆、可赛银等。用于一般房间。

③壁纸等各类卷材：墙纸、墙布、其他织物等。用于装饰要求较高的房间。

④面砖等块材：常用釉面砖。用于有防潮、防腐、防霉或清洁要求较高的房间。

⑤各类板材：胶合板、石膏板、各种装饰面板等。用于装饰要求较高的房间。

还有石膏线条、木线条、金属线条等。

（3）基本构造

①直接喷刷顶棚

直接喷刷顶棚是在楼板底面填缝刮平后直接喷或刷大白浆、石灰浆等涂料，以增强顶棚的反射光照射作用，通常用于观瞻要求不高的房间。

②抹灰顶棚

抹灰顶棚是在楼板底面勾缝或刷素水泥浆后进行抹灰装修，抹灰表面可喷刷涂料，适用于一般装修标准的房间。

抹灰顶棚一般有麻刀灰（或纸筋灰）顶棚、水泥砂浆顶棚和混合砂浆顶棚等，其中麻刀灰顶棚应用最普遍。麻刀灰顶棚的做法是先用混合砂浆打底，再用麻刀灰罩面，如图 4.21(a)、(b)所示。

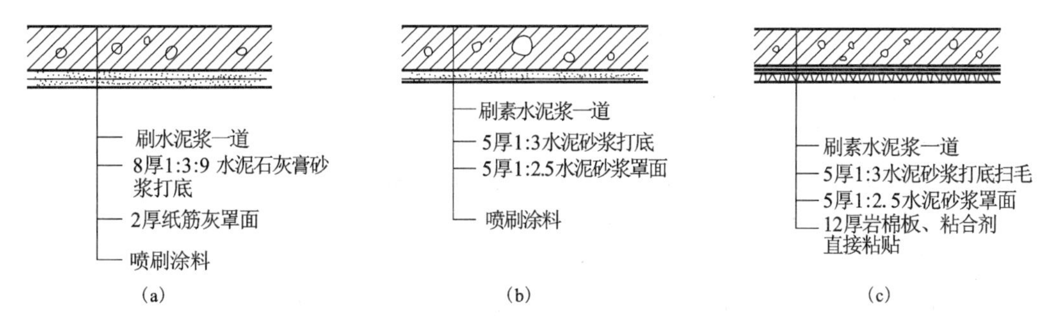

图 4.21 直接式顶棚构造做法

(a),(b)抹灰顶棚;(c)贴面顶棚

③贴面顶棚

贴面顶棚是在楼板底面用砂浆打底找平后,用胶粘剂粘贴墙纸、泡沫塑胶板或装饰吸声板等,一般用于楼板底部干整、不需要顶棚敷设管线而装修要求又较高的房间,或有吸声、保温隔热等要求的房间,如图 4.21(c)所示。

(4)直接式顶棚的装饰线脚

直接式顶棚的装饰线脚是安装在顶棚与墙顶交界部位的线材,简称装饰线,如图 4.22 所示。其作用是达到室内的艺术装饰效果和满足接缝处理的构造要求。直接式顶棚的装饰线可采用粘贴法或直接钉固法与顶棚固定。

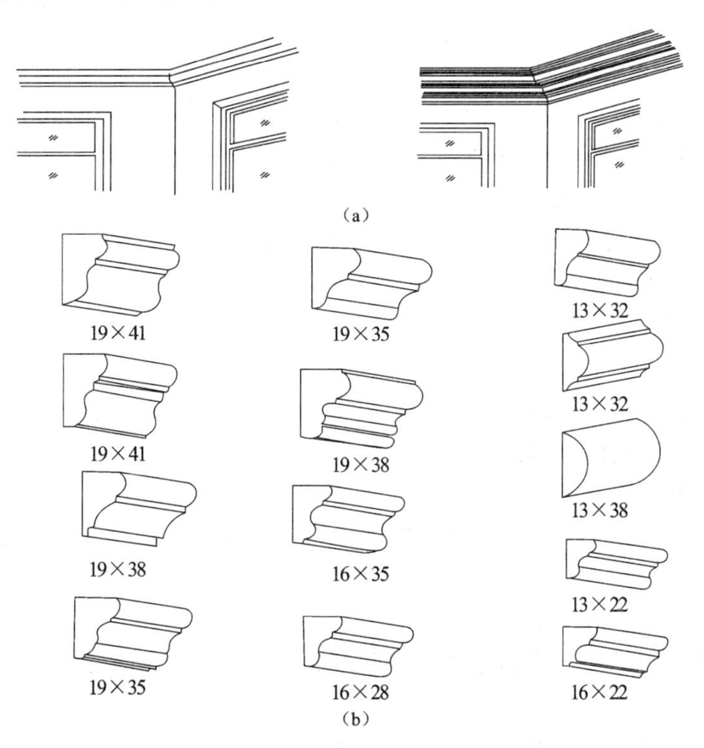

图 4.22 直接式顶棚的装饰线

(a)装饰线位置;(b)装饰线形式

①木线

木线采用质硬、木质较细的木料经定型加工而成。其安装方法是在墙内预埋木砖,再用直钉固定,要求线条挺直、接缝严密。

②石膏线

石膏线采用以石膏为主的材料经定型加工而成,其正面具有各种花纹图案,要用粘贴法固定。在墙面与顶棚交接处要联系紧密,避免产生缝隙,影响美观。

③金属线

金属线包括不锈钢线条、铜线条、铝合金线条,常用于办公室、会议室、电梯间、楼梯间、走道及过厅等场所,其装饰效果给人以轻松之感。金属线的断面形状很多,在选用时要与墙面和顶棚的规格及尺寸配合好,其构造方法是用木衬条镶嵌,用万能胶粘固。

4.3.4 悬吊式顶棚

悬吊式顶棚(吊顶棚)又称吊顶,是将饰面层悬吊在楼板结构上而形成的顶棚。

吊顶棚应具有足够的净空高度,以便于照明、空调、灭火喷淋、感应器、广播设备等管线及其装置和各种设备管线的敷设;合理地安排灯具、通风口的位置,以符合照明、通风要求;选择合适的材料和构造做法,使其燃烧性能和耐火极限符合防火规范的规定;吊顶棚应便于制作、安装和维修,自重宜小,以减少结构负荷。同时,吊顶棚还应满足美观和经济等方面的要求。对有些房间,吊顶棚应满足隔声、音质等特殊要求。

4.3.4.1 饰面特点

可埋设各种管线,可镶嵌灯具,可灵活调节顶棚高度,可丰富顶棚空间层次和形式等。或对建筑起到保温隔热、隔声的作用,同时悬吊式顶棚的形式不必与结构形式相对应。但要注意:若无特殊要求时,悬挂空间越小越利于节约材料和降低造价;必要时应留检修孔、铺设走道以便检修,防止破坏面层;饰面应根据设计留出相应灯具、空调等电器设备安装位置和送风口、回风口的位置。这类顶棚多适用于中、高档次的建筑顶棚装饰。

4.3.4.2 吊顶的类型

①根据结构构造形式的不同,吊顶可分为整体式吊顶、活动式装配吊顶、隐蔽式装配吊顶和开敞式吊顶等。

②根据材料的不同,常见的吊顶有板材吊顶、轻钢龙骨吊顶、金属吊顶等。

4.3.4.3 悬吊式顶棚的构造

(1)悬吊式顶棚的构造组成

悬吊式顶棚一般由悬吊部分、顶棚骨架、饰面层和连接部分组成,如图 4.23 所示。

①悬吊部分

悬吊部分包括吊点、吊杆和连接杆。

A. 吊点:吊杆与楼板或屋面板连接的节点为吊点。在荷载变化处和龙骨被截断处要增设吊点。

B. 吊杆(吊筋):是连接龙骨和承重结构的承重传力构件。吊杆的作用是承受整个悬吊式顶棚的重量(如饰面层、龙骨以及检修人员的重量),并将这些重量传递给屋面板、楼板、屋架或屋面梁,同时还可调整、确定悬吊式顶棚的空间高度。

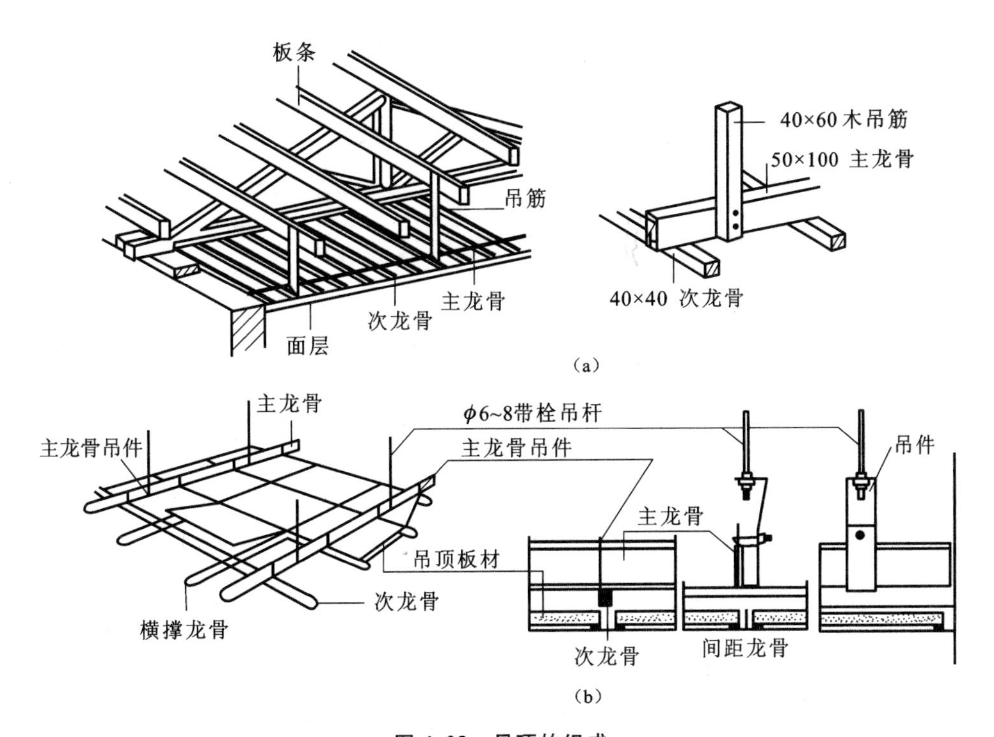

图 4.23 吊顶的组成

(a)木骨架吊顶;(b)金属骨架吊顶

吊杆按材料分有钢筋吊杆、型钢吊杆、木吊杆。钢筋吊杆的直径一般为 6～8mm,用于一般悬吊式顶棚;型钢吊杆用于重型悬吊式顶棚或整体刚度要求高的悬吊式顶棚,其规格尺寸要通过结构计算确定;木吊杆用 40mm×40mm 或 50mm×50mm 的方木制作,一般用于木龙骨悬吊式顶棚。

②顶棚骨架

顶棚骨架又叫顶棚基层,是由主龙骨、次龙骨、小龙骨(或称主搁栅、次搁栅)所形成的网格骨架体系。其作用是承受饰面层的重量并通过吊杆传递到楼板或屋面板上。

悬吊式顶棚的龙骨按材料分,有木龙骨、型钢龙骨、轻钢龙骨、铝合金龙骨。

③饰面层

饰面层又叫面层,其主要作用是装饰室内空间,并且还兼有吸声、反射、隔热等特定的功能。

饰面层一般有抹灰类、板材类、开敞类。饰面常用板材性能及适用范围见表 4.1。

表 4.1 饰面常用板材性能及适用范围

名称	材料性能	适用范围
纸面石膏板、石膏吸声板	质量小、强度大、阻燃防火、保温隔热,可锯、钉、刨、粘贴,加工性能好,施工方便	适用于各类公共建筑的顶棚
矿棉吸声板	质量小,吸声、防火、保温隔热,美观,施工方便	适用于公共建筑的顶棚

续表 4.1

名称	材料性能	适用范围
珍珠岩吸声板	质量小,防火、防潮、防蛀、耐酸,装饰效果好,可锯、可割,施工方便	适用于各类公共建筑的顶棚
钙塑泡沫吸声板	质量小,吸声、隔热、耐水,施工方便	适用于公共建筑的顶棚
金属穿孔吸声板	质量小、强度大、耐高温、耐压、耐腐蚀、防火、防潮,化学稳定性好,组装方便	适用于各类公共建筑的顶棚
石棉水泥穿孔吸声板	质量大,耐腐蚀,防火、吸声效果好	适用于地下建筑、降低噪声的公共建筑和工业厂房的顶棚
金属面吸声板	质量小,吸声、防火、保温隔热,美观,施工方便	适用于各类公共建筑的顶棚
贴塑吸声板	导热系数低、不燃、吸声效果好	适用于各类公共建筑的顶棚
珍珠岩织物复合板	防火、防水、防霉、防蛀、吸声、隔热,可锯、可钉,加工方便	适用于公共建筑的顶棚

④连接部分

连接部分是指悬吊式顶棚龙骨之间、悬吊式顶棚龙骨与饰面层之间、龙骨与吊杆之间的连接件、紧固件。一般有吊挂件、插挂件、自攻螺钉、木螺钉、圆钢钉、特制卡具、胶粘剂等。

(2)吊杆、吊点连接构造

①空心板、槽形板缝中吊杆的安装

板缝中预埋 $\phi10$ 连接钢筋,伸出板底 100mm,与吊杆焊接,并用细石混凝土灌缝,如图 4.24所示。

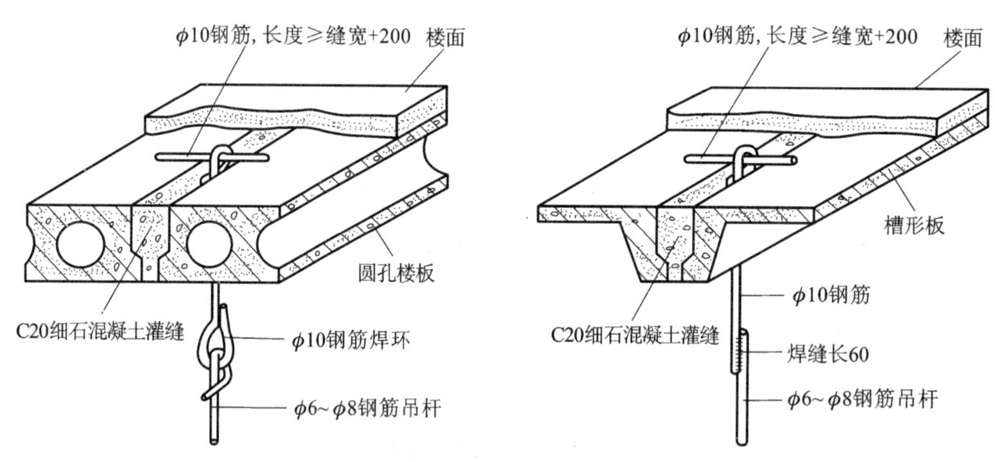

图 4.24　吊杆与空心板、槽形板的连接

②现浇钢筋混凝土板上吊杆的安装

A. 将吊杆绕于现浇钢筋混凝土板底预埋件焊接的半圆环上,如图 4.25(a)所示。

B. 在现浇钢筋混凝土板底预埋件、预埋钢板上焊 $\phi10$ 连接钢筋,并将吊杆焊于连接钢筋上,如图 4.25(b)所示。

C. 将吊杆绕于焊有半圆环的钢板上,并将此钢板用射钉固定于板底,如图 4.25(c)所示。

D. 将吊杆绕于板底附加的∟50×70×5角钢上，角钢用射钉固定于板底，如图4.25(d)所示。

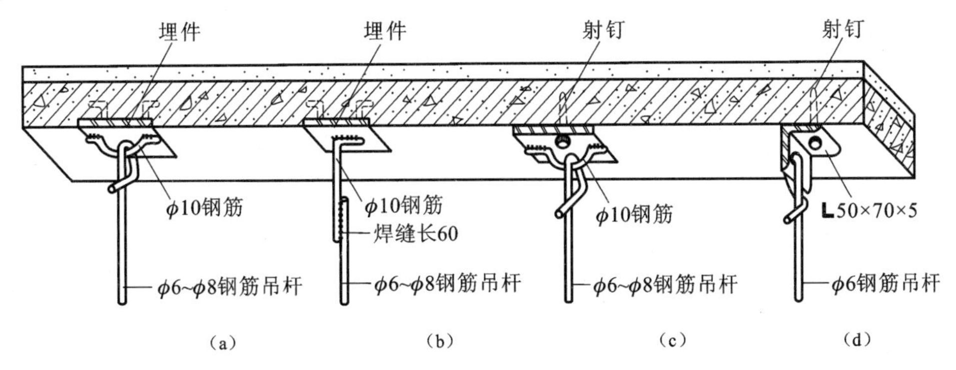

图4.25 吊杆与现浇钢筋混凝土板的连接

③梁上设吊杆的安装

A. 木梁或木楼上设吊杆

可采用木吊杆，用铁钉固定，如图4.26(a)所示。

B. 钢筋混凝土梁上设吊杆

可在梁侧面合适的部位钻孔(注意避开钢筋)，设横向螺栓固定吊杆。如果是钢筋吊杆，可用角钢钻孔用射钉固定，射钉固定点距梁底应大于或等于100mm，如图4.26(b)所示。

C. 钢梁上设吊杆

可用φ6～φ8钢筋吊杆，上端弯钩，下端套螺纹，固定在钢梁上，如图4.26(c)所示。

④吊杆安装应注意的问题

A. 吊杆距主龙骨端部距离不得大于300mm；当大于300mm时，应增加吊杆。吊杆间距一般为900～1200mm。

B. 吊杆长度大于1.5m时，应设置反支撑。

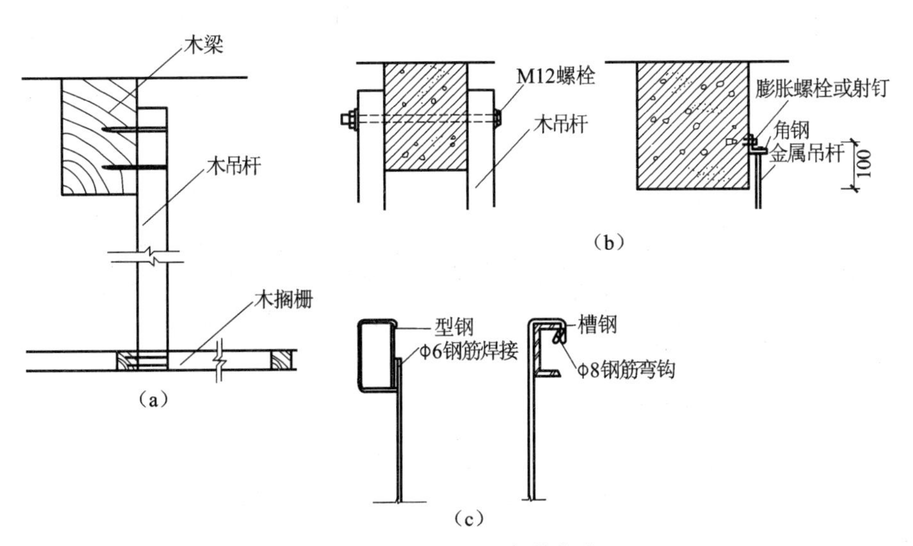

图4.26 梁上设吊杆的构造

(a)木梁上设吊杆；(b)钢筋混凝土梁上设吊杆；(c)钢梁上设吊杆

C. 当预埋的吊杆需接长时，必须搭接焊牢。

(3)龙骨的布置与连接构造

①龙骨的布置要求

A. 主龙骨

主龙骨是悬吊式顶棚的承重结构，又称承载龙骨、大龙骨。主龙骨吊点间距应按设计选择。当顶棚跨度较大时，为保证顶棚的水平度，其中部应适当起拱，一般 7～10m 的跨度，按 3/1000高度起拱；10～15m 的跨度，按 5/1000 高度起拱。

B. 次龙骨

次龙骨也叫中龙骨、覆面龙骨，主要用于固定面板。次龙骨与主龙骨垂直布置，并紧贴主龙骨安装。

C. 小龙骨

小龙骨也叫间距龙骨、横撑龙骨，一般与次龙骨垂直布置，个别情况也可平行。小龙骨底面与次龙骨底面相平，其间距和断面形状应配合次龙骨并利于面板的安装。

②龙骨的连接构造

A. 木龙骨连接构造

木龙骨的断面一般为方形或矩形。主龙骨为 50mm×70mm，钉接或拴接在吊杆上，间距一般为 1.2～1.5m；主龙骨的底部钉装次龙骨，其间距由面板规格而定。次龙骨一般双向布置，其中一个方向的次龙骨为 50mm×50mm 断面，垂直钉于主龙骨上；另一个方向的次龙骨断面尺寸一般为 30mm×50mm，可直接钉在 50mm×50mm 的次龙骨上。木龙骨使用前必须进行防火、防腐处理，处理的基本方法是：先涂氟化钠防腐剂 1～2 道，然后涂防火涂料 3 道，龙骨之间用榫接、粘钉方式连接，如图 4.27 所示。木龙骨多用于造型复杂的悬吊式顶棚。

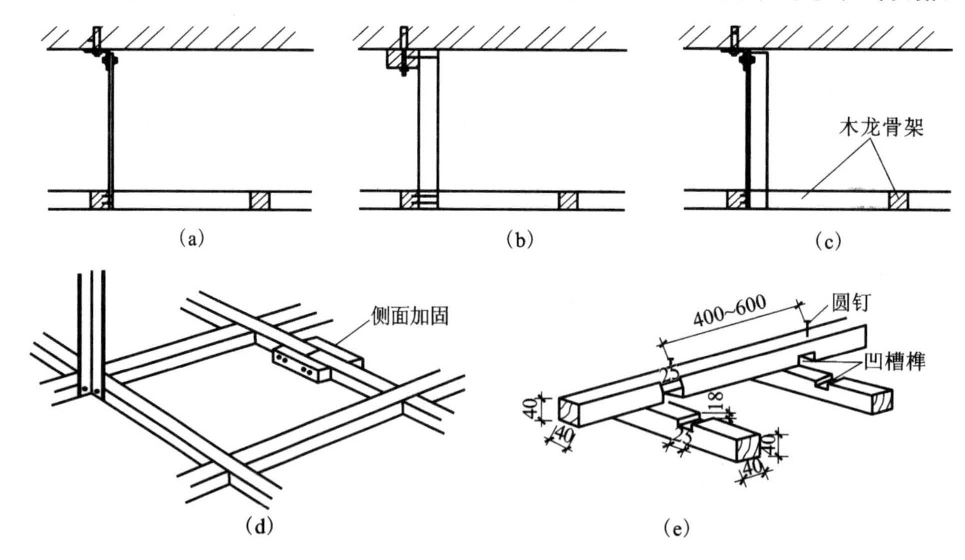

图 4.27 木龙骨构造示意图

(a)用扁铁固定；(b)用木方固定；(c)用角铁固定板；(d)木龙骨骨架连接；(e)木龙骨凹槽榫连接

B. 型钢龙骨

型钢龙骨的主龙骨间距为 1～2m，其规格应根据荷载的大小确定。主龙骨与吊杆常用螺

栓连接,主次龙骨之间采用铁卡子、弯钩螺栓连接或焊接。当荷载较大、吊点间距很大或在特殊环境下时,必须采用角钢、槽钢、工字钢等型钢龙骨。

C.轻钢龙骨

轻钢龙骨由主龙骨、中龙骨、横撑小龙骨、次龙骨、吊件、接插件和挂插件组成。主龙骨一般用特制的型材,断面有U形、C形,多为U形。主龙骨按其承载能力分为38、50、60三个系列,38系列龙骨适用于吊点距离0.9~1.2m的不上人悬吊式顶棚;50系列龙骨适用于吊点距离0.9~1.2m的上人悬吊式顶棚,主龙骨可承受80kg的检修荷载;60系列龙骨适用于吊点距离1.5m的上人悬吊式顶棚,可承受80~100kg检修荷载。应注意龙骨的承载能力还与型材的厚度有关,荷载大时必须采用厚形材料。中龙骨、小龙骨断面有C形和T形两种。吊杆与主龙骨、主龙骨与中龙骨、中龙骨与小龙骨之间是通过吊挂件、接插件连接的,如图4.28所示。

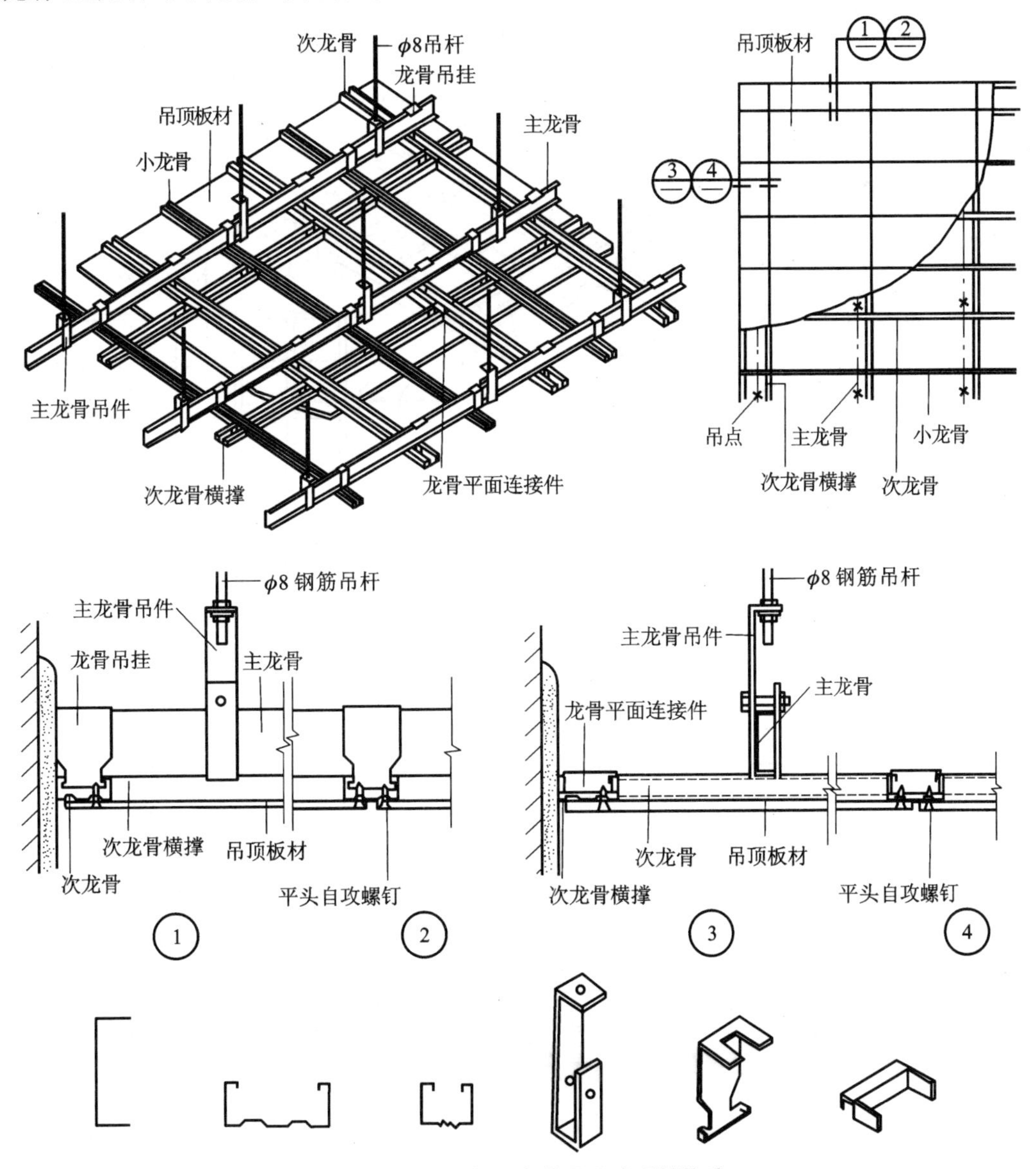

图4.28 U形轻钢龙骨悬吊式顶棚构造

U形轻钢龙骨悬吊式顶棚构造方式有单层和双层两种。中龙骨、横撑小龙骨、次龙骨紧贴主龙骨底面的吊挂方式(不在同一水平)称为双层构造；主龙骨与次龙骨在同一水平面的吊挂方式称为单层构造，单层轻钢龙骨悬吊式顶棚仅用于不上人悬吊式顶棚。当悬吊式顶棚面积大于120m^2或长度方向大于12m时，必须设置控制缝，当悬吊式顶棚面积小于120m^2时，可考虑在龙骨与墙体连接处设置柔性节点，以控制悬吊式顶棚整体的变形量。

D. 铝合金龙骨

铝合金龙骨断面有T形、U形、LT形及各种特制龙骨断面，应用最多的是LT形龙骨。LT形龙骨的主龙骨断面为U形，次龙骨、小龙骨断面为倒T形，边龙骨断面为L形。吊杆与主龙骨、主龙骨与次龙骨之间的连接如图4.29所示。

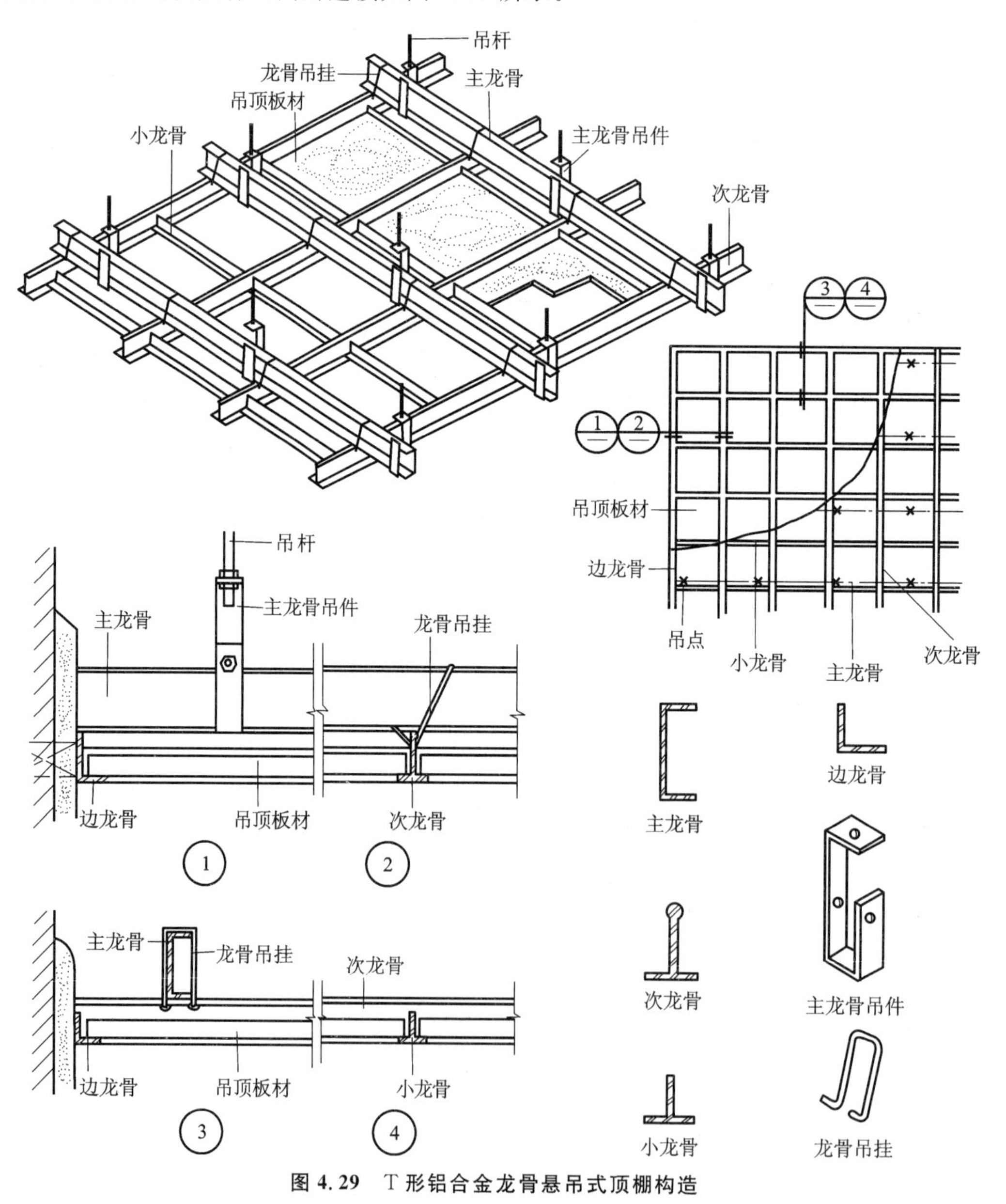

图4.29　T形铝合金龙骨悬吊式顶棚构造

(4)顶棚饰面层连接构造

吊顶面层分为抹灰面层和板材面层两大类。

①抹灰类饰面层

在龙骨上钉木板条、钢丝网或钢板网,然后再做抹灰饰面层,抹灰面层为湿作业施工,费工费时。目前这种做法已不多见。

②板材类饰面层

板材类饰面层也可称悬吊式顶棚饰面板。最常用的饰面板有植物板材(木材、胶合板、纤维板、装饰吸声板、木丝板)、矿物板(各类石膏板、矿棉板)、金属板(铝板、铝合金板、薄钢板),板材面层,既可加快施工速度,又容易保证施工质量。

各类饰面板与龙骨的连接,有以下几种方式。

A. 钉接

用铁钉、螺钉将饰面板固定在龙骨上。木龙骨一般用铁钉,轻钢、型钢龙骨用螺钉,钉距视板材材质而定,要求钉帽要埋入板内,并做防锈处理,如图 4.30(a)所示。适用于钉接的板材有植物板、矿物板、铝板等。

B. 粘接

用各种胶粘剂将板材粘贴于龙骨底面或其他基层板上,如图 4.30(b)所示。也可采用粘、钉结合的方式,连接更牢靠。

C. 搁置

将饰面板直接搁置在倒 T 形断面的轻钢龙骨或铝合金龙骨上,如图 4.30(c)所示。有些轻质板材采用此方式固定,遇风易被掀起,应用物件夹住。

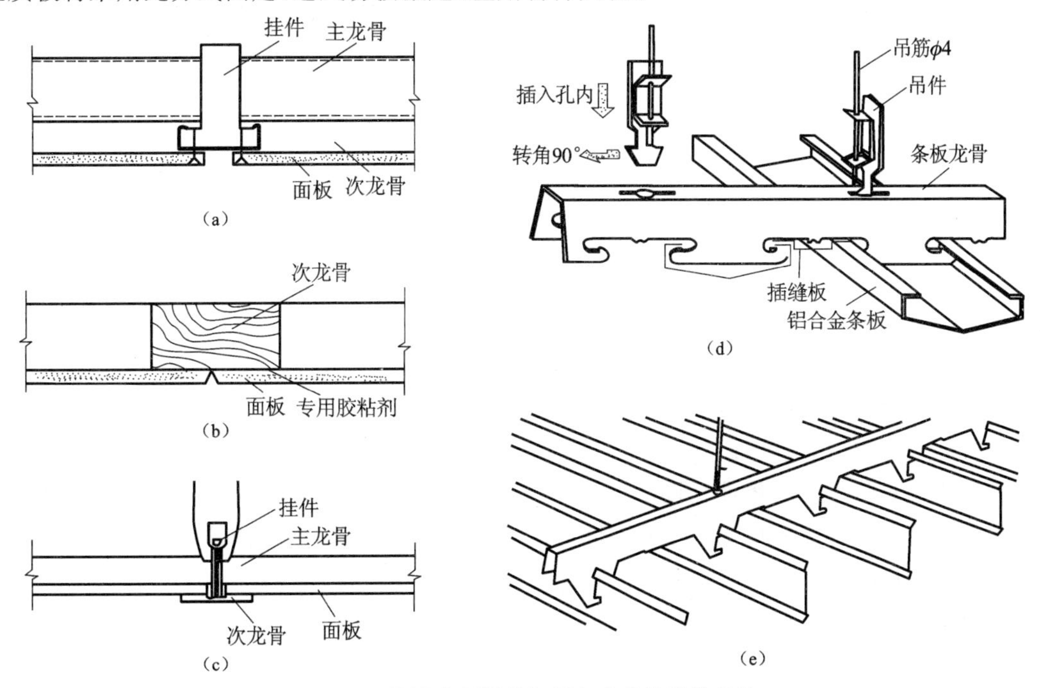

图 4.30 悬吊式顶棚饰面板与龙骨的连接构造

(a)钉接;(b)粘接;(c)搁置;(d)卡接;(e)吊挂

D. 卡接

用特制龙骨或卡具将饰面板卡在龙骨上，这种方式多用于轻钢龙骨、金属类饰面板，如图4.30(d)所示。

E. 吊挂

利用金属挂钩龙骨将饰面板按排列次序组成的单体构件挂于其下，组成开敞式悬吊式顶棚，如图4.30(e)所示。

③饰面板的拼缝

A. 对缝

对缝也称密缝，是板与板在龙骨处对接，如图4.31(a)所示。粘、钉固定饰面板时可采用对缝。对缝适用于裱糊、涂饰的饰面板。

B. 凹缝

凹缝是利用饰面板的形状、厚度所形成的拼接缝，也称离缝，凹缝的宽度不应小于10mm，如图4.31(b)所示。凹缝有V形和矩形两种，纤维板、细木工板等可刨破口，一般做成V形缝。石膏板做矩形缝，镶金属护角。

C. 盖缝

盖缝是利用装饰压条将板缝盖起来，如图4.31(c)所示，这样可解决缝隙宽窄不均、线条不顺直等施工质量问题。

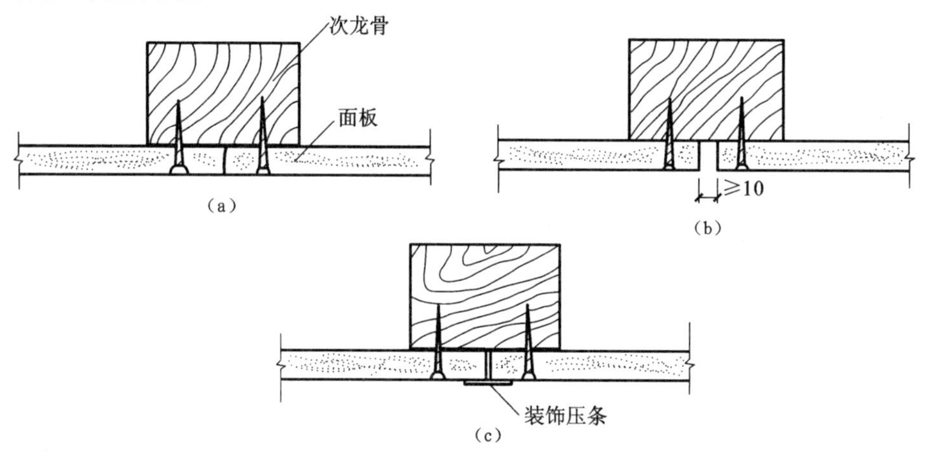

图4.31 悬吊式顶棚饰面板拼缝形式

(a)密缝；(b)凹缝；(c)盖缝

4.3.4.4 顶棚的细部构造

(1)顶棚端部的构造处理

顶棚端部是指顶棚与墙体交接部位。

顶棚边缘与墙体固定因吊顶形式不同而异，通常采用在墙内预埋铁件或螺栓、预埋木砖、射钉连接、龙骨端部伸入墙体等构造方法。

端部造型处理有凹角、直角、斜角等形式。直角时要用压条处理，压条有木制和金属。

(2)叠落式悬吊式顶棚高低相交处的构造

悬吊式顶棚通过不同标高的变化，形成叠落式造型顶棚，使室内空间高度产生变化，形成一定的立体感，同时满足照明、音响、设备安装等方面的要求。

悬吊式顶棚高低相交处的构造处理关键是顶棚不同标高的部分要整体连接，保证其整体刚度，避免因变形不一致而导致饰面层破坏，如图 4.32 所示。

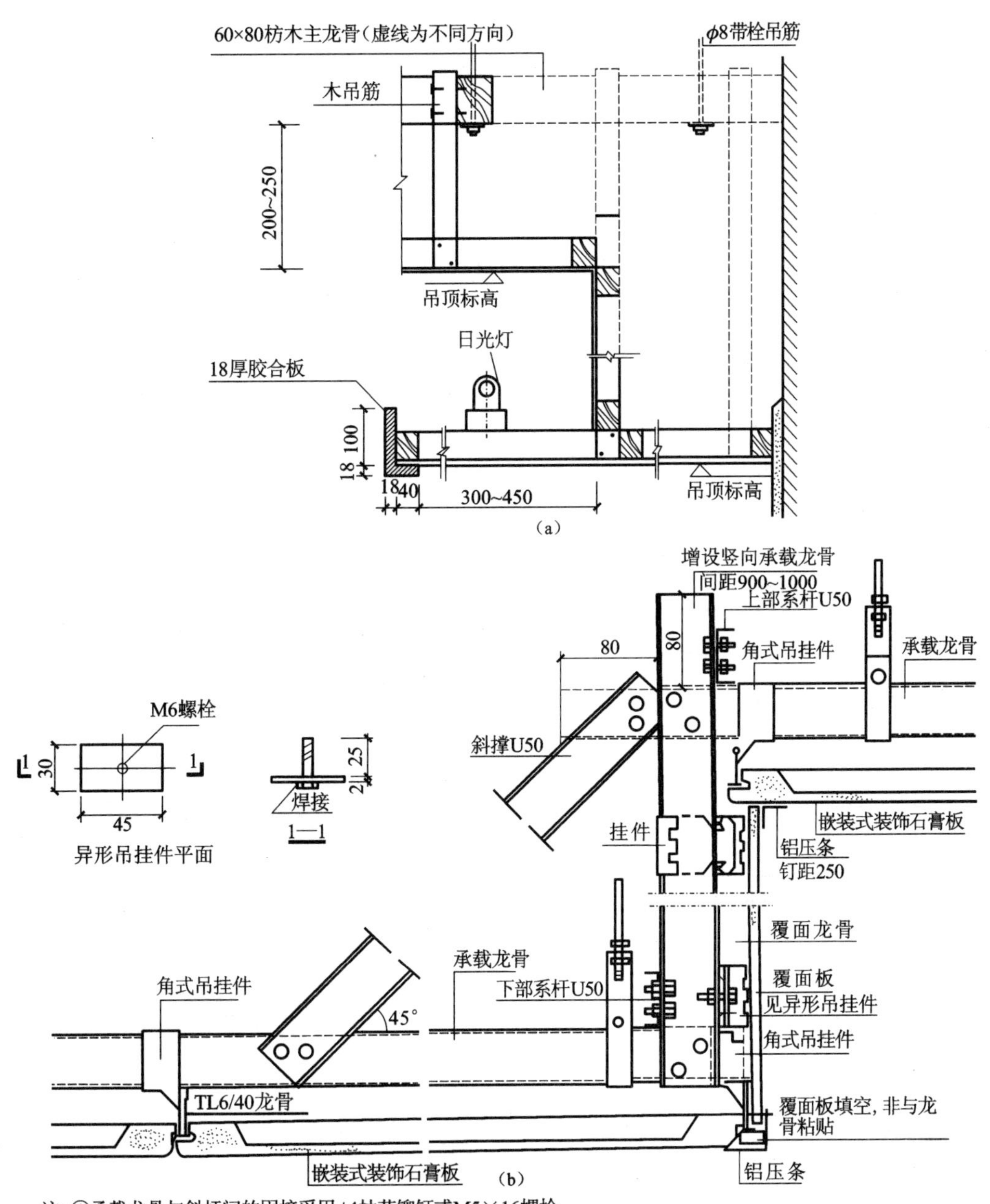

注：①承载龙骨与斜杆间的固接采用ϕ4抽芯铆钉或M5×16螺栓。
②铝压条由具体工程选定，用平圆头自攻螺钉固定。

图 4.32 悬吊式顶棚高低相交处的构造处理

(a)木龙骨悬吊式顶棚；(b)轻钢龙骨悬吊式顶棚

(3)顶棚检修孔及检修走道的构造处理

①检修孔

设置要求：检修方便，尽量隐蔽，保持顶棚完整。

设置方式:活动板进人孔、灯罩进人孔。

对大厅式房间,一般设不少于两个的检修孔,位置尽量隐蔽。

②检修走道

检修走道的设置要靠近灯具等须维修的设施。

设置形式:主走道、次走道、简易走道。

构造要求:设置在大龙骨上,并增加大龙骨及吊点。

(4)灯饰、通风口、扬声器与顶棚的连接构造

灯饰、通风口、扬声器有的悬挂在顶棚下,有的嵌入顶棚内,其构造处理不同。

构造要求:设置附加龙骨或孔洞边框;对超重灯具及有振动的设备应专设龙骨及吊挂件;灯具与扬声器、灯具与通风口可结合设置。

嵌入式灯具及风口、扬声器等要按其位置和外形尺寸设置龙骨边框,用于安装灯具等以及加强顶棚局部安全性,且外形要尽量与周围的面板装饰形成统一整体。

(5)顶棚反光灯槽构造处理

反光灯槽的造型和灯光可以营造特殊的环境效果,其形式多种多样。

设计时要考虑反光灯槽到顶棚的距离和视线保护角,且要控制灯槽挑出长度与灯槽到顶棚距离的比值。同时还要注意避免出现暗影,其构造如图 4.33 所示。

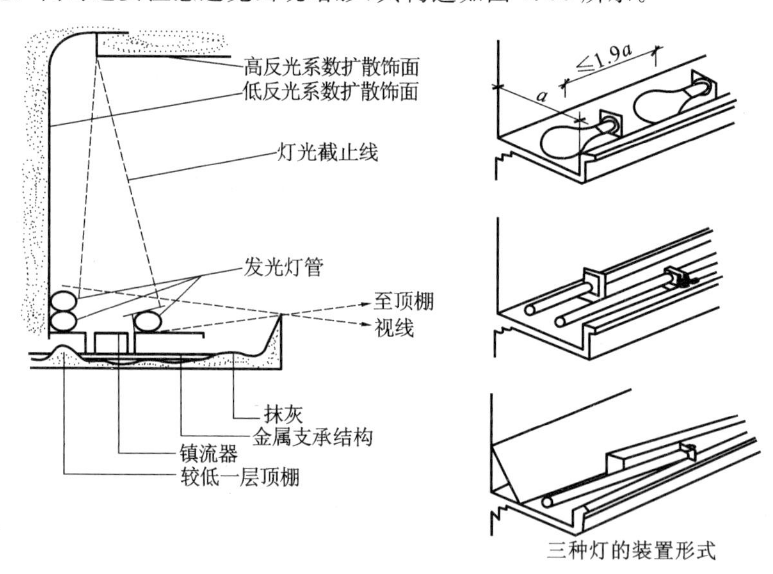

图 4.33 顶棚反光灯槽构造示意

(6)顶棚内管线、管道的敷设构造

①管线、管道的安装位置应放线抄平。

②用膨胀螺栓固定支架、线槽,放置管线、管道及设备,并做水压、电压试验。

③在悬吊式顶棚饰面板上,留灯具、送风口、烟感器、自动喷淋头的安装口。喷淋头周围不能有遮挡物。

④自动喷淋头必须与自动喷淋系统的水管相接。消防给水管道不能伸出悬吊式顶棚平面,也不能留短了,以至与喷淋头无法连接。应按照设计安装位置准确地用膨胀螺栓固定支架,放置消防给水管道。

4.4 地坪层构造

4.4.1 地坪层分类

地坪层指建筑物底层房间与土层的交接处，其作用是承受地坪上的荷载，并均匀地传给地坪以下的土层。按地坪层与土层间的关系不同，地坪层可分为实铺地层和空铺地层两类。由于地坪层的位置特殊，因此对地坪层有防潮、防水及保温方面的要求。

4.4.1.1 实铺地层

地坪的基本组成部分有面层、垫层和基层，对有特殊要求的地坪，常在面层和垫层之间增设一些附加层，如图 4.34 所示。

面层
(附加层)
垫层
基层
素土夯实
面层
垫层
基层
地基

图 4.34 实铺地层构造

(1)面层

地坪的面层又称地面，起着保护结构层和美化室内的作用。地面的做法和楼面相同。

(2)垫层

垫层是基层和面层之间的填充层，其作用是承重传力，一般采用 60～100mm 厚的 C15 混凝土垫层。垫层材料分为刚性和柔性两大类：刚性垫层如混凝土、碎砖三合土等，有足够的整体刚度，受力后不产生塑性变形，多用于整体地面和小块块料地面。柔性垫层如砂、碎石、炉渣等松散材料，无整体刚度，受力后产生塑性变形，多用于块料地面。

(3)基层

基层即地基，一般为原土层或填土分层夯实。当上部荷载较大时，增设 2∶8灰土 100～150mm 厚，或碎砖、道渣三合土 100～150mm 厚。

(4)附加层

附加层主要是为满足某些有特殊使用要求而设置的一些构造层次，如防水层、防潮层、保温层、隔热层、隔声层和管道敷设层等。

4.4.1.2 空铺地层

为防止房屋底层房间受潮或满足某些特殊使用要求(如舞台、体育训练、比赛场、幼儿园等的地层需要有较好的弹性)可将地层架空形成空铺地层。用预制板或其他材料将底层室内地层架空，使地层下的回填土同地层结构间保持一定的距离，相互不接触。具体构造做法如图 4.35 所示。

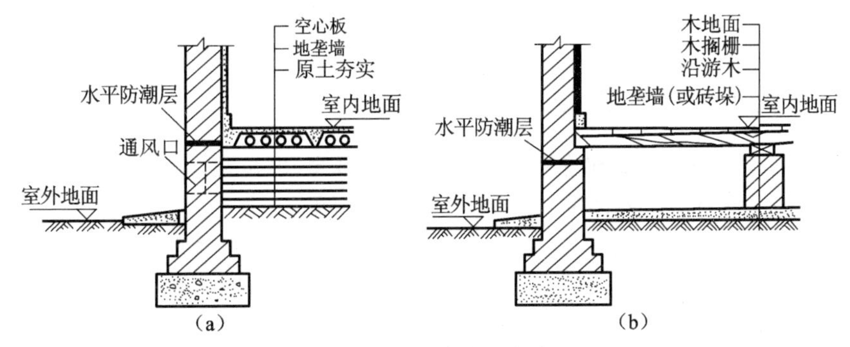

图 4.35 空铺地层构造

(a)钢筋混凝土板空铺地层；(b)木板空铺地层

4.4.2 地坪防潮构造

地面返潮现象主要出现在我国南方，每当春夏之交，气温升高，加之雨水增多，空气中相对湿度较大，当地坪表面温度降到露点温度时，空气中的水蒸气遇冷便凝聚成小水珠附在地表面上，当地面的透水性较差时，往往会在地面形成一层水珠，使室内物品受潮。当空气湿度很大时，墙体和楼板层都会出现返潮现象。解决返潮难题主要是解决如下两个问题：

一是解决围护结构内表面与室内空气温差过大的问题，使围护结构内表面温度在露点温度以上。

二是降低空气相对湿度，加强通风。

在建筑构造上只需解决第一个问题，第二个问题可用机械设备(如去湿机)等手段来解决。

(1)保温地面

对地下水位较低、地基土壤干燥的地区，可在水泥地面以下铺设一层 150mm 厚 1∶3水泥炉渣保温层或聚苯板保温层，以改善地面温差过大的状况。在地下水位较高地区，可将保温层设在面层与垫层之间，并在保温层下设防水层，上铺 30mm 厚细石混凝土层，最后做面层。地层的保温处理如图 4.36 所示。

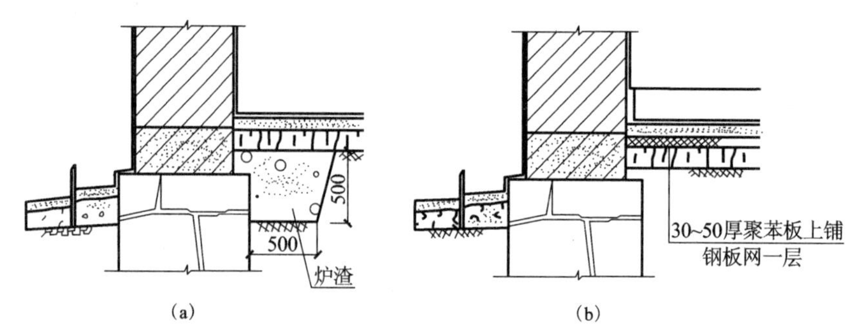

图 4.36 地层的保温处理

(a)炉渣保温；(b)聚苯板保温

(2)吸湿地面

用黏土砖、大阶砖、陶土防潮砖做地面。由于这些材料中存在大量孔隙，当返潮时，面层会吸收冷凝水，待空气湿度较小时，水分又能自动蒸发掉，因此地面不会发生明显的潮湿现象。

4.5 地面构造

4.5.1 地面的设计要求

地面是人们日常工作、生活和生产时必须接触的部分，也是建筑物直接承受荷载，经常受到摩擦、清扫和冲洗的部分，因此，它应具备下列功能要求。

(1)具有足够的坚固性

要求在各种外力作用下不易被磨损、破坏，且表面平整、光洁、不起灰和易清洁。

(2)保温性能好

作为人们经常接触的地面，应给人们以温暖舒适的感觉，保证寒冷季节脚部舒适。

(3)具有良好的隔声、吸声要求

主要是隔绝说话声或家具与地面产生的撞击声,应能有效地控制室内噪声,满足不同功能房间的要求。可通过选择楼地面垫层的厚度与材料类型来达到要求。

(4)具有一定的弹性

当人们行走时不致有过硬的感觉,同时有弹性的地面有利于减轻撞击声。

(5)美观要求

地面是建筑内部空间的重要组成部分,应具有与建筑功能相适应的外观形象。

(6)其他要求

对经常有水的房间,地面应防潮、防水;对有火灾隐患的房间,应防火、耐燃烧;有酸碱等腐蚀性介质作用的房间,则要求具有耐腐蚀的能力等。

选择适宜的面层和附加层,从构造设计到施工,确保地面具有坚固、耐磨、平整、不起灰、易清洁、有弹性、防火、防水、防潮、保温、防腐蚀等特点。

4.5.2 地面的类型

地面的名称通常依据面层所用材料来命名。按材料的不同,常见地面可分为以下几类:

(1)整体类地面,包括水泥砂浆、细石混凝土、水磨石及菱苦土地面等。

(2)块状类地面,包括水泥花砖、缸砖、大阶砖、陶瓷锦砖、人造石板、天然石板以及木地板等。

(3)粘贴类地面,包括橡胶地毡、塑料地毡等。

(4)涂料类地面,包括各种高分子合成涂料形成的地面。

4.5.3 地面的构造做法

4.5.3.1 整体类地面

地面面层没有缝隙,整体效果好,一般是整片施工,也可分区分块施工。按材料不同有水泥砂浆地面、混凝土地面、水磨石地面及菱苦土地面等。

(1)水泥砂浆地面

它具有构造简单、施工方便、造价低等特点,但易起尘、易结露。适用于标准较低的建筑物中。常见做法有普通水泥地面、干硬性水泥地面、防滑水泥地面、磨光水泥地面、水泥石屑地面和彩色水泥地面等,如图 4.37 所示。

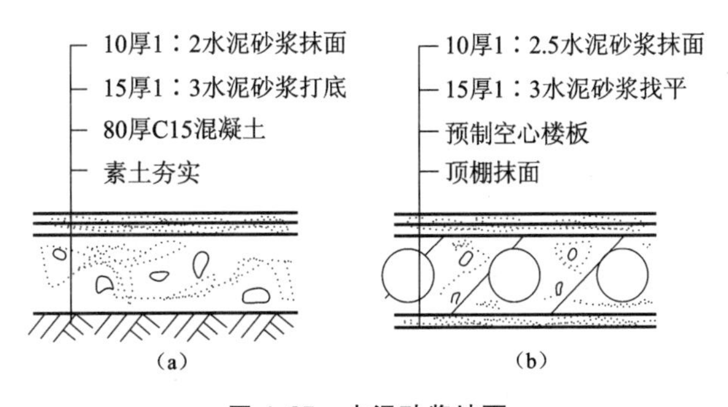

图 4.37 水泥砂浆地面

(a)底层地面;(b)楼板层地面

扫一扫

地面构造

水泥砂浆地面有单层与双层构造之分，当前以双层水泥砂浆地面居多。

(2)细石混凝土地面

这种地面刚性好、强度高且不易起尘。其做法是在基层上浇筑30～40mm厚C20细石混凝土随打随压光。为提高整体性、满足抗震要求可内配ϕ4@200的钢筋网。也可用沥青代替水泥做胶粘剂，做成沥青砂浆和沥青混凝土地面，增强地面的防潮、耐水性。

(3)水磨石地面

水磨石地面是将水泥做胶结材料、将大理石或白云石等中等硬度的石屑做骨料而形成的水泥石屑面层，经磨光打蜡而成。这种地面坚硬、耐磨、光洁、不透水、装饰效果好，常用于有较高要求的地面。

水磨石地面一般分为两层施工。先在刚性垫层或结构层上用10～20mm厚的1∶3水泥砂浆找平，然后在找平层上按设计图案嵌10mm高分格条(玻璃条、钢条、铝条等)，并用1∶1水泥砂浆固定，最后将拌和好的水泥石屑浆铺入压实，经浇水养护后磨光、打蜡，如图4.38所示。

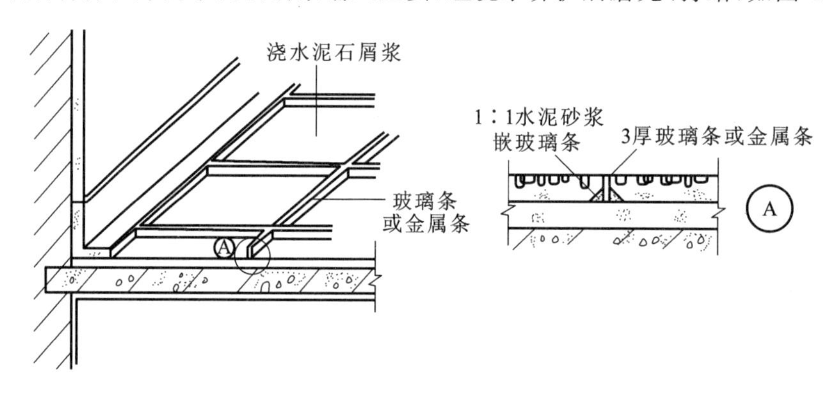

图4.38 水磨石地面

(4)菱苦土地面

菱苦土面层是用菱苦土、锯木屑和氯化镁溶液等拌和铺设而成。菱苦土地面保温性能好，既有一定的弹性，又美观。缺点是不耐水，易产生裂缝。这是因为氯化镁溶液遇水溶解，木屑遇水膨胀。其构造做法有单面层和双面层两种。

4.5.3.2 块材类地面

块材类地面是指利用各种人造或天然的预制板材、块材镶铺在基层上的地面。

按材料不同有黏土砖、水泥砖、石板、陶瓷锦砖、塑料板和木地板等。

(1)黏土砖、水泥砖及预制混凝土砖地面

其铺设方法有两种：干铺和湿铺。

①干铺是指在基层上铺一层20～40mm厚的砂子，将砖块直接铺在砂上，校正平整后用砂或砂浆填缝。

②湿铺是在基层上抹1∶3水泥砂浆12～20mm厚，再将砖块铺平压实，最后用1∶1水泥砂浆灌缝。

(2)缸砖、陶瓷地砖及陶瓷锦砖地面

缸砖是用陶土焙烧而成的一种无釉砖块，形状有正方形(尺寸为100mm×100mm和150mm×150mm，厚10～19mm)、六边形、八角形等。颜色也有多种，由不同形状和色彩可以

组成各种图案。缸砖背面有凹槽，使砖块和基层黏结牢固。铺贴时一般用 15～20mm 厚 1∶3 水泥砂浆做结合材料，要求平整，横平竖直，如图 4.39(a)所示。缸砖具有质地坚硬、耐磨、耐水、耐酸碱、易清洁等优点。

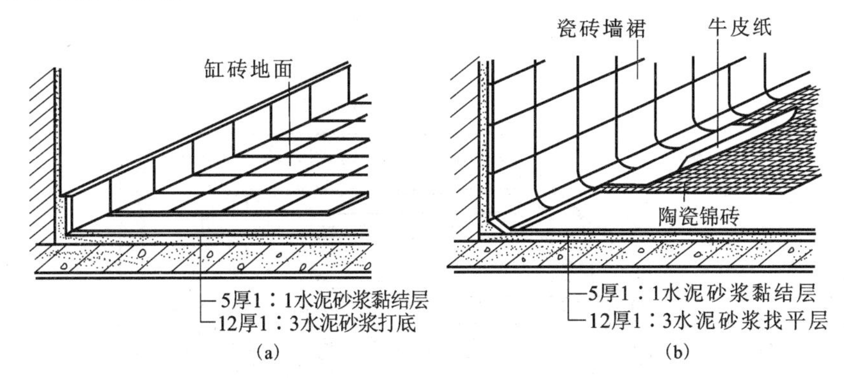

图 4.39 缸砖、陶瓷砖地面构造做法

(a)缸砖地面；(b)陶瓷锦砖地面

陶瓷地砖又称墙地砖，其类型有釉面地砖、无光釉面砖和无釉防滑地砖及抛光同质地砖。陶瓷地砖有红、浅红、白、浅黄、浅绿、蓝等各种颜色。地砖色调均匀，砖面平整，抗腐耐磨，施工方便，且块大缝少，装饰效果好，特别是防滑地砖和抛光地砖都能防滑，因而越来越多地用于办公、商店、旅馆和住宅中。

陶瓷地砖一般厚 6～10mm，其规格有 400mm×400mm，300mm×300mm，250mm×250mm，200mm×200mm，一般来说，块越大价格越高，装饰效果越好。

陶瓷锦砖又称马赛克，其特点与面砖相似。陶瓷锦砖有不同大小、形状和颜色，并由此而可以组合成各种图案，使饰面能达到一定艺术效果。

陶瓷锦砖主要用于防滑、卫生要求较高的卫生间、浴室等房间的地面，也可用于外墙面。

陶瓷锦砖同玻璃锦砖一样，出厂前已按各种图案反贴在牛皮纸上，以便于施工，如图 4.39(b)所示。

(3)天然石板地面

常用的天然石板有大理石和花岗石板，天然石板具有质地坚硬、色泽艳丽的特点，多用于高标准的建筑中。

其构造做法是：先在基层上刷素水泥浆一道，抹 1∶3干硬性水泥砂浆找平 30mm 厚，再撒 2mm 厚素水泥(洒适量清水)，后粘贴 20mm 厚大理石(花岗石)板。另外，再用素水泥浆擦缝，如图 4.40 所示。

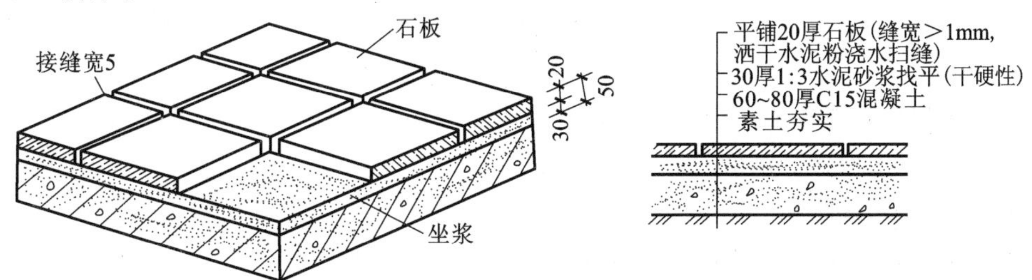

图 4.40 大理石和花岗石地面构造做法

(4)木地面

木地面按其所用木板规格不同分为普通木地面、硬木条地面和拼花木地面三种。按其构造形式不同有空铺、实铺和粘贴三种。

空铺木地面常用于底层地面，其做法是砌筑地垄墙，将木地板架空，以防止木地板受潮腐烂，如图 4.41 所示。

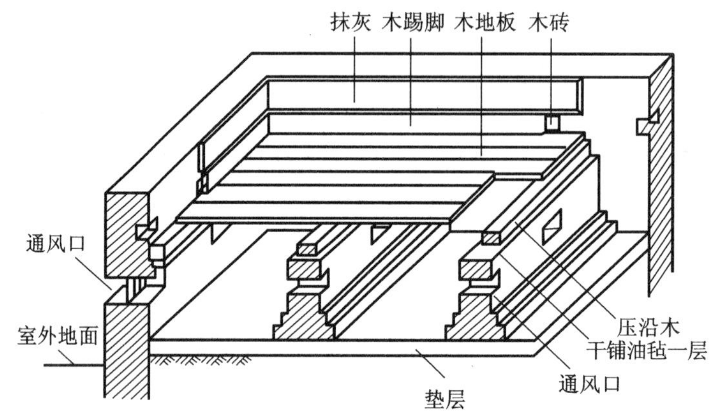

图 4.41　空铺木地面

实铺木地面是在刚性垫层或结构层上直接钉铺小搁栅，再在小搁栅上固定木板。其搁栅间的空档可用来安装各种管线，如图 4.42 所示。

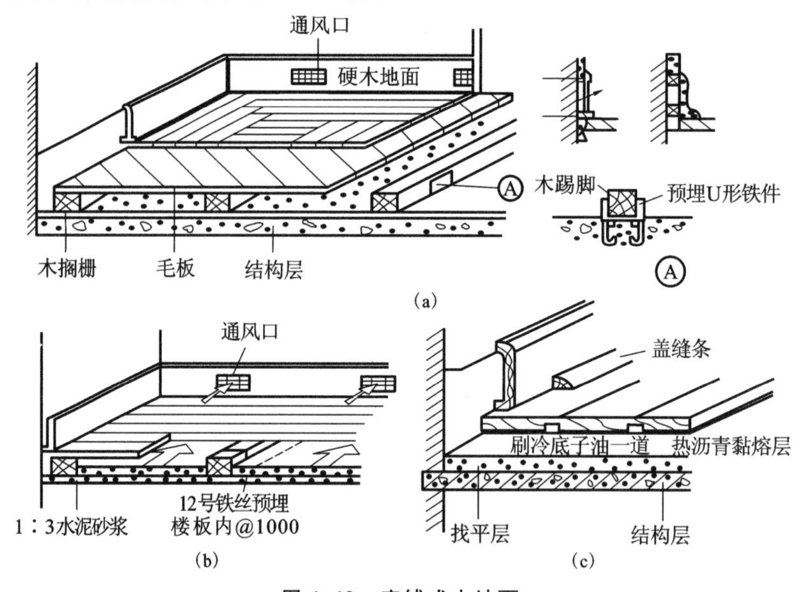

图 4.42　实铺式木地面

(a)双层木地板；(b)单层木地板；(c)粘贴式木地板

粘贴式木地面是将木地板用沥青胶或环氧树脂等黏结材料直接粘贴在找平层上，若为底层地面时，找平层上应做防潮处理。

4.5.3.3　粘贴类地面

粘贴类地面以粘贴卷材为主，常见的有塑料地毡、橡胶地毡等。这些材料表面美观、干净，装饰效果好，具有良好的保温、消声性能，适用于公共建筑和居住建筑。

随着石油化工业的发展,塑料地面的应用日益广泛。塑料地面材料的种类很多,目前聚氯乙烯塑料地面材料应用最广泛,有块材、卷材之分。其材质有软质和半硬质两种,目前在我国应用较多的是半硬质聚氯乙烯块材,其规格尺寸一般为(100mm×100mm)～(500mm×500mm),厚度为1.5～2.0mm。塑料板块地面的构造做法是先用15～20mm厚1∶2水泥砂浆找平,干燥后再用胶粘剂粘贴塑料板。

塑料地毡是以聚氯乙烯树脂为基料,加入增塑剂、稳定剂、石棉绒等经塑化热压而成。有卷材和片材,卷材可干铺,也可用胶粘剂粘贴在水泥砂浆找平层上,如图4.43所示,拼接时将板缝切割成V形,然后用三角形塑料焊条、电热焊枪焊接。它具有步感舒适、有弹性、防滑、防火、耐磨、绝缘、防腐、消声、阻燃、易清洁等特点,且价格低廉。

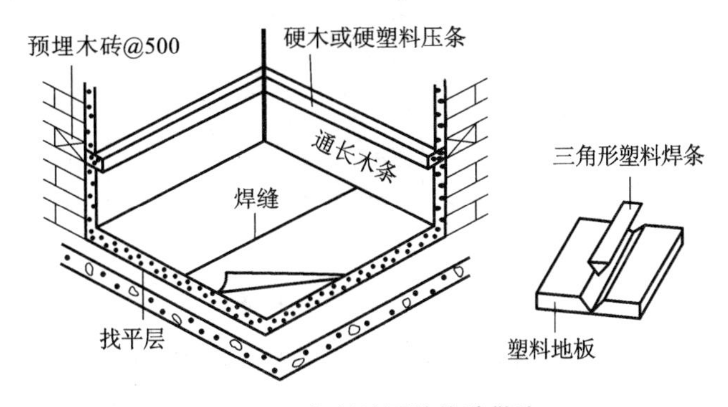

图4.43 塑料地面的构造做法

橡胶地毡是以橡胶粉为基料,掺入填充料、防老化剂、硫化剂等制成的卷材,具有耐磨、柔软、防滑、消声以及富有弹性等特点,且价格低廉、铺贴简便,可以干铺,也可用胶粘剂粘贴在水泥砂浆找平层上。

地毯类型较多,常见的有化纤地毯、棉织地毯和纯羊毛地毯等,具有柔软舒适、清洁吸声、保温、美观适用等特点,是美化装饰房间的最佳材料之一。其有局部、满铺和干铺、固定等不同铺法。固定式一般用胶粘剂满贴在地面上或将四周钉牢。

4.5.3.4 涂料类地面

涂料类地面是利用涂料涂刷或涂刮而成。它是水泥砂浆或混凝土地面的一种表面处理形式,用以改善水泥砂浆地面在使用和装饰方面的不足。地面涂料品种较多,有溶剂型、水溶性和水乳型等地面涂料。

涂料地面对解决水泥地面易起灰和美观问题起到了重要作用,涂料与水泥表面的黏结力强,具有良好的耐磨、抗冲击、耐酸、耐碱等性能,水乳型和溶剂型涂料还具有良好的防水性能。

4.5.4 楼地面的细部构造

4.5.4.1 踢脚线与墙裙

为保护墙面,防止外界碰撞损坏墙面,或擦洗地面时弄脏墙面,通常在墙面靠近地面处设踢脚线(又称踢脚板)。踢脚线的材料一般与地面相同,故可看作是地面的一部分,即地面在墙面上的延伸部分。踢脚线通常凸出墙面,也可与墙面平齐或凹进墙面,其高度一般为100～150mm。

踢脚板是楼地面与内墙面相交处的一个重要构造节点。如图4.44所示。

墙裙是踢脚线沿墙面往上的继续延伸,做法与踢脚类似,常用不透水材料做成。如油漆、

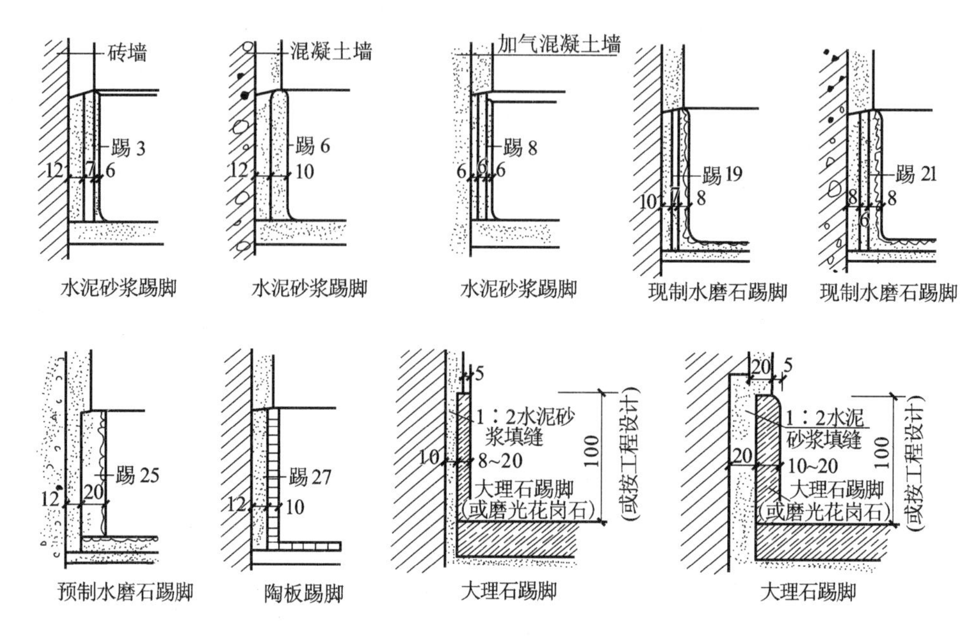

图 4.44　踢脚板的构造

水泥砂浆、瓷砖、木材等，通常为贴瓷砖的做法。墙裙的高度和房间的用途有关，一般为 900～1200mm，对于受水影响的房间，高度为 900～2000mm。其主要作用是防止人们在建筑物内活动时碰撞或污染墙面，并起一定的装饰作用。

4.5.4.2　楼地层变形缝

地面变形缝包括温度伸缩缝、沉降缝和防震缝。其设置的位置和大小应与墙面、屋面变形缝一致。构造上要求变形缝应贯通楼地层的各个层次，并在构造上保证楼板层和地坪层能够满足美观和变形需求。缝内常用可压缩变形的玛𤧛脂、金属调节片、沥青麻丝等材料做封缝处理，如图 4.45 所示。

4.5.4.3　楼地层的防潮、防水

(1)地层防潮

由于地下水位升高、室内通风不畅，房间湿度增大，引起地面受潮，使室内人员感觉不适，造成地面、墙面甚至家具霉变，还会影响结构的耐久性、美观和人体健康。因此，应对可能受潮的房屋进行必要的防潮处理，处理方法有设防潮层、设保温层等。

①设防潮层

具体做法是在混凝土垫层上，刚性整体面层下，先刷一道冷底子油，然后铺热沥青或防水涂料，形成防潮层，以防止潮气上升到地面。也可在垫层下铺一层粒径均匀的卵石或碎石、粗砂等，以切断毛细水的上升通路，如图 4.46(a)、(b)所示。

②设保温层

室内潮气大多是由室内与地层温差引起，设保温层可以降低温差。设保温层有两种做法：一种是地下水位低、土壤较干燥的地面，可在垫层下铺一层 1∶3水泥炉渣或其他工业废料做保温层；另一种是地下水位较高的地区，可在面层与混凝土垫层间设保温层，并在保温层下做防水层，如图 4.46(c)、(d)所示。

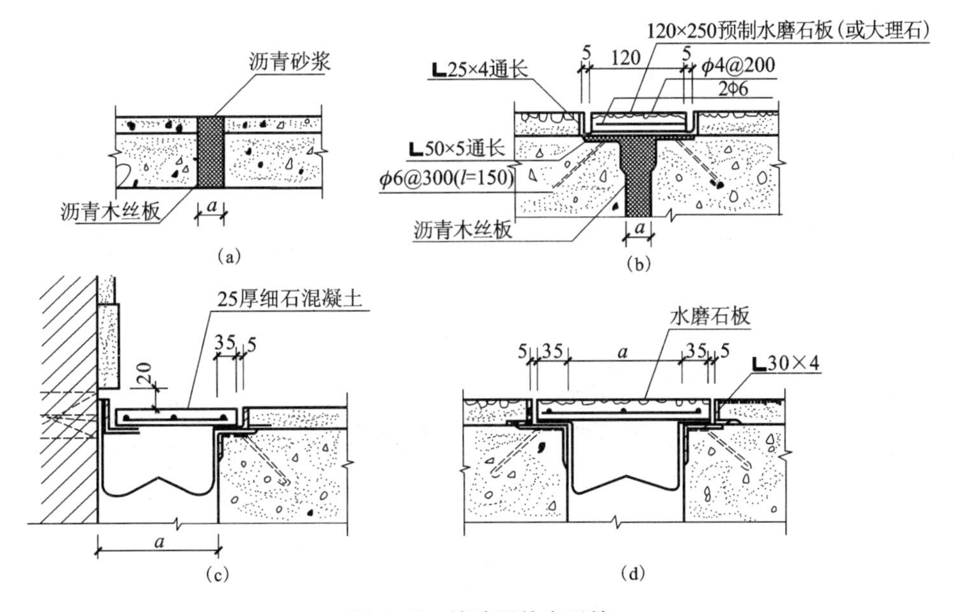

图 4.45 楼地面的变形缝

(a)水泥地面伸缩缝;(b)水磨石或大理石地面伸缩缝;

(c)水泥地面沉降缝;(d)马赛克、水磨石、大理石或缸砖地面沉降缝

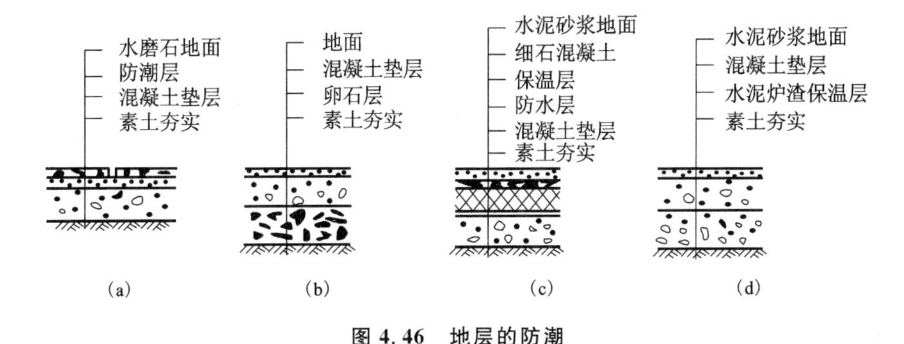

图 4.46 地层的防潮

(a)设防潮层;(b)铺卵石层;(c)设保温层和防水层;(d)设保温层

另外,也可将地层底板搁置在地垄墙上,将地层架空,使地层与土壤之间形成通风层,以带走地下潮气。

(2)楼地层防水

用水房间,如厕所、盥洗室、实验室、淋浴室等,地面易集水,发生渗漏现象,要做好楼地面的排水和防水。

①地面排水

为排除室内积水,地面一般应有1%～1.5%的坡度,同时应设置地漏,使水有组织地排向地漏;为防止积水外溢,影响其他房间的使用,有水房间地面应比相邻房间的地面低20～30mm;当两房间地面等高时,应在门口做门槛,高出地面20～30mm。

②地面防水

常用水房间的楼板以现浇钢筋混凝土楼板为佳,面层材料通常为整体现浇水泥砂浆、水磨石或瓷砖等防水性较好的材料。当防水要求较高时,还应在楼板与面层之间设置防水层。常见的防水材料有卷材、防水砂浆和防水涂料。为防止房间四周墙脚受水，应将防水层沿周边向上泛起至少150mm，如图4.47(a)所示。当遇到门洞时，应将防水层向外延伸250mm以上，如图4.47(b)所示。

当楼地面有竖向管道穿越时，也容易产生渗透，一般有两种处理方法：对于冷水管道，可在穿越竖管的四周用C20干硬性细石混凝土填实，再以卷材或涂料做密封处理，如图4.47(c)所示；对于热水管道，为防止温度变化引起的热胀冷缩现象，常在穿管位置预埋比竖管管径稍大的套管，高出地面30mm左右，并在缝隙内填塞弹性防水材料，如图4.47(d)所示。

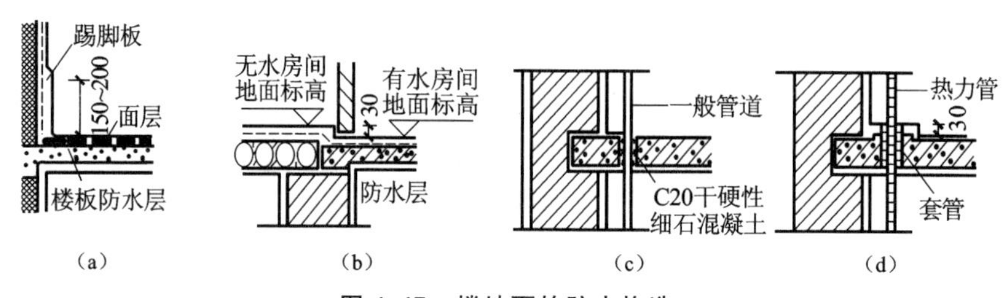

图4.47　楼地面的防水构造

(a)防水层沿周边上卷；(b)防水层向无水房间延伸；(c)一般立管穿越楼层；(d)热力立管穿越楼层

4.6　阳台与雨篷

4.6.1　阳台

阳台是连接室内的室外平台，给居住在建筑里的人们提供一个舒适的室外活动空间，是多层住宅、高层住宅和旅馆等建筑中不可缺少的一部分。

4.6.1.1　阳台的类型和设计要求

(1)类型

阳台按其与外墙的相对位置分为挑阳台、凹阳台、半挑半凹阳台、转角阳台。按结构处理不同分有挑梁式、挑板式、压梁式及墙承式，如图4.48所示。

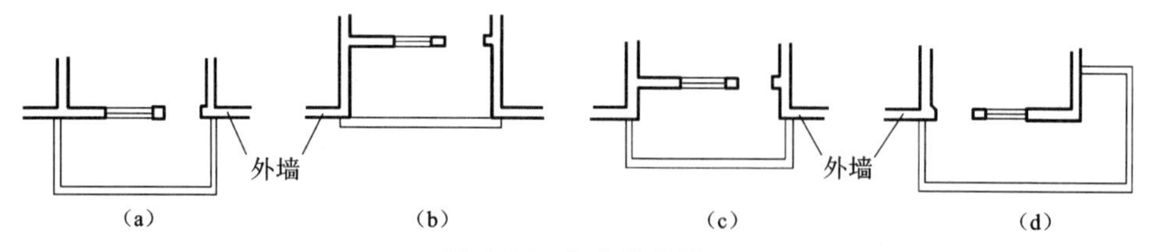

图4.48　阳台的类型

(a)挑阳台；(b)凹阳台；(c)半凹半挑阳台；(d)转角阳台

阳台按使用功能不同又可分为生活阳台(靠近卧室或客厅)和服务阳台(靠近厨房)。

(2)设计要求

①安全适用

悬挑阳台的挑出长度不宜过大，应保证在荷载作用下不发生倾覆现象，以1.2～1.8m为宜。低层、多层住宅阳台栏杆净高不低于1.05m，中高层住宅阳台栏杆净高不低于1.1m，但也不大于1.2m。阳台栏杆形式应防坠落(垂直栏杆间净距不应大于110mm)，防攀爬(不设水平

栏杆),以免造成恶果。放置花盆处,也应采取防坠落措施。

②坚固耐久

阳台所用材料和构造措施应经久耐用,承重结构宜采用钢筋混凝土,金属构件应做防锈处理,表面装修应注意色彩的耐久性和抗污染性。

③排水顺畅

为防止阳台上的雨水流入室内,设计时要求将阳台地面标高低于室内地面标高 60mm 左右,并将地面抹出 5‰的排水坡将水导入排水孔,使雨水能顺利排出。

还应考虑地区气候特点。南方地区宜采用有助于空气流通的空透式栏杆,而北方寒冷地区和中高层住宅应采用实体栏杆,并满足立面美观的要求,为建筑物的形象增添风采。

4.6.1.2 阳台结构布置方式

阳台承重结构通常是楼板的一部分,因此应与楼板的结构布置统一考虑。钢筋混凝土阳台可采用现浇或装配两种施工方式,如图 4.49 所示。

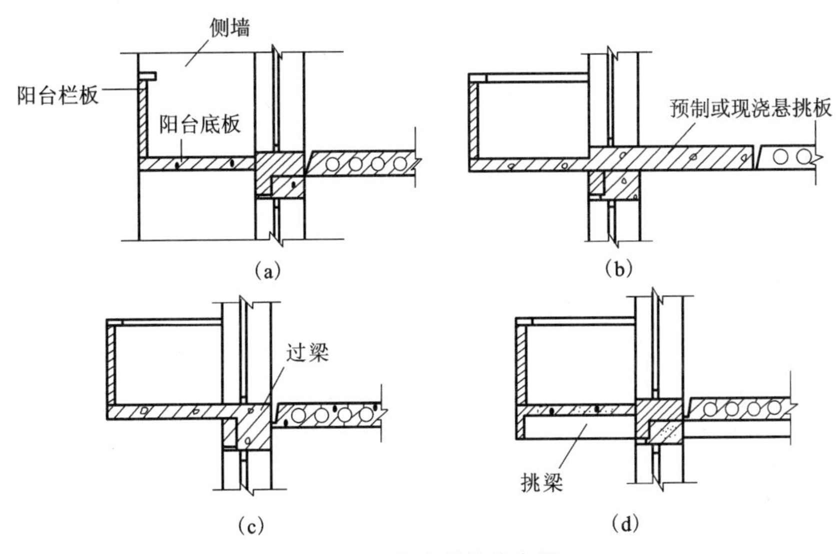

图 4.49 阳台的结构布置

(a)墙承式;(b)楼板悬挑式;(c)墙梁悬挑式;(d)挑梁式

(1)墙承式

将阳台板直接搁置在墙上。这种结构形式稳定、可靠、施工方便,多用于凹阳台。

(2)挑板式

当楼板为现浇楼板时,可选择挑板式,悬挑长度一般为 1.2m 左右。即从楼板外延挑出平板,板底平整美观而且阳台平面形式可做成半圆形、弧形、梯形、斜三角等各种形状。挑板厚度不小于挑出长度的 1/12,一般有两种做法:一种是将房间楼板直接向墙外悬挑形成阳台板;另一种是将阳台板和墙梁现浇在一起,利用梁上部墙体的重量来防止阳台倾覆。

(3)挑梁式

从横墙内外伸挑梁,其上搁置预制楼板,这种结构布置简单,传力直接明确,阳台长度与房间开间一致。挑梁根部截面高度 H 为(1/5～1/6)L,L 为悬挑净长,截面宽度为(1/2～1/3)H。为美观起见,可在挑梁端头设置面梁,既可以遮挡挑梁头,又可以承受阳台栏杆重量,还可以加强阳台的整体性。

4.6.1.3 阳台细部构造

(1)阳台栏杆

栏杆是在阳台外围设置的竖向构件,其作用有:一方面是承担人们推倚的侧向力,以保证人的安全;另一方面是对建筑物起装饰作用。因而栏杆的构造要求坚固和美观。

①按阳台栏杆空透的情况不同分为实体、空花和混合式,如图4.50所示。

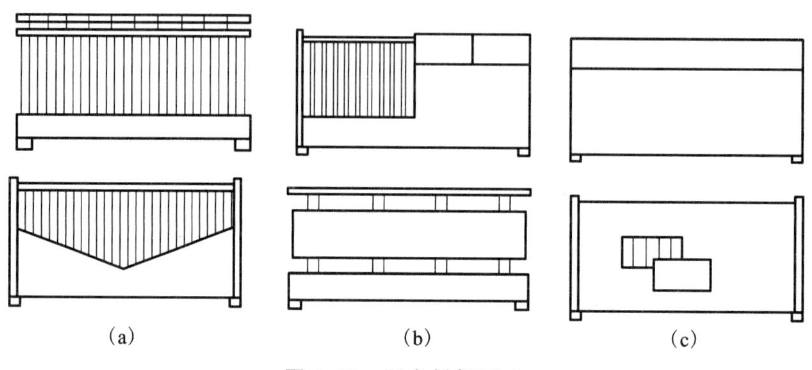

图4.50 阳台栏杆形式

(a)空花式;(b)混合式;(c)实体式

②按材料不同可分为砖砌栏杆、钢筋混凝土栏杆和金属栏杆,如图4.51所示。

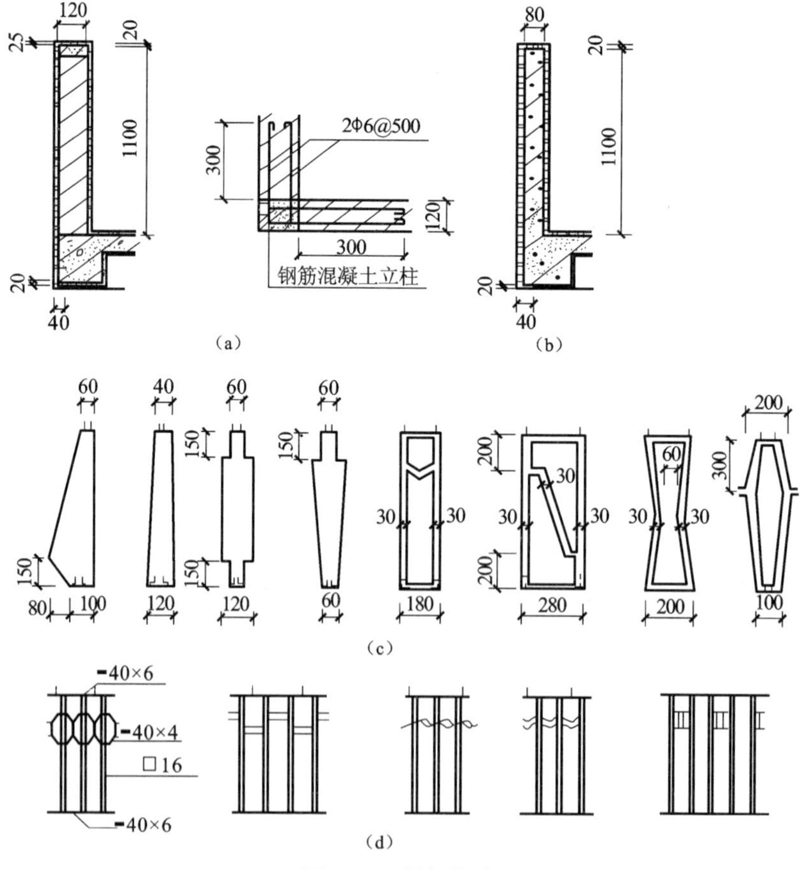

图4.51 栏杆构造

(a)砖砌栏板;(b)混凝土栏板;(c)混凝土栏杆;(d)金属栏杆

(2)栏杆扶手

扶手是供人手扶使用的,有金属和钢筋混凝土两种。金属扶手一般为钢管与金属栏杆焊接。钢筋混凝土扶手应用广泛,形式多样,一般直接用作栏杆压顶,宽度有 80mm、120mm、160mm。当扶手上需放置花盆时,需在外侧设保护栏杆,一般高 180～200mm,花台净宽为 240mm。

钢筋混凝土扶手有不带花台、带花台、带花池等,如图 4.52 所示。

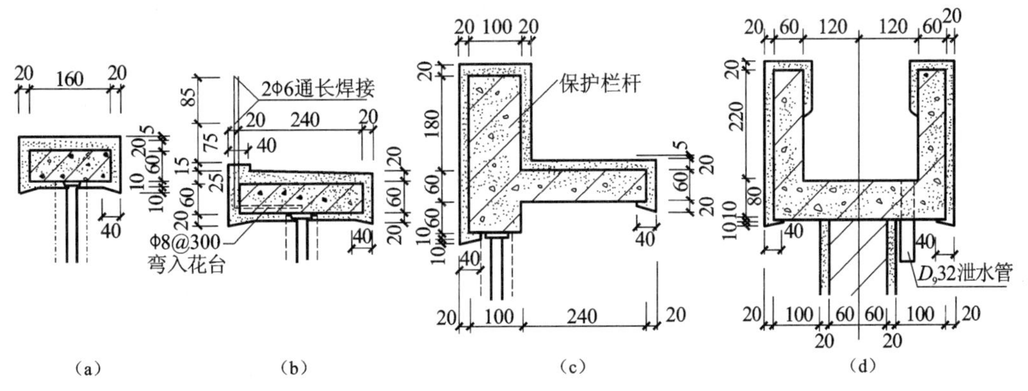

图 4.52　阳台扶手构造

(a)不带花台;(b)、(c)带花台;(d)带花池

(3)细部构造

阳台细部构造主要包括栏杆与扶手的连接、栏杆与面梁(或称止水带)的连接、栏杆与墙体的连接等。

①栏杆与扶手的连接方式有焊接、现浇等方式,如图 4.53 所示。

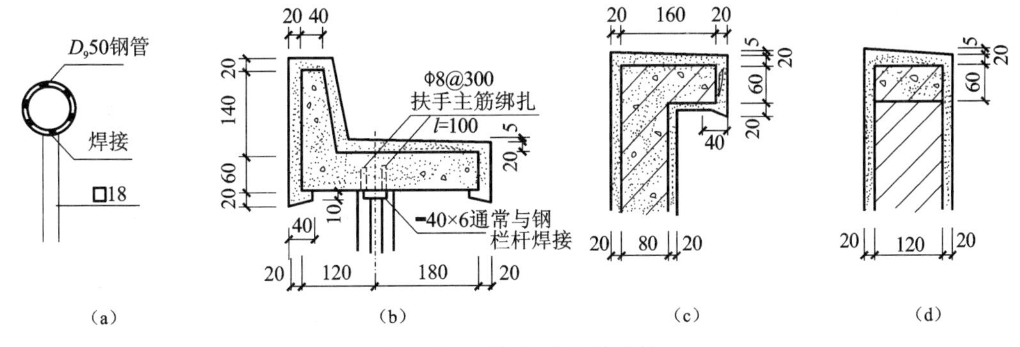

图 4.53　栏杆与扶手的连接

②栏杆与面梁或阳台板的连接方式有焊接、榫接坐浆、现浇等,如图 4.54 所示。

③扶手与墙的连接,应将扶手或扶手中的钢筋伸入外墙的预留洞中,用细石混凝土或水泥砂浆填实牢固;现浇钢筋混凝土栏杆与墙连接时,应在墙体内预埋 240mm×240mm×120mm C20 细石混凝土块,从中伸出 2ϕ6,长 300mm,与扶手中的钢筋绑扎后再进行现浇,如图 4.55 所示。

(4)阳台隔板

阳台隔板用于连接双阳台,有砖砌和钢筋混凝土隔板两种。砖砌隔板一般采用 60mm 和 120mm 厚两种,由于荷载较大且整体性较差,因此现多采用钢筋混凝土隔板。隔板采用 C20 细石混凝土预制 60mm 厚,下部预埋铁件与阳台预埋铁件焊接,其余各边伸出ϕ6 钢筋与墙体、挑梁和阳台栏杆、扶手相连,如图 4.56 所示。

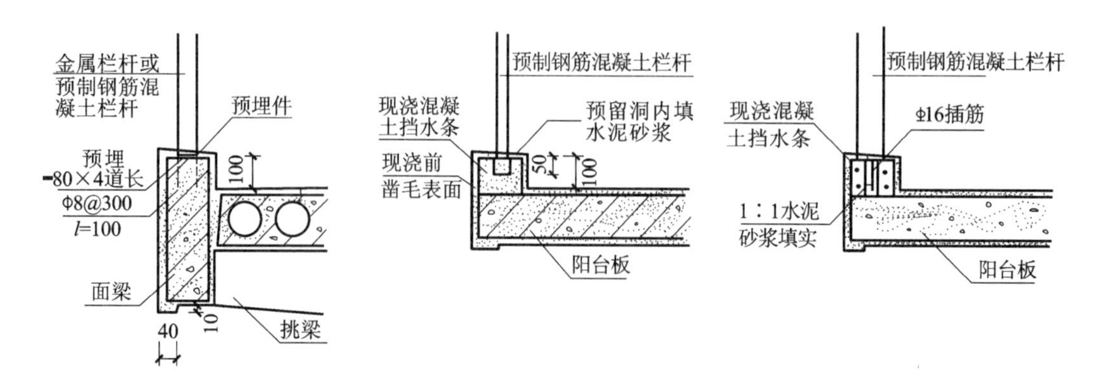

图 4.54 栏杆与面梁或阳台板的连接

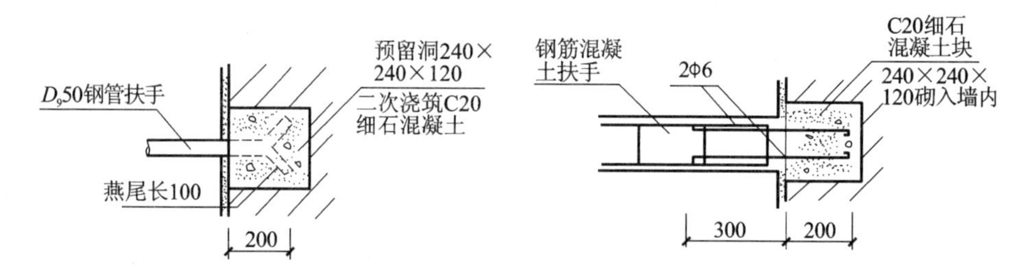

图 4.55 扶手与墙体的连接

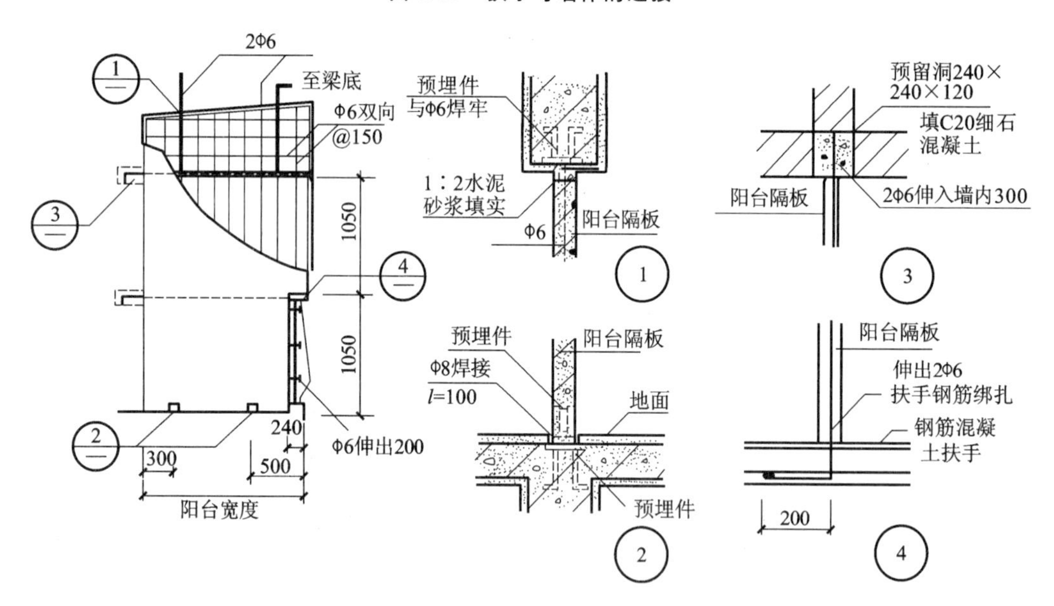

图 4.56 阳台隔板的构造

(5)阳台排水

由于阳台为室外构件,须采取措施保证地面排水通畅。阳台地面的设计标高应比室内地面低 30～50mm,以防止雨水流入室内,并以不小于 1%的坡度坡向排水口。

阳台排水有外排水和内排水两种:外排水是在阳台外侧设置泄水管将水排出,泄水管设置 40～50 镀锌铁管或塑料管水舌,外挑长度不少于 80mm,以防雨水溅到下层阳台,如图 4.57(a)所示,外排水适用于低层和多层建筑;内排水是在阳台内侧设置排水立管和地漏,将雨水直

接排入地下管网,内排水适用于高层建筑和高标准建筑,如图 4.57(b)所示。

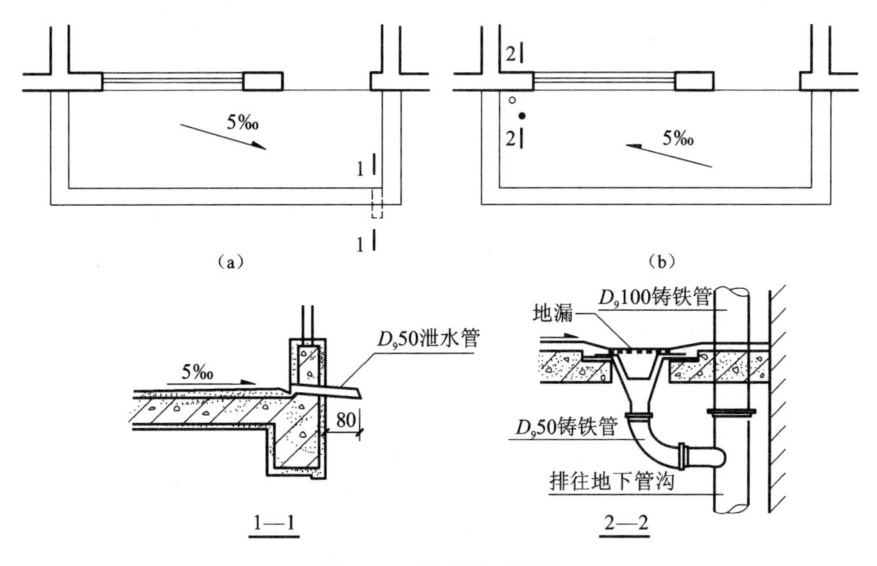

图 4.57 阳台排水构造

4.6.2 雨篷

雨篷是指在建筑物外墙出入口的上方用以遮挡雨雪并有一定装饰作用的水平构件,位于建筑物出入口的上方,给人们提供一个从室外到室内的过渡空间,并起到保护门免受侵蚀和丰富建筑立面的作用。

根据雨篷板的支承方式不同,有悬板式和梁板式两种。根据雨篷的结构不同,有钢筋混凝土结构和钢结构两种。

(1)悬板式

悬板式雨篷外挑长度一般为 0.9～1.5m,板根部厚度不小于挑出长度的 1/12,雨篷宽度比门洞每边宽 250mm,雨篷排水方式可采用无组织排水和有组织排水两种。雨篷顶面距过梁顶面 250mm 高,板底抹灰可抹 15mm 厚 1∶2水泥砂浆,内掺 5%防水剂的防水砂浆,多用于次要出入口。悬板式雨篷构造如图 4.58(a)所示。

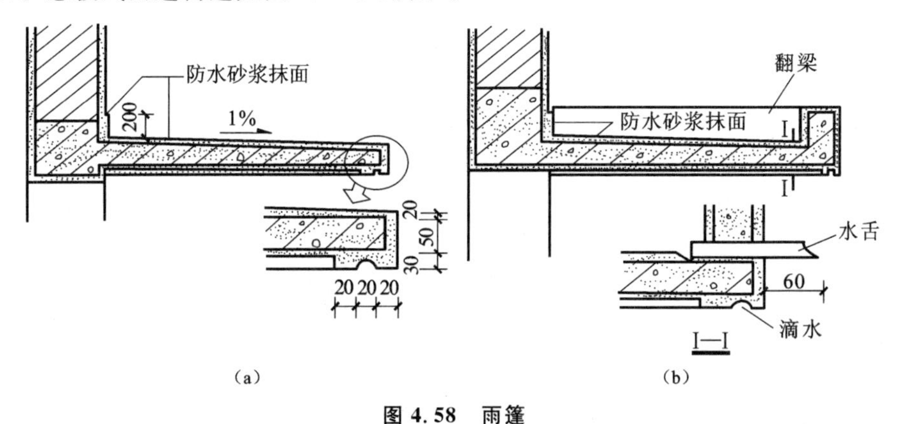

图 4.58 雨篷

(a)悬板式雨篷;(b)梁板式雨篷

(2)梁板式

当门洞口尺寸较大,雨篷挑出尺寸也较大时,雨篷应采用梁板式结构。即雨篷由梁和板组成,为使雨篷底面平整,梁一般翻在板的上面成翻梁,如图 4.58(b)所示。当雨篷尺寸更大时,可在雨篷下面设柱支撑。

雨篷顶面应做好防水和排水处理,如图 4.59 所示,一般采用 20mm 厚的防水砂浆抹面进行防水处理,防水砂浆应沿墙面上升,高度不小于 250mm,同时在板的下部边缘做滴水,防止雨水沿板底漫流。雨篷顶面需设置 1% 的排水坡,并在一侧或双侧设排水管将雨水排除。为了立面需要,可将雨水由雨水管集中排除,这时雨篷外缘上部需做挡水边坎。

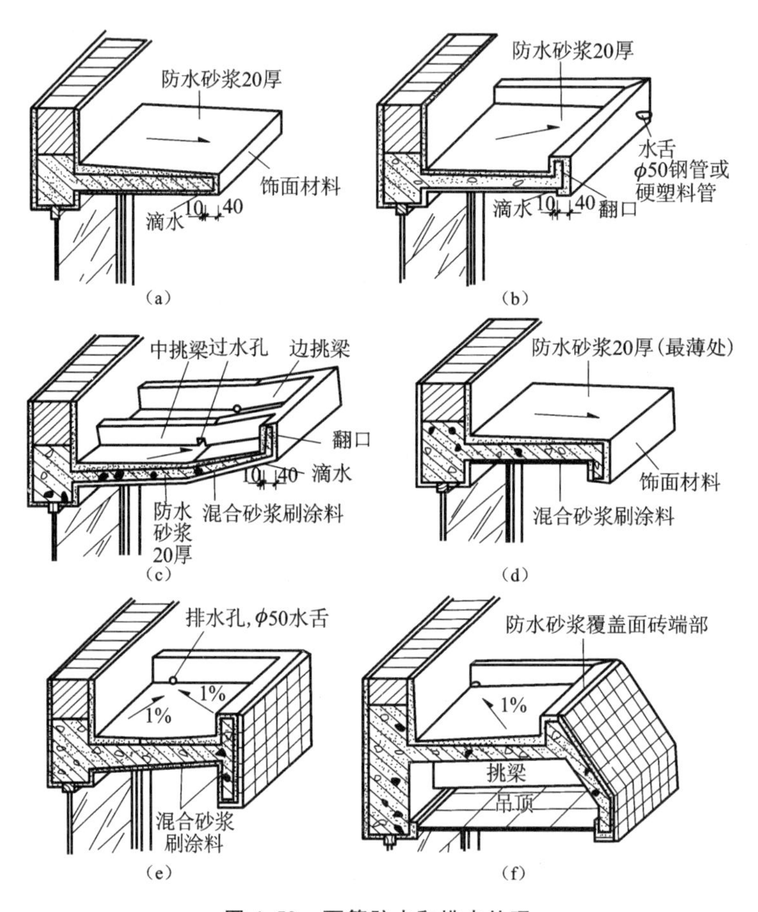

图 4.59 雨篷防水和排水处理

(a)自由落水雨篷;(b)有翻口有组织排水雨篷;(c)折挑倒梁有组织排水雨篷;
(d)下翻口自由落水雨篷;(e)上下翻口有组织排水雨篷;(f)下挑梁有组织排水带吊顶雨篷

(3)钢结构玻璃采光雨篷

用阳光板、钢化玻璃作采光雨篷是当前新的透光雨篷做法,透光材料采光雨篷具有结构轻巧、造型美观、透明新颖、富有现代感的装饰效果,也是现代建筑装饰的特点之一。

其做法是用钢结构作为支撑受力体系,在钢结构上伸出钢爪固定玻璃,最后传到建筑结构上。图 4.66~图 4.68 所示为纯悬挑式钢结构雨篷的实例及剖面图、节点详图。

图 4.60 钢结构雨篷实例

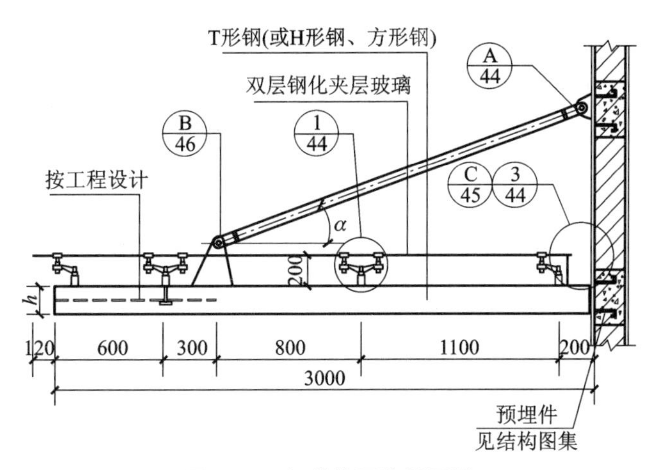

图 4.61 钢结构雨篷剖面图

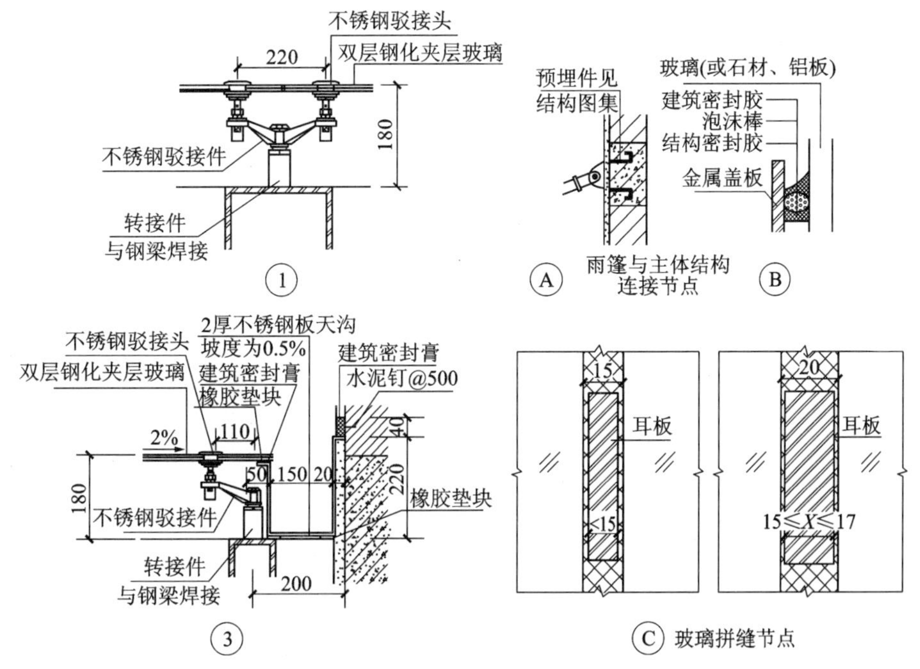

图 4.62 钢结构雨篷节点详图构造(单位:mm)

复习思考题

一、填空题

1. 钢筋混凝土楼板根据其施工方法不同可分为________、________和________三种。

2. 现浇式钢筋混凝土楼板根据受力和传力情况不同，可分为__________、__________、________、________、________。

3. 按阳台与外墙的相对位置可分为________阳台、________阳台和________阳台三类。

二、单选题

1. 以下楼板中，(　　)强度最高，并且正在推广。

A. 木楼板　　B. 砖拱楼板　　C. 钢筋混凝土楼板　　D. 压型钢板组合楼板

2. 建筑物的楼板组成中，(　　)是起承重和传递荷载作用的。

A. 面层　　B. 结构层　　C. 顶棚层　　D. 找平层

3. 楼板应有一定的隔声能力，楼板的隔声量一般为(　　)dB。

A. 10～20　　B. 20～30　　C. 40～50　　D. 60～70

4. 建筑施工中、一般把雨篷板与入口过梁浇筑在一起，形成由过梁挑出的板，出挑长度一般以(　　)较为经济。

A. 0.5～1m　　B. 1～1.5m　　C. 1.5～2.0m　　D. 2.0～2.5m

三、简答题

1. 楼板有哪些类型？其基本组成是什么？各组成部分有何作用？

2. 预制钢筋混凝土装配式楼板有哪几种类型？各有何特点？

3. 试说明常用的块材地面的种类、优缺点及适用范围。

4. 试说明吊顶棚的类型及适用范围。

楼梯与电梯

学习目标

(1)掌握楼梯的类型及设计方法。

(2)掌握钢筋混凝土楼梯的一般构造。

(3)掌握楼梯的细部构造。

(4)掌握台阶、坡道的构造形式。

(5)掌握电梯、自动扶梯的一般构造。

学习重点

楼梯的基本尺度及设计方法、钢筋混凝土楼梯常见构造形式、室外台阶与坡道的构造做法。

5.1 楼梯的类型

建筑物中各楼层常用的垂直交通联系构件有楼梯、电梯、电动扶梯、台阶、坡道等。

坡道:坡度范围0°～15°,一般采用11°19′较合适。常用于医院、车站和其他公共建筑入口处,以便机动车辆通行和无障碍设计。其中无障碍设计的坡度要求为1/8～1/12。

楼梯:坡度范围23°～45°,33°52′是符合人体工程学的最佳坡度。楼梯主要用于解决楼层之间的垂直交通。楼梯坡度越陡需要的进深越小,越节约空间;反之则需要的进深越大,但行走舒适。所以可根据建筑物的使用性质、楼梯间平面尺寸等综合确定其坡度。一般地,公共建筑的楼梯平缓些,居住建筑的楼梯陡立些。

扫一扫

楼梯概述

爬梯:坡度一般大于45°,60°较合适。爬梯是适用于仅供少数人行走的楼梯,由于坡度较陡,可节约空间。例如在图书馆的闭架书库中,供少数工作人员垂直交通用的可采用爬梯,供室外检修人员及消防用的爬梯,坡度可达90°。

5.1.1 楼梯的组成和设计要求

5.1.1.1 组成

一般楼梯主要由楼梯段、休息平台、栏杆和扶手三部分组成(图5.1)。

(1)楼梯段(楼梯跑):楼梯当中用以解决高差的倾斜部分,由梯段板或由楼体斜梁和踏步组成的供层间上下行走的通道,是楼梯的主要使用部分。为满足人体功能要求,一个梯段上踏步数量最多不超过18步,并且不少于3步。

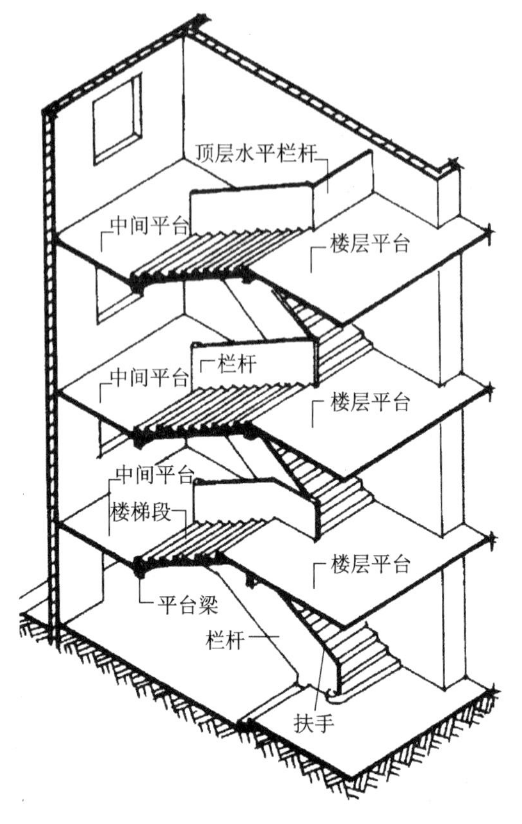

图 5.1　楼梯的构造组成

（2）休息平台：两梯段之间的水平连接部分，一般由平台梁和平台板组成，据平台在楼层中的位置可分为楼层平台和中间平台。楼层平台指与楼板层处于同一标高的平台，作用是调节体力，分配人流，改变行进方向等。中间平台是指处于两楼层之间的平台，作用是调节体力，改变行进方向，调节楼梯形式等。

（3）栏杆和扶手：栏杆和扶手是设置在楼梯段和顶层平台边缘的构件，用以保证人们使用楼梯时的安全。栏杆和扶手也是具有较强装饰作用的建筑构件。

5.1.1.2　设计要求

（1）满足使用要求：人流通畅，行走舒适，安全防火。

①人流通畅：楼梯有足够的宽度、数量和合适的位置。例如，剧场设计要求 4min 内人流全部疏散完毕；楼梯间有足够的采光和通风，不应有凸出物，如暖气管、柱垛等。

②行走舒适：楼梯间有合适的坡度，需考虑人在负重状态下的行走，并结合考虑空间的限制，踏步应取适宜的高宽比。

③安全防火：扶手牢固，踏步的表面耐磨、防滑、易清洁；楼梯的间距、数量、楼梯与房间的距离应符合《建筑设计防火规范》(GB 50016—2014)；楼梯间的墙必须是防火墙。若黏土砖墙厚度需“24 墙”以上，房间除必要的门外，不得向楼梯间开窗；楼梯不能直接通地下室；防火楼梯不得采用螺旋形或扇形等。

（2）满足施工要求：方便施工、经济、结构合理。

坚固、耐久、安全，地震时楼梯部位应形成安全岛，保证疏散顺畅。为加强楼梯间安全性，可在楼梯四角设构造柱，将楼梯设在地震变形较小的部位，高层建筑的楼梯间必须设在靠外墙部位。

（3）造型美观：楼梯造型美观，形成空间上的变换。

5.1.2　楼梯的类型

楼梯的形式是根据其使用要求，建筑功能，建筑平面和空间特点及楼梯在建筑中的位置等因素确定的，依据不同的分类方法，楼梯可以分成多种类型。

（1）根据楼梯所在的位置，可以分为室内楼梯和室外楼梯。

（2）根据楼梯的使用性质，可以分为主楼梯、辅助楼梯、防火楼梯和疏散楼梯。

（3）根据楼梯的材料，可以分为木楼梯、钢楼梯、钢筋混凝土楼梯和其他材料楼梯。

（4）根据楼梯的平面形状分，可以分为直上、曲尺、双折、双分（双合）、三折、螺旋、弧形、桥

式、交叉等(图 5.2)。

(5)根据楼梯段的数量可以分为单跑、双跑、三跑等。

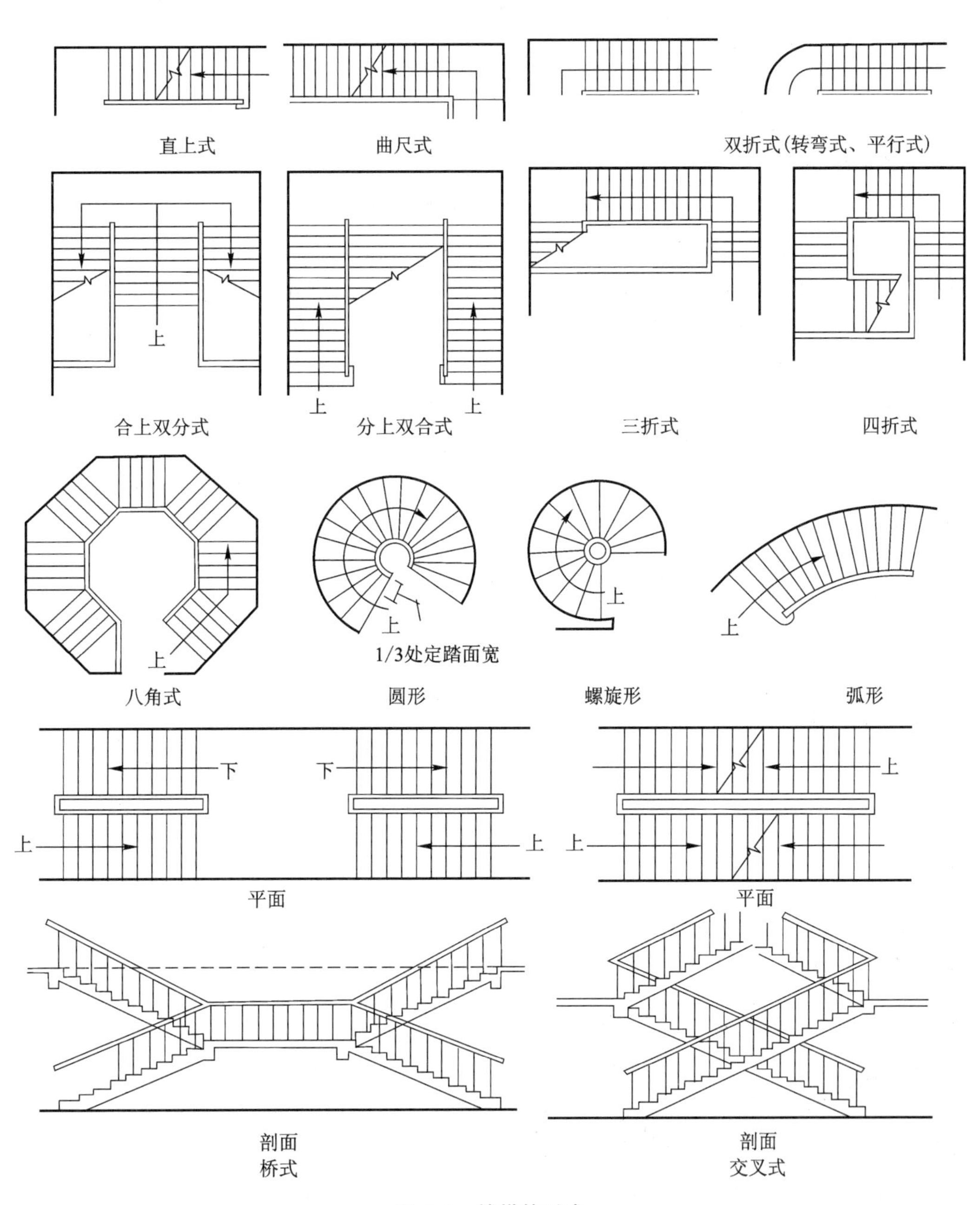

图 5.2 楼梯的形式

5.2 楼梯的主要尺度

5.2.1 楼梯的尺寸确定

5.2.1.1 楼梯的宽度

(1)梯段的净宽度

梯段的净宽度是墙面至扶手中心线之间的水平距离或两个扶手中心线之间的水平距离。作为主要交通用的楼梯梯段净宽度应根据楼梯的性质、通行及防火规范的规定来确定。一般按每股人流宽度为550mm+(0～150)mm,并不少于2股人流确定;小住宅或户内楼梯可按梯段净宽大于或等于900mm,满足单人携带物品通过的需要,900mm也是梯段的最小净宽度;当双人行走时,楼段的净宽度为:居住建筑的宽度1.1～1.2m,公共建筑的宽度1.4～2.0m;防火楼梯的宽度大于或等于1.1m。

(2)平台宽度

在平台处改变行进方向的楼梯,平台宽度应大于或等于楼梯段的宽度,以保证在转折处人流的通行和家具的搬运;在平台处不改变行进方向的楼梯,一般平台宽度大于或等于$2b+h$,且大于或等于750mm。

(3)楼梯井的宽度

为方便施工,一般设宽度不大于200mm的楼梯井,住宅中有时为了节约空间,也可不设楼梯井。

5.2.1.2 楼梯的坡度

楼梯的坡度指的是楼梯段和水平面所形成的夹角。楼梯坡度的大小直接影响楼梯的正常使用。因此,需要确定楼梯合适的坡度。常用楼梯的坡度范围一般是23°～45°,其中以30°左右较为适宜,如图5.3所示。

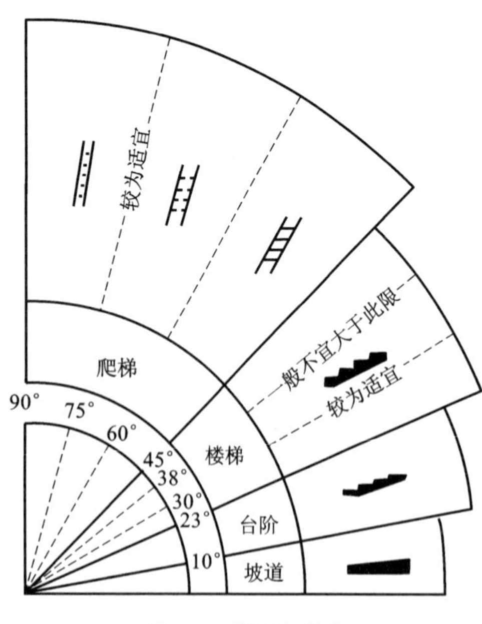

图5.3 楼梯的坡度

楼梯的坡度应根据建筑物的使用性质、层高以及便于通行和节省建筑面积等因素确定。如一般公共建筑中的楼梯由于人流量大,坡度适当平缓,常采用不超过30°的坡度,而居住建筑的户内楼梯可以达到45°的坡度,达到60°以上的属于爬梯的范围。坡道的坡度一般在15°以下,若坡度在6°或者说是在1:12以下的,属于平缓的坡道。坡道的坡度达到1:10以上,就应采取防滑措施。

5.2.1.3 楼梯踏步尺寸

楼梯踏步分踏面和踢面,踏步的水平面叫踏面,用b表示其宽度,垂直面叫踢面,用h表示其高度,楼梯的坡度取决于踏步h、b两个方向的

尺寸。根据人的生理条件(人步子的大小,如女子及儿童的跨步长度为580mm,男子的跨步长度为620mm;抬脚的高低等)和建筑物的属性(使用及占地情况)确定。确定楼梯踏步高度的经验公式为 $b+h\approx450$mm 或 $b+2h\approx600\sim620$mm。一般而言,$b\geqslant250$mm,$h\leqslant180$mm,如表5.1所列,满足人流行走舒适安全的要求。

表5.1　常用建筑的踏步尺寸　　单位:mm

名称	住宅	学校办公室	剧院会堂	医院	幼儿园
踏步高 h	150～175	140～160	120～150	150	120～150
踏步宽 b	250～300	280～340	300～350	300	260～300

应注意的是楼梯各梯段的坡度应一致,双跑楼梯各梯段长度宜相同。每个梯段踏步数量设为 N,则 $3\leqslant N\leqslant18$。当少于3个时一般做坡道;当大于18个时,行人会感到疲劳,则应设中间平台。

5.2.1.4　梯段及平台下的净空高度

(1)梯段净空高度

其计算方法以踏步前缘处到顶棚垂直线净高度计算。一般应大于人体上肢伸直向上,手指触到顶棚的距离;考虑行人肩扛物品的实际需要,防止行进中碰头,产生压抑感等,故梯段净空高度要求大于或等于2200mm。

(2)平台下的净空高度

平台下的净空高度大于或等于2000mm(图5.4),且楼梯段的起始、终了踏步的前缘与顶部凸出物内外缘线的水平距离应大于或等于300mm。

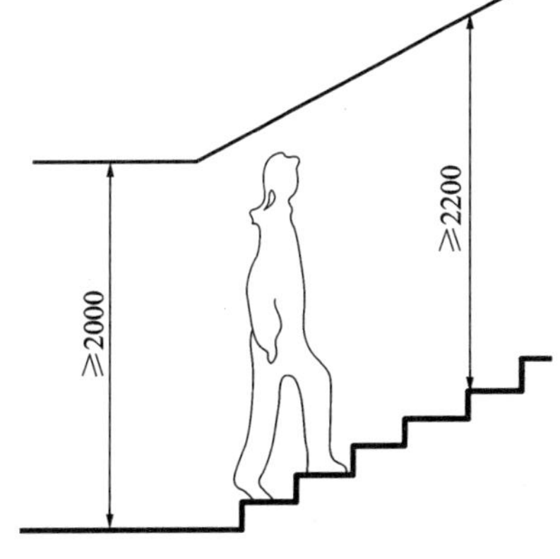

图5.4　平台下的净空高度

5.2.2　栏杆扶手的高度和数量

(1)高度

栏杆扶手的高度是指从踏步的前缘到扶手顶面的距离。

一般室内楼梯高度≥900mm,靠梯井一侧水平栏杆长度>0.5m时,高度≥1.0m,室外楼梯≥1.05m,高层建筑应适当提高。

(2)数量

人流密集场所梯段高度超过1.0m时,宜设栏杆。当梯段净宽度在2股人流以下时,梯段临空一侧设栏杆扶手;当为3股人流时,梯段两侧设扶手;当为4股及以上人流时,梯段两侧设扶手并加设中间扶手。

(3)其他

①幼儿园的楼梯扶手应设高低2道,分别供成人(900mm高)和儿童(600mm高)使用,且儿童扶手必须设双面扶手,即临墙面也设儿童扶手。

②有儿童经常使用的楼梯,竖向栏杆间净距≤110mm。

③栏杆应采用坚固、耐久的材料制作,必须具有一定的强度,设计时,栏杆顶部的水平推力,对住宅、宿舍、办公楼、旅馆、医院、托儿所、幼儿园按0.5kN/m设计;对学校、食堂、剧场、电影院、车站、展览馆、体育场按1.0kN/m设计。

5.2.3 楼梯设计实例

在进行楼梯构造设计时，应对楼梯各细部尺寸进行详细的确定。现以常用的平行双跑楼梯为例，说明楼梯的设计计算。

(1)设计条件及要求

某住宅楼梯，楼梯间平面 2700mm×5100mm，建筑层高 2.8m，室内外高差 600mm，试设计一平行双跑楼梯，要求平台下能过人(参考尺寸：平台梁 150mm×250mm，平台板厚 80mm，墙厚 240mm)。

(2)设计步骤

①计算楼梯间净宽度：2700－2×120＝2460mm；梯段最大宽度 2460÷2＝1230mm。

②设梯段净宽度 1100mm，平台宽度≥1100mm，取 1100mm。

③设踏步高度 h＝170mm，试计算踏步的数量 N＝H/h＝2800/170＝16.47 步。踏步的数量 N 取整，且最好为偶数，则取 N＝16。h＝H/N＝2800/16＝175，则依 $2h+b$＝600～620mm，取 b＝250mm。

④入户门侧空出至少一个踏步宽度，则楼层平台大于或等于 900mm＋250mm＝1150mm。

⑤第一跑梯段平面长：5100－1100－1150－(2×120)＝2610mm。踏步面的数量：2610/250＝10.44，取整为 10。平面实际长度：250×10＝2500mm。

⑥首层中间平台面的高度：175×(10＋1)＝1925mm，平台梁下与室内地面净高度 1925－250＝1675mm，平台下过人要求净高≥2.0m，不满足要求。

⑦降低平台梁下地面标高，则须降低≥2000－1675＝325mm。设降低 3 个台阶，每个台阶踏步高 150mm，则地面降低 3×150＝450mm，满足要求。

⑧室内外地面高度 600－450＝150mm。

⑨首层第 2 个梯段设计：踏步数 16－11＝5，踏面数 5－1＝4，水平面长度 4×250＝1000mm。

⑩2 层及以上每跑梯段踏步数相等，为 16/2＝8 步，水平面长度 7×250mm＝1750mm，首层第 2 跑水平段长度 1750－1000＝750mm。

⑪核算首层中间平台面到 2 层平台梁底的净高：(2.8＋1.4)－1.925－0.25＝2.025m＞2.0m，满足要求。

5.3 钢筋混凝土楼梯

5.3.1 现浇钢筋混凝土楼梯

5.3.1.1 现浇钢筋混凝土楼梯的特点

现浇钢筋混凝土楼梯整体性好，刚度好，抗震能力强，有良好的可塑性，能适应各种楼梯间平面和楼梯形式，且坚固耐久，节约木材，防火性能好，但施工周期长，模板耗用量大，宜用于无起重设备及小型个体建筑和形态复杂、对抗震要求高的建筑。

5.3.1.2 现浇钢筋混凝土楼梯的种类

现浇钢筋混凝土楼梯按梯段的结构受力方式，分为板式梯段和梁板式梯段。

(1)板式梯段

板式梯段宜用于跨度较小、受荷载较轻的建筑中。梯段板底面平整，上部呈锯齿状踏步，纵向配置钢筋搁于楼面梁及平台梁上。

现浇板式钢筋混凝土楼梯底面平顺，结构占空间少，造型美观。但由于板跨大，受力复杂，结构设计和施工难度较大，钢筋和混凝土用量也较大。图5.5所示为现浇板式钢筋混凝土弧形楼梯，一般只宜用于建筑标准高的建筑，特别是公共大厅中。为了使梯段边沿线条轻盈，常在靠近边沿处局部减薄出挑。

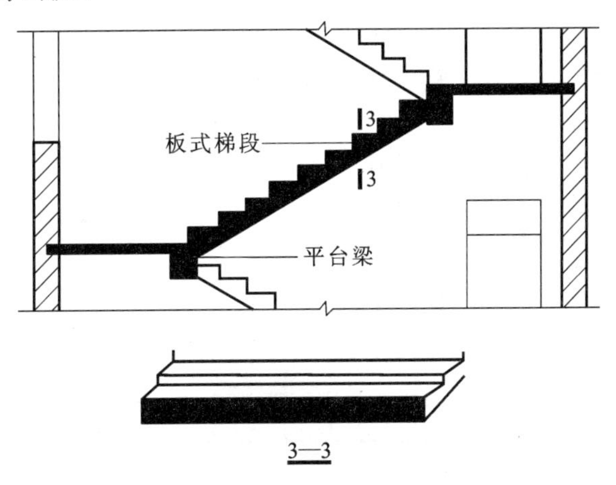

楼梯详图(1)

图5.5　板式梯段

(2)梁板式梯段

梁板式梯段包括踏步板与楼梯斜梁。梯斜梁可上翻或下翻形成梯帮(图5.6)。

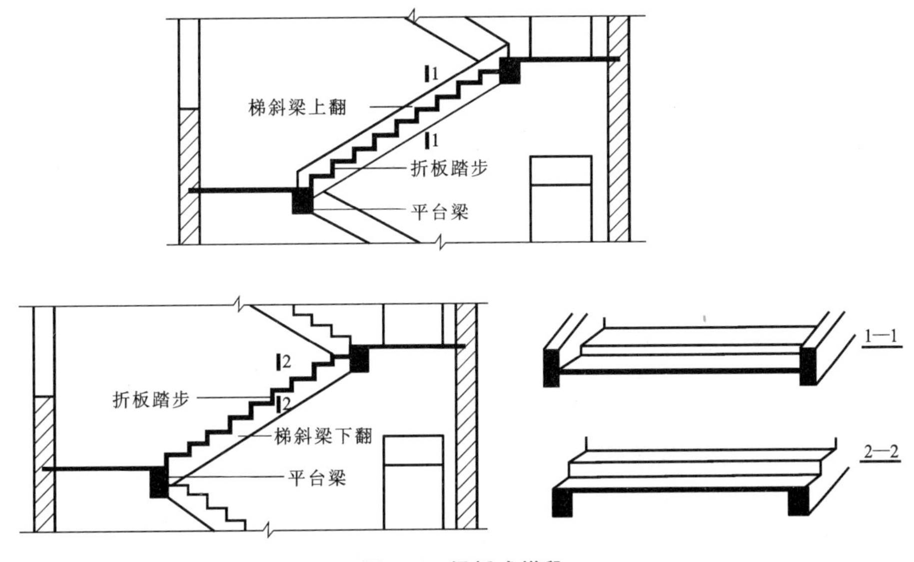

图5.6　梁板式梯段

踏步板也可从梯斜梁两边或一边悬挑，单梁或双梁悬臂支承踏步板和平台板。单梁悬臂常用于中小型楼梯或小品景观楼梯，双梁悬臂则用于梯段宽度大、人流量大的大型楼梯。可减小踏步板跨，但双梁底面之间常须另做吊顶。由于踏步板悬挑，造型轻盈美观。踏步板断面形式有平板式、折板式和三角形板式。平板式断面踏步使梯段踢面空透，常用于室外楼梯，为了使悬臂踏步板符合力学规律以及更加美观，常将踏步板断面逐渐向悬臂端减薄[图 5.7(a)]。折板式断面踏步板由于踢面未漏空，可加强板的刚度并避免尘埃下掉，故常用于室内[图 5.7(b)]。为了解决折板式断面踏步板底支模困难和不平整的弊病，可采用三角形断面踏步板式梯段[图 5.7(c)]，但这种做法混凝土用量和自重均有所增加。

现浇梁悬臂式钢筋混凝土楼梯通常采用整体现浇方式，但为了减少现场支模，也可采用梁现浇、踏步板预制装配的施工方式。这时，对于斜梁与踏步板和踏步板之间的连接，须慎重处理，以保证其安全可靠。在现浇梁上预埋钢板与预制踏步板预埋件焊接，并在踏步之间用钢筋插接后再用高强度等级水泥砂浆灌浆填实，加强其整体性。

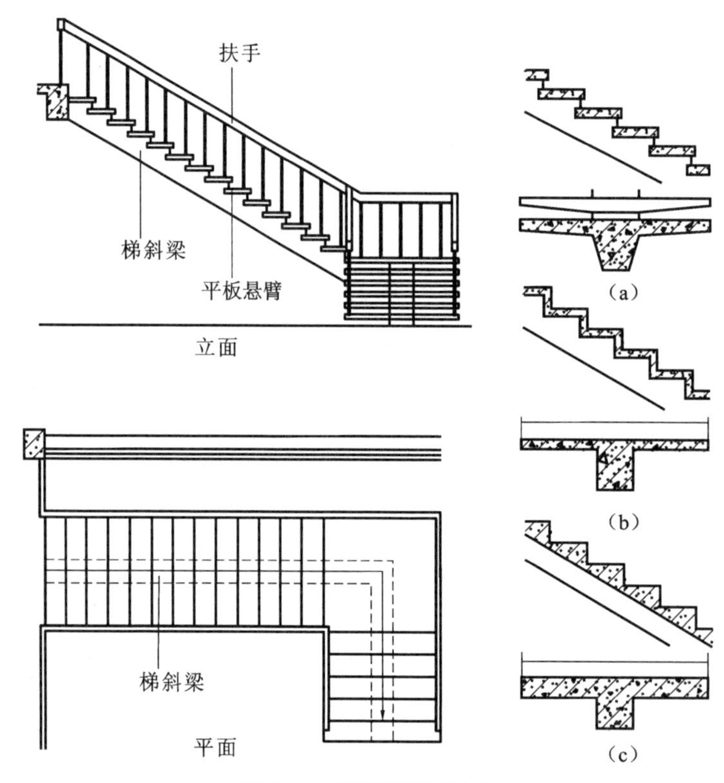

图 5.7　踏步的断面形式

5.3.2　预制装配式钢筋混凝土楼梯

5.3.2.1　预制装配式钢筋混凝土楼梯的特点

预制装配式钢筋混凝土楼梯是将楼梯构件在工厂或施工现场进行预制，施工时将预制构件在现场进行装配。这种楼梯现场湿作业少，施工速度快，但整体性较差。

5.3.2.2　预制装配式钢筋混凝土楼梯的种类

预制装配式钢筋混凝土楼梯按其构造方式，可分为梁承式、墙承式和墙悬臂式等类型。

(1)梁承式：梯段由平台梁支撑的楼梯构造方式。

(2)墙承式：预制踏步板两端直接搁置在墙上的楼梯形式。

(3)墙悬臂式：预制踏步板一端嵌固于楼梯间侧墙上，另一端为悬挑的楼梯形式。

5.3.2.3 预制装配梁承式钢筋混凝土楼梯

预制装配梁承式钢筋混凝土楼梯系指梯段由平台梁支承楼梯构造方式。由于在楼梯平台与斜向梯段交汇处设置了平台梁，因此避免了构件转折处受力不合理和节点处理的困难，在一般大量性民用建筑中较为常用。预制构件可按梯段(板式或梁板式梯段)、平台梁、平台板三部分进行划分(图 5.8)。

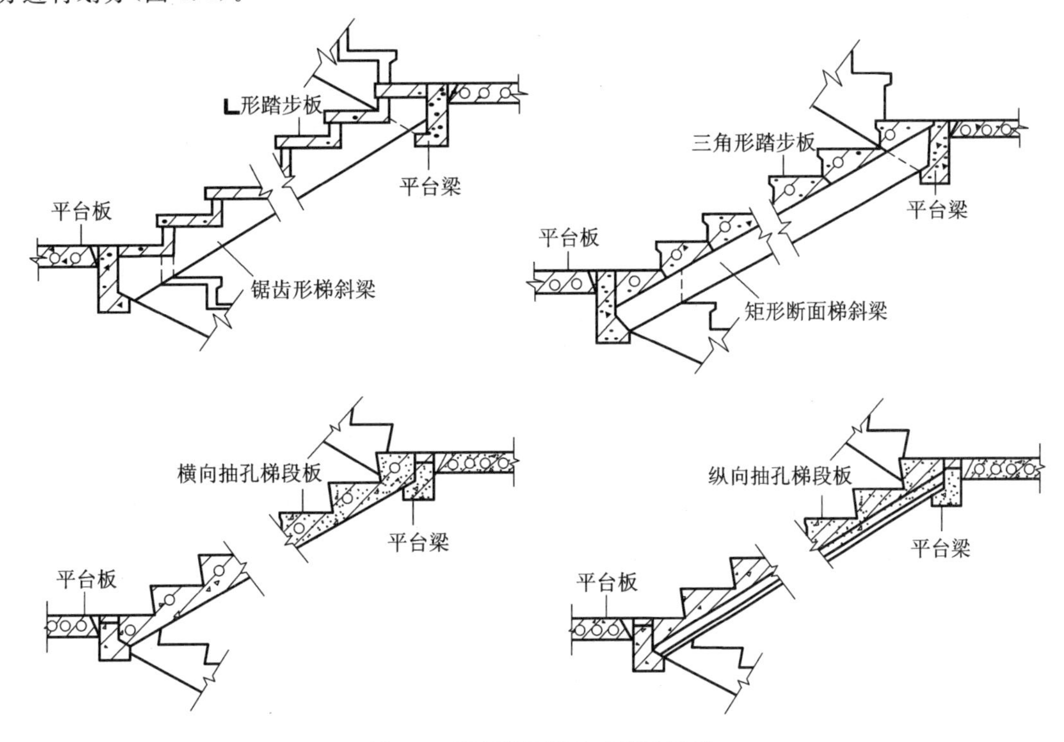

图 5.8 预制装配梁承式楼梯示例

(1)梯段:根据梯段的结构受力方式可分为梁板式梯段和板式梯段

①梁板式梯段

梁板式梯段由梯斜梁和踏步板组成。一般在踏步板两端各设一根梯斜梁，踏步板支承在梯斜梁上。由于板件小型化，梁板式梯段不需大型起重设备即可安装，施工简便。

A. 踏步板

踏步板断面形式有一字形、L形、ᒣ形、三角形等，断面厚度根据受力情况为 40～80mm(图 5.9)。一字形断面踏步板制作简单，踢面可漏空或填实，仅用于简易梯、室外梯等。L形与ᒣ形断面踏步板用料省、自重小，为平板带肋形式，其缺点是底面呈折线形，不平整。三角形断面踏步板使梯段底面平整、简洁，解决了前几种踏步板底面不平整的问题。为了减小自重，常将三角形断面踏步板抽孔，形成空心构件。

B. 梯斜梁

梯斜梁一般为矩形断面，为了减少结构所占空间，也可做成 L形断面，但构件制作较复杂。用于搁置一字形、L形、ᒣ形断面踏步板的梯斜梁为锯齿形变断面构件。用于搁置三角形断面踏步板的梯斜梁为等断面构件(图 5.10)。梯斜梁一般按 $L/12$ 估算其断面有效高度(L 为梯斜梁水平投影跨度)。

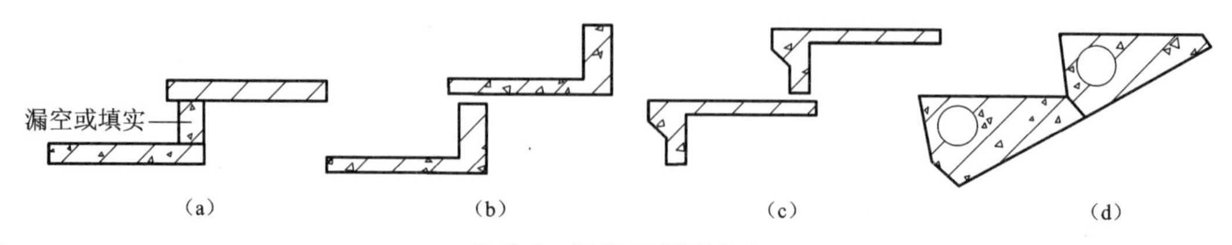

图 5.9　踏步板断面形式

(a)一字形踏步;(b) ∟形踏步;(c)ㄱ 形踏步;(d)三角形踏步

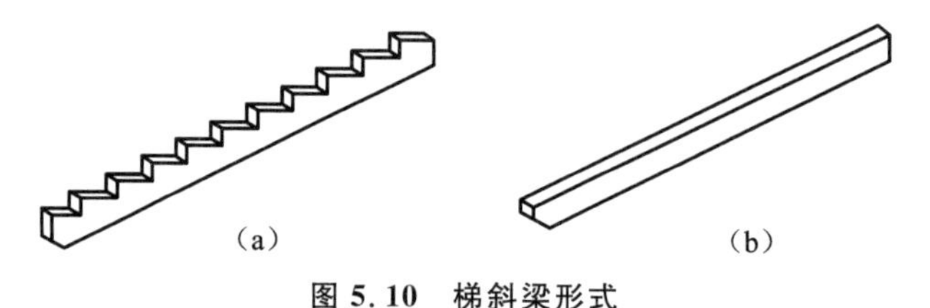

图 5.10　梯斜梁形式

(a)锯齿形楼梯斜梁;(b)等断面楼梯斜梁

②板式梯段

板式梯段为整块或数块带踏步条板,其上下端直接支承在平台梁上,如图 5.11 所示。由于没有梯斜梁,梯段底面平整,结构厚度小,使平台梁位置相应抬高,增大了平台下净空高度,其有效断面厚度可按 $L/30 \sim L/20$ 估算。

为了减小梯段板自重,也可做成空心构件,有横向抽孔和纵向抽孔两种方式。横向抽孔较纵向抽孔合理易行,较为常用。

(2)平台梁

为了便于支承梯斜梁或梯段板,平衡梯段水平分力并减少平台梁所占结构空间,一般将平台梁做成 ∟形断面,如图 5.12 所示。其构造高度按 $L/12$ 估算(L 为平台梁跨度)。

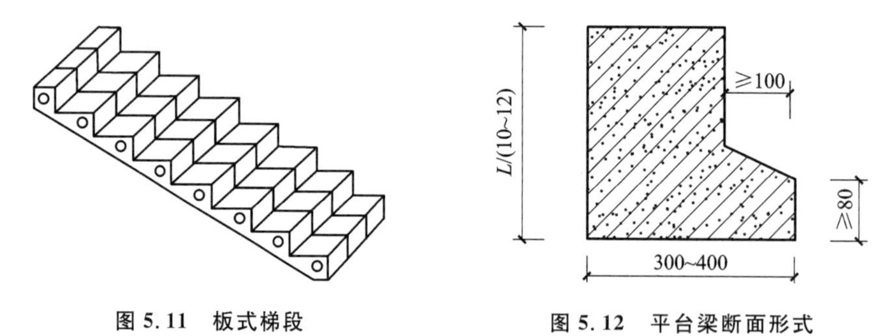

图 5.11　板式梯段　　**图 5.12　平台梁断面形式**

(3)平台板

平台板可根据需要采用钢筋混凝土空心板、槽板或平板。需要注意的是,在平台上有管道井处,不宜布置空心板。平台板一般平行于平台梁布置,以利于加强楼梯间整体刚度。当垂直于平台梁布置时,常用小平板,图 5.13 所示为平台板布置方式。

(4)梯段与平台梁节点处理

梯段与平台梁节点处理是构造设计的难点。就两梯段之间的关系而言,一般有梯段齐步和错步两种方式。就平台梁与梯段之间的关系而言,有埋步和不埋步两种方式。

①梯段齐步布置的节点处理

如图 5.14(a)所示,上下梯段起步与末步踢面对齐,平台完整,可节省梯间进深尺寸。梯

段与平台梁的连接一般以上下梯段底线交点作为平台梁牛腿 O 点，可使梯段板或梯斜梁支承端形状简化。

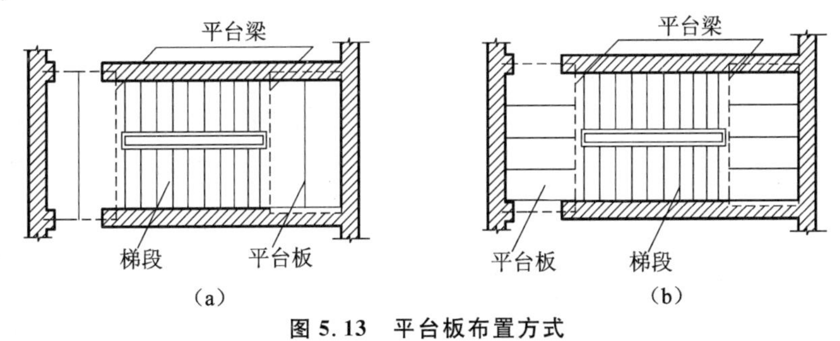

图 5.13　平台板布置方式

(a)平行于平台梁布置；(b)垂直于平台梁布置

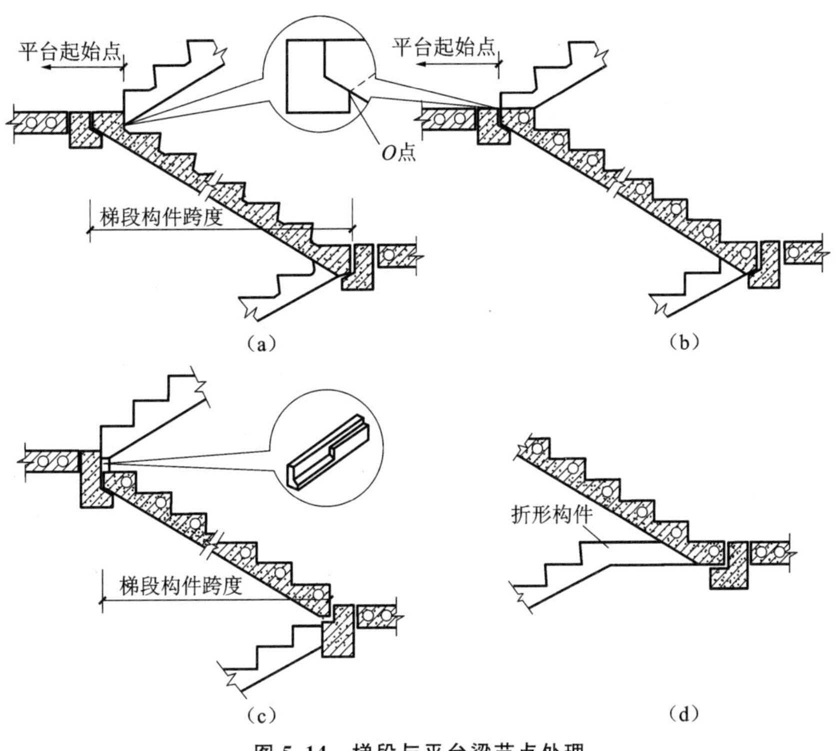

图 5.14　梯段与平台梁节点处理

②梯段错步布置的节点处理

如图 5.14(b)所示，上下梯段起步和末步踢面相错一步，在平台梁与梯段连接方式相同的情况下，平台梁底标高可比齐步方式抬高，有利于减少结构空间，但错步方式使平台不完整，并且多占楼梯间进深尺寸。

当两梯段采用长短跑时，它们之间相错步数便不止一步，需将短跑梯段做成折形构件，如图 5.14(d)所示。

③梯段不埋步的节点处理

如图 5.14(c)所示，此种方式用平台梁代替了一步踏步踢面，可以减小梯段跨度。当楼层平台处侧墙上有门洞时，可避免平台梁支承在门过梁上，在住宅建筑中尤为实用。但此种方式的平台梁为变截面梁，平台梁底标高也较低，结构占空间较大，减少了平台梁下净空高度。另外，尚须注意不埋步梁板式梯段采用ㄱ形踏步板时，其起步处第一踢面需填砖。

④梯段埋步的节点处理

如图5.14(a)所示，此种方式梯段跨度较前者大，但平台梁底标高可提高，有利于增加平台下净空高度，平台梁可为等截面梁。此种方式常用于公共建筑。另外尚须注意埋步梁板式梯段采用 ㄴ形踏步板时，在末步处会产生一字形踏步板；当采用ㄱ形踏步板时，在起步处会产生一字形踏步板。

(5)构件连接

由于楼梯是主要交通部件，因此对其坚固耐久、安全可靠的要求较高，特别是在地震区建筑中更须重视楼梯的构件连接，并且梯段为倾斜构件，故须加强各构件之间的连接，提高其整体性。

①踏步板与梯斜梁连接

如图5.15(a)所示，一般在梯斜梁支承踏步板处用水泥砂浆坐浆连接。如须加强，可在梯斜梁上预埋插筋，与踏步板支承端预留孔插接，用高强度等级水泥砂浆填实。

②梯斜梁或梯段板与平台梁连接

如图5.15(b)所示，在支座处除了用水泥砂浆坐浆外，应在连接端预埋钢板进行焊接。

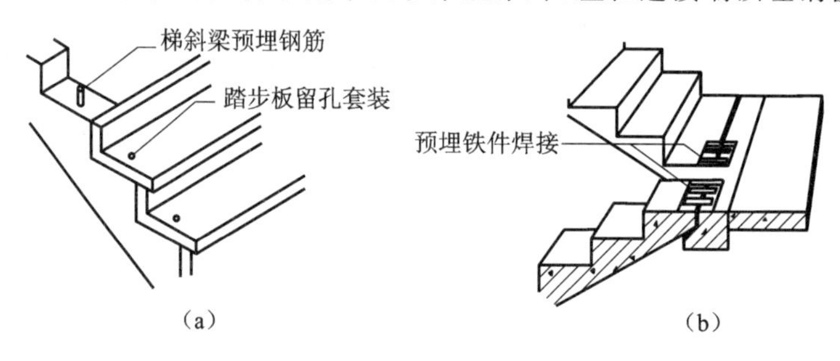

图5.15 构件连接

(a)留孔套装；(b)预埋铁件焊接

③梯斜梁或梯段板与梯基连接

在楼梯底层起步处，梯斜梁或梯段板下应做梯基，梯基常用砖或混凝土制作，也可用平台梁代替梯基，但须注意该平台梁无梯段处与地坪的关系。

5.3.2.4 预制装配墙承式钢筋混凝土楼梯

预制装配墙承式钢筋混凝土楼梯系指预制钢筋混凝土踏步板直接搁置在墙上的一种楼梯形式，如图5.16所示。其踏步板一般采用一字形、ㄴ形、ㄱ形断面。

预制装配墙承式钢筋混凝土楼梯由于踏步两端均有墙体支承，不须设平台梁和梯斜梁，也不必设栏杆，需要时设靠墙扶手，可节约钢材和混凝土。但由于每块踏步板直接安装入墙体，这对墙体砌筑和施工速度影响较大。同时，踏步板入墙端形状、尺寸与墙体砌块模数不容易吻合，砌筑质量不易保证，影响砌体强度。

这种楼梯由于在梯段之间有墙，搬运家具不方便，也阻挡视线，上下人流易相撞。通常在中间墙上开设观察口，如图5.16(a)所示，以使上下人流视线流通。也可将中间墙两端靠平台部分局部收进，如图5.16(b)所示，以使空间通透，有利于改善视线和搬运家具物品，但这种方式对抗震不利，施工也较麻烦。

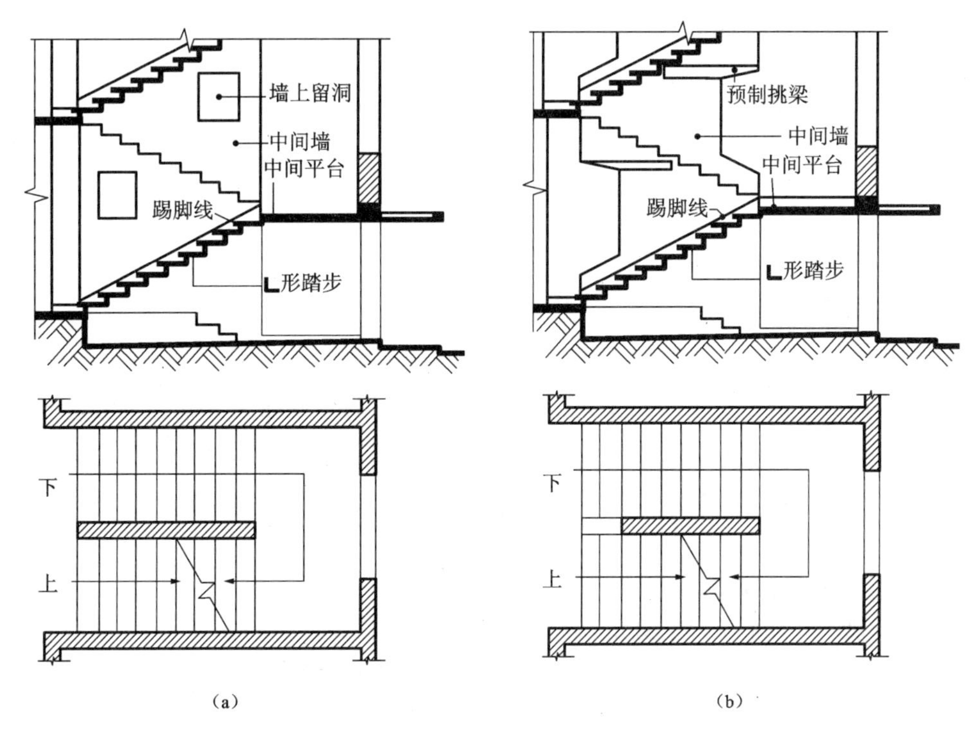

图 5.16　预制装配墙承式楼梯

5.3.2.5　预制装配墙悬臂式钢筋混凝土楼梯

预制装配墙悬臂式钢筋混凝土楼梯系指预制钢筋混凝土踏步板一端嵌固于楼梯间侧墙上，另一端为凌空悬挑的楼梯形式，如图 5.17 所示。

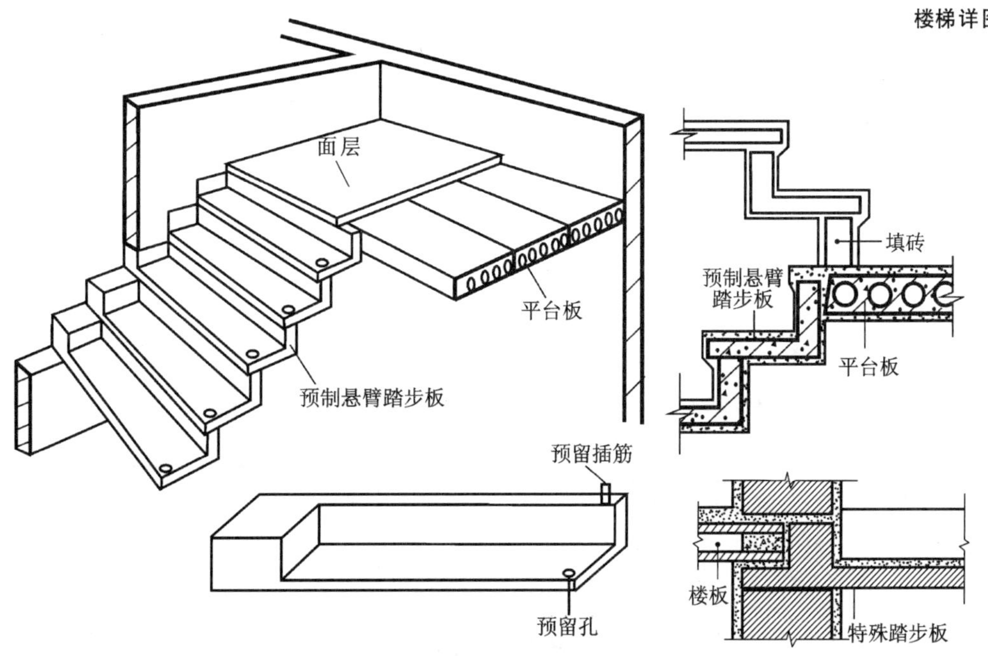

图 5.17　预制装配墙悬臂式楼梯

预制装配墙悬臂式钢筋混凝土楼梯无平台梁和梯斜梁，也无中间墙，楼梯间空间轻巧空透，结构占空间少，在住宅建筑中使用较多。但其楼梯间整体刚度极差，不能用于有抗震设防要求的地区。由于需随墙体砌筑安装踏步板，并需设临时支撑，施工比较麻烦。

5.4 楼梯的细部构造

5.4.1 踏步

5.4.1.1 踏步面层材料

其做法与楼地层面层装修做法基本一致，考虑到其为建筑的主要交通疏散部位且人流量大，使用率高，装修用材标准应高于或至少不低于楼地面装修用材料标准，面层材料应耐磨、美观、不起尘。常用的面层做法有水泥砂浆、普通水磨石、彩色水磨石、缸砖、大理石、花岗石等，如图5.18所示。

5.4.1.2 踏步口的形式

如图5.18所示，有踏步口呈直角；踏步口处踢面倾斜，踢面与踏面成锐角；踏步口处踏面突出踢面20～30mm等形式。后两者做法用在楼梯较陡立、踏步面较小的情况，这样做可以使踏步面稍宽，在一定程度上会提高行走舒适性。

5.4.1.3 踏步口的防滑处理

为防止行人滑倒和保护阳角，踏步表面靠近踏步阳角处应设防滑条。常用的防滑材料有：水泥铁屑、金刚砂、金属条（铸铁、铝条、铜条）、马赛克带防滑条、缸砖等。一般防滑条突出踏步面2～3mm即可，如图5.18所示。

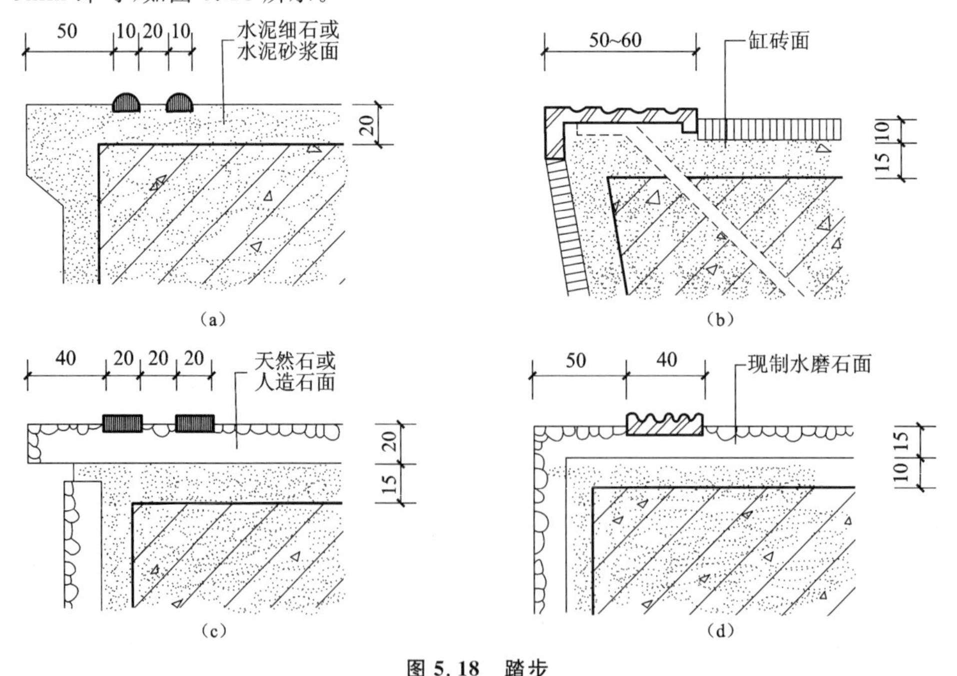

图5.18 踏步

(a)金刚砂防滑条；(b)缸砖防滑条；(c)马赛克防滑条；(d)金属防滑条

5.4.2 栏杆、扶手

5.4.2.1 栏杆的形式与材料

(1)栏杆的形式

栏杆的形式有空心栏杆、实心栏板、组合栏杆(板)。空心栏杆以栏杆竖杆作为主要受力构件,一般可采用如木、钢、铝合金型材、铜、不锈钢等材料制作,质量小、空透轻巧,是楼梯栏杆的主要形式。实心栏板常采用钢筋混凝土、砖、钢丝网抹灰等材料制作,室内楼梯较少采用。组合栏杆(板)是空心栏杆和实心栏板的组合,极大程度地丰富了栏杆的形式,栏杆竖杆常采用钢材或不锈钢等材料,栏板部分常采用木材、塑料面板、铝板、有机玻璃、钢化玻璃等(图 5.19)。

图 5.19 栏杆的形式

(2)扶手的材料与断面形式及尺寸

楼梯扶手常用木材、塑料、金属管材(钢管、铝合金管、铜管和不锈钢管等)制作。木扶手和塑料扶手具有手感舒适、断面形式多样的优点,使用广泛。木扶手常采用硬木制作。塑料扶手可选用生产厂家定型产品,也可另行设计加工制作。金属管材扶手由于其可弯性,常用于螺旋形、弧形楼梯扶手,但其断面形式单一。钢管扶手表面涂层易脱落,铝管、铜管和不锈钢管扶手则造价高,使用受限。

扶手断面形式和尺寸的选择既要考虑人体尺度和使用要求,又要考虑与楼梯的尺度关系和加工制作的可能性。图 5.20 所示为几种常见扶手断面形式和尺度。

5.4.2.2 栏杆扶手的转弯处理

在梯段转折处,由于梯段间的高差关系,为了保持高度一致和扶手的连续,须根据不同的情况进行处理。

就两梯段之间的关系而言,一般有梯段齐步和错步两种方式。当上下梯段齐步,上下梯段起步和末步踢面对齐,平台完整,各处宽度一致,上下扶手在转折处可同时向平台延伸半步,使两扶手高度相等,连接自然,但这样做缩小了平台的有效深度。如扶手在转折处不伸入平台,下跑梯段扶手在转折处需上弯形成鹤颈扶手。因鹤颈扶手制作较麻烦,也可改用直线转折的硬接方式,还可以将上下梯段的栏杆扶手断开,各自独立,但栏杆扶手的刚度降低,抗侧力较弱。

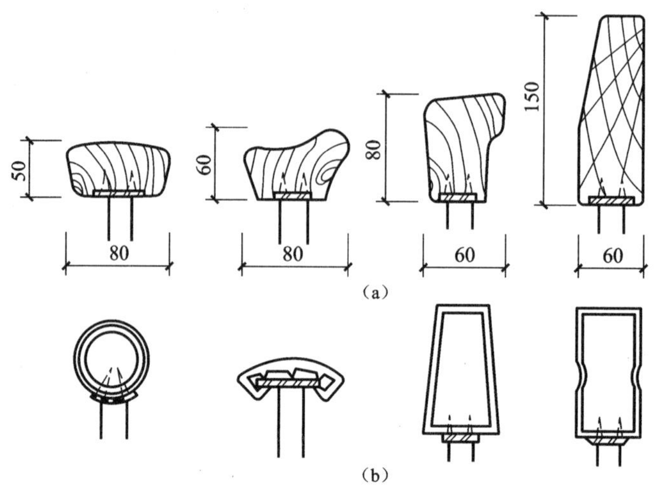

图 5.20　常见扶手断面形式和尺度

(a)木扶手;(b)塑料扶手

当上下梯段错一步,即上下梯段起步和末步踢面相错一步时,扶手在转折处不须向平台延伸即可自然连接,但错步方式使平台不完整,并且多占楼梯间进深尺寸。当长短跑梯段错开几步时将出现水平栏杆,如图 5.21 所示。

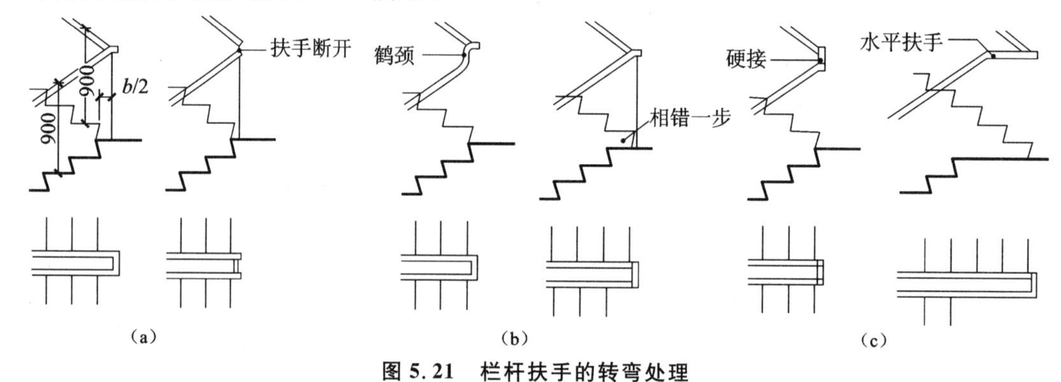

图 5.21　栏杆扶手的转弯处理

(a)正常;(b)鹤颈;(c)硬接

5.4.2.3　栏杆扶手的连接构造

(1)栏杆与扶手的连接:空心式和混合式栏杆当采用木材或塑料扶手时,一般在栏杆竖杆顶部设通长扁钢与扶手底面或侧面槽口榫接,用木螺钉固定,如图 5.22 所示。金属管材扶手与栏杆竖杆连接一般采用焊接或铆接,采用焊接时须注意扶手与栏杆竖杆用材一致。

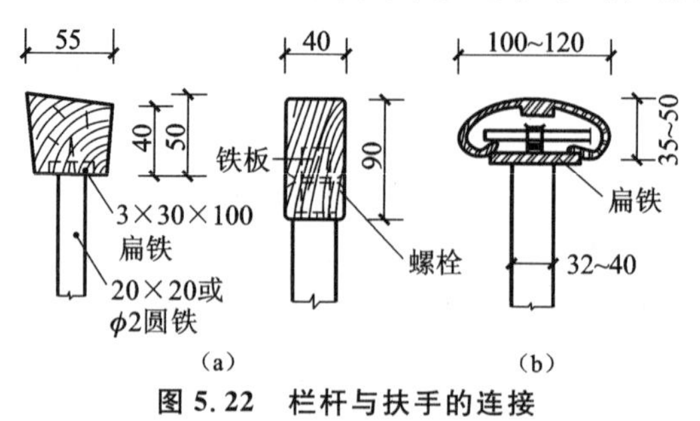

图 5.22　栏杆与扶手的连接

(a)木扶手;(b)金属扶手

(2)栏杆与梯段、平台的连接:栏杆竖杆与梯段、平台的连接一般在梯段和平台上预埋钢板焊接或预留孔插接。为了保护栏杆免受锈蚀和增强美感,常在竖杆下部装设套环,覆盖住栏杆与梯段或平台的接头处,如图 5.23 所示。

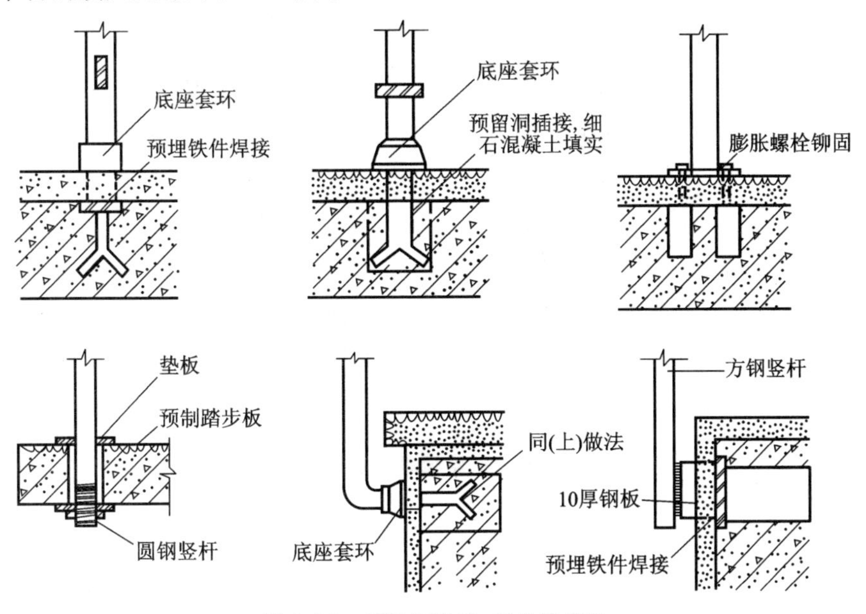

图 5.23 栏杆与梯段、平台的连接

(3)扶手与墙的连接:当直接在墙上装设扶手时,扶手应与墙面保持 100mm 左右的距离。一般在砖墙上留洞,将扶手连接杆件伸入洞内,用细石混凝土嵌固。当扶手与钢筋混凝土墙或柱连接时,一般采取预埋钢板焊接。在栏杆扶手结束处与墙、柱面相交,也应有可靠连接,如图 5.24所示。

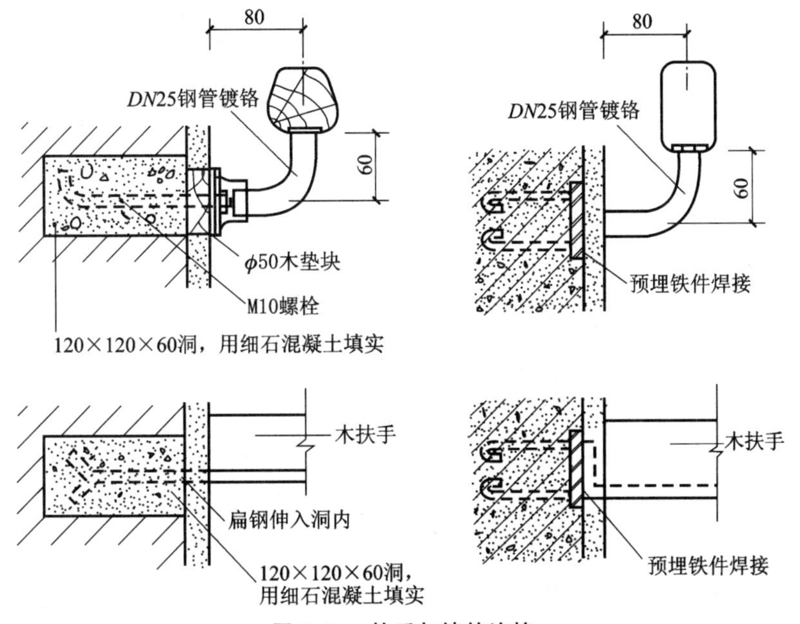

图 5.24 扶手与墙的连接

(4)首跑梯段下端的处理:在底层第一跑梯段起步处,为增加栏杆刚度和美观程度,可以对第一级踏步和栏杆扶手进行特殊处理,如图 5.25 所示。

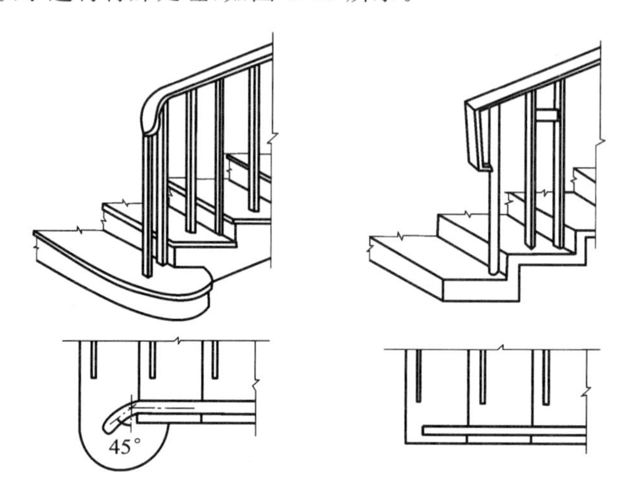

图 5.25 首跑梯段下端的处理

5.5 电梯与自动扶梯

5.5.1 电梯

电梯是多层与高层建筑中常用的设备。部分高层及超高层建筑为了满足疏散和救火的需要,还要专门设置消防电梯。

5.5.1.1 电梯的分类和规格

(1)电梯的分类

电梯根据动力拖动的方式,可分为交流拖动电梯、直流拖动电梯和液压电梯。

电梯根据用途,可分为乘客电梯、病房电梯、载货电梯和小型杂物电梯等,如图 5.26 所示。

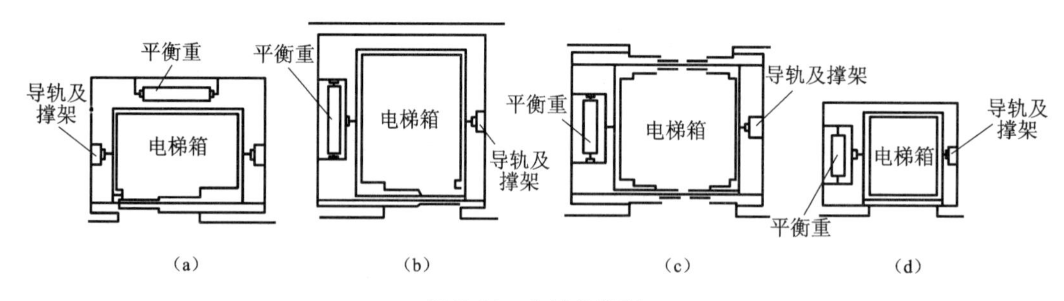

图 5.26 电梯的类型

(a)客梯(双扇推拉门);(b)病床梯(双扇推拉门);(c)货梯(中分双扇推拉门);(d)小型杂物梯

(2)电梯的规格

电梯的载重量是划分电梯规格的常用标准,如 400kg、1000kg 和 2000kg 等。

电梯按运行速度的不同分为低速电梯($v \leqslant 1.0$m/s),快速电梯(1.0m/s$<v\leqslant$2m/s),高速电梯(2m/s$<v\leqslant$5m/s),超高速电梯($v>$5m/s)。

5.5.1.2 电梯的组成

电梯由轿厢、电梯井道和运载设备三部分组成，如图 5.27 所示。轿厢要求坚固、耐用和美观；电梯井道属土建工程内容，涉及井道、地坑和机房三部分，井道的尺寸由轿厢的尺寸确定；运载设备包括动力、传动和控制系统。

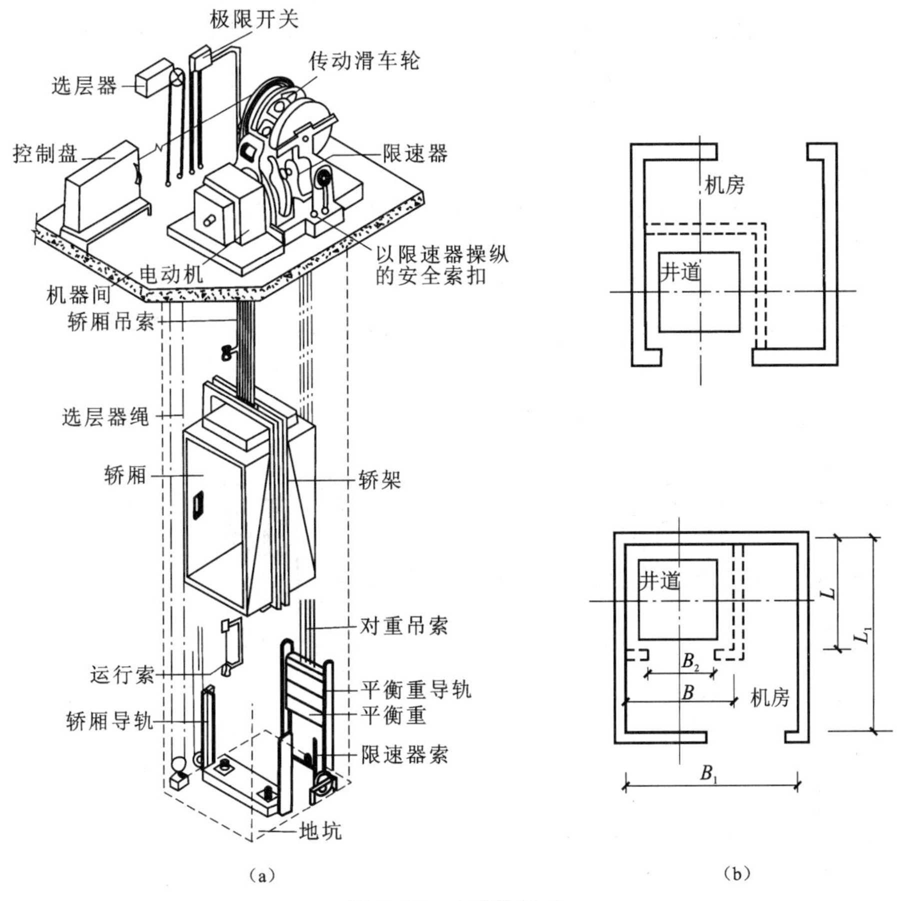

图 5.27 电梯的组成

(a)电梯井道；(b)井道平面

5.5.1.3 电梯的设计要求

(1)电梯井道

电梯井道是电梯轿厢的运行通道，包括导轨、平衡重、缓冲器等设备。电梯井道多数为现浇钢筋混凝土墙体，也可以用砖砌筑，但应采取加固措施，如每隔一段设置钢筋混凝土圈梁。电梯井道内不允许布置无关的管线，要解决好防火、隔声、通风和检修等问题。

①井道防火。井道犹如建筑物内的烟囱，能迅速将火势向上蔓延。井道一般采用钢筋混凝土材料，电梯门应采用甲级防火门，构成封闭的电梯井，隔断火势向楼层的蔓延。

②井道隔声。主要是防止机房噪声沿井道传播。一般的构造措施是在机座下设置弹性垫层，隔断振动产生的固体传声途径；或在紧邻机房地井道中设置 1.5～1.8m 高的夹层，隔绝井道中空气传播噪声的途径，如图 5.28 所示。

③井道通风。在地坑及井道中部和顶部，分别设置面积不小于 300mm×600mm 的通风

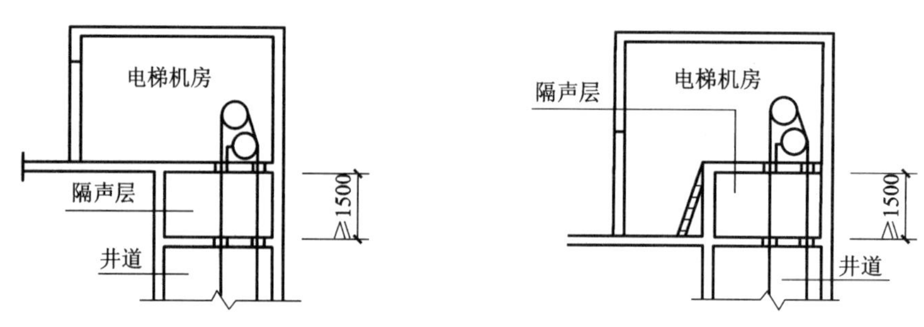

图 5.28 机房隔声层

孔，解决井道内的排烟和空气流通问题。

④井道检修。为设备安装和检修方便，井道的上下应留有必要的空间。空间的大小与轿厢运行速度等有关，可参照电梯型号确定。

(2)电梯机房

电梯机房一般设在电梯井道的顶部，也有少数电梯将机房设在井道底层的侧面，如液压电梯。电梯机房的高度在 2.5～3.5m 之间，面积要大于井道面积。机房平面位置可以向井道平面相邻两个方向伸出，如图 5.29 所示。

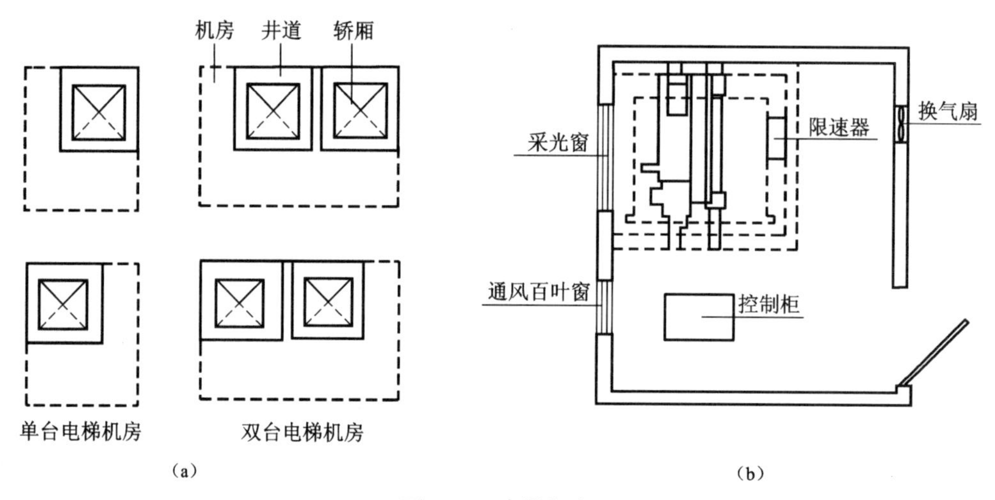

图 5.29 电梯机房

(a)电梯机房与井道的关系；(b)电梯机房平面

5.5.2 自动扶梯

自动扶梯的连续运输效率高，多用于人流较大的场所，如商场、火车站和机场等。自动扶梯的坡度平缓，一般为 30°左右，运行速度为 0.5～0.7m/s。自动扶梯的宽度有单人和双人两种类型，自动扶梯的规格见表 5.2。

表 5.2 自动扶梯规格

梯型	输送能力(人/h)	提升高度(m)	速度(m/s)	扶梯宽度	
				净宽度 B(mm)	外宽 B_1(mm)
单人梯	5000	3～10	0.5	600	1350
双人梯	8000	3～8.8	0.5	1000	1750

自动扶梯有正反两个运行方向，它由悬挂在楼板下面的电机牵动踏步板与扶手同步运行。自动扶梯的组成，如图 5.30 所示。

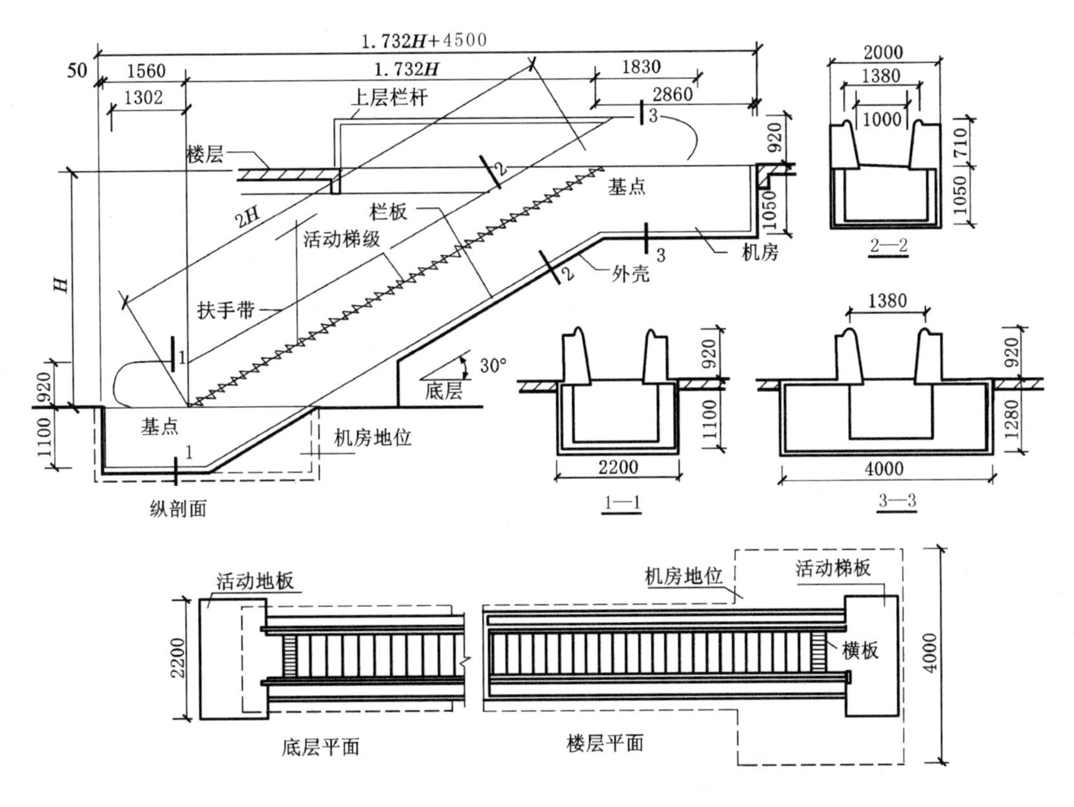

图 5.30 自动扶梯组成示意

5.6 室外台阶与坡道

室外台阶（坡道）是建筑物出入口处室内外高差之间的交通联系部分。由于通行的人流量大，又处于室外，应充分考虑环境条件，满足使用要求。

5.6.1 台阶

(1)台阶的尺度

台阶（坡道）由踏步（坡段）与平台两部分组成。由于处在建筑物人流较集中的出入口处，其坡度应较缓。台阶踏步一般宽取 300～400mm，高取值不超过 150mm；坡道坡度一般取 1/12～1/6。

平台设于台阶与建筑物出入口大门之间，以缓冲人流。作为室内外空间的过渡，其宽度一般不小于 1000mm，为利于排水，其标高低于室内地面 30～50mm，并做向外 3%左右的排水坡度。人流大的建筑，平台还应设刮泥槽，如图 5.31 所示。

(2)台阶的构造做法

台阶易受雨水、日晒、霜冻侵蚀等影响，其面层考虑用防滑、抗风化、抗冻融强的材料制作，

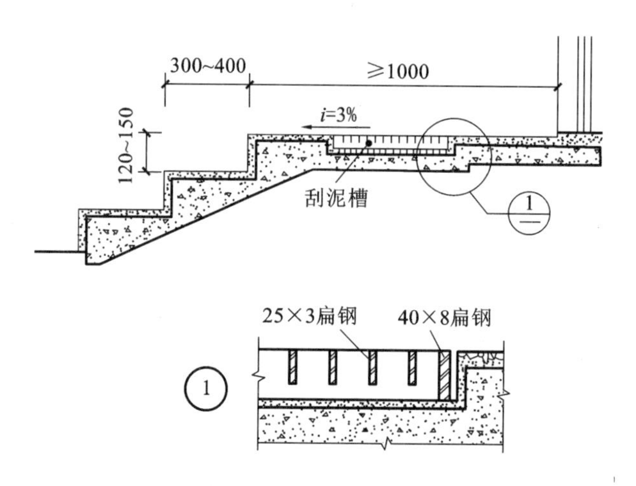

图 5.31　台阶的尺度

如选用水泥砂浆、斩假石、地面砖、马赛克、天然石等。台阶垫层做法基本同地坪垫层做法，一般采用素土夯实或灰土夯实，采用 C10 素混凝土垫层即可。对大型台阶或地基土质较差的台阶，可视情况将 C10 素混凝土改为 C15 钢筋混凝土或架空做成钢筋混凝土台阶；对严寒地区的台阶需考虑地基土冻胀因素，可改用含水率低的沙石垫层至冰冻线以下，如图 5.32 所示。

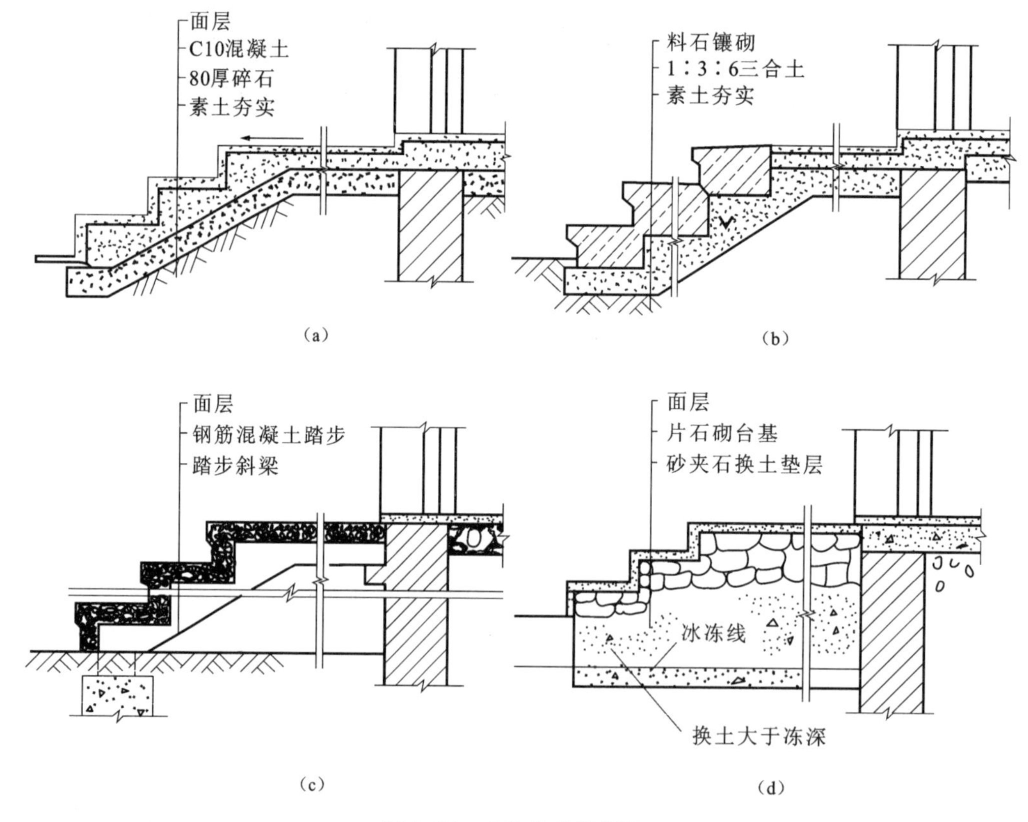

图 5.32　台阶的构造做法

5.6.2 坡道

为了防滑，常将坡道表面做成锯齿形或带防滑条状，如图5.33所示。坡度范围为0°～15°，一般小于20°，11°19′较合适，常用于医院、车站和其他公共建筑入口处，以便机动车辆通行和无障碍设计。其中无障碍设计的坡度要求为1/12～1/8。

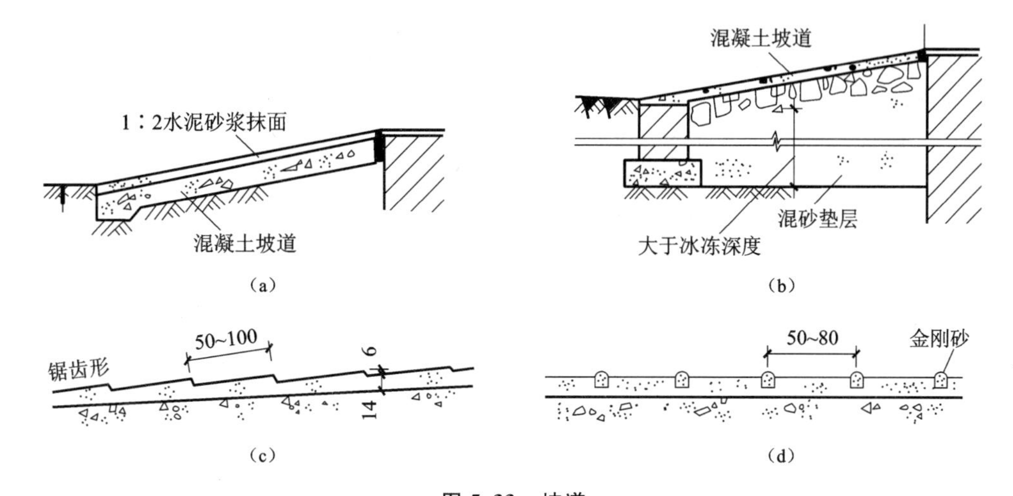

图5.33 坡道

(a)混凝土坡道；(b)换土地基坡道；(c)锯齿形防滑坡道；(d)防滑条坡道

复习思考题

一、填空题

1.楼梯一般由__________、__________和__________三部分组成。

2.住宅、托幼机构、小学及儿童活动场所的楼梯栏杆净距不应大于__________。

3.现浇钢筋混凝土楼梯的结构形式有__________和__________。

4.楼梯平台深度不应________________楼梯宽度。

二、选择题

1.楼梯的适宜坡度一般不宜超过(　　)。

A.30°　　B.45°　　C.60°　　D.40°

2.楼梯段垂直净高不应小于(　　)。

A.2200mm　　B.2000mm　　C.1950mm　　D.2100mm

3.楼梯栏杆扶手高度通常为(　　)mm。

A.850　　B.900　　C.1100　　D.2100

4.坡道坡度一般控制在(　　)以下。

A.10°　　B.20°　　C.15°　　D.25°

5.办公建筑为(　　)层时允许设置电梯。

A.七层以上　　B.六层以上　　C.五层以上　　D.四层以上

6. 下列楼梯扶手的单价哪一种最贵？（　　）

A. 不锈钢扶手 D=75mm

B. 钢管扶手 D=75mm

C. 硬木扶手(直形)150mm×60mm

D. 天然大理石(直形)

7. 楼梯平台处的净空高度最低不应小于(　　)。

A. 1.8m　　B. 2.0m　　C. 2.2m　　D. 2.5m

三、简答题

1. 楼梯的功能和设计要求是什么?

2. 常见的楼梯形式有哪些?

3. 现浇钢筋混凝土楼梯常见的结构形式有哪些？各有何特点？

4. 坡道如何进行防滑?

6 屋　　顶

(1)掌握屋顶的类型和坡度。

(2)掌握平屋顶的组成及排水方式。

(3)掌握平屋顶的防水、保温隔热构造。

(4)掌握卷材、刚性、涂膜防水构造。

(5)掌握坡屋顶的防水、保温隔热及细部构造。

(6)掌握特种屋面构造。

平屋顶的排水方案、平屋顶的防水构造做法、屋面保温与隔热构造、瓦屋面构造做法、特种隔热屋面的设计要点。

6.1　屋顶的类型及设计要求

6.1.1　屋顶的类型

扫一扫

屋顶的类型及设计要求

(1)屋顶按其外形可分为平屋顶、坡屋顶及其他形式的屋顶。

平屋顶通常是指排水坡度小于5%的屋顶,常用坡度为2%~3%。平屋顶常见的几种形式如图6.1所示。

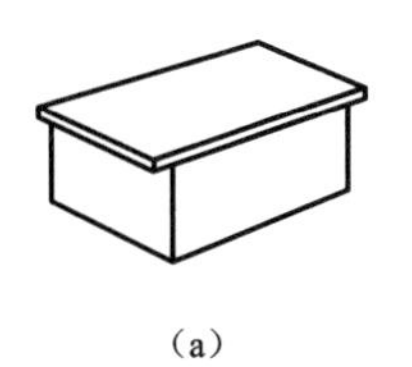

(a)

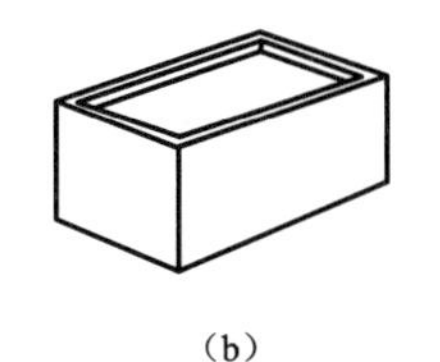

(b)

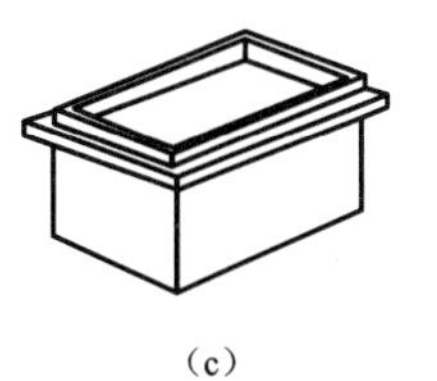

(c)

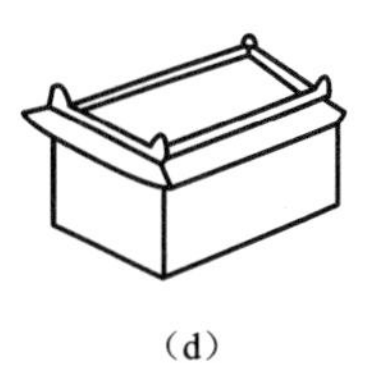

(d)

图6.1　平屋顶的形式

(a)挑檐;(b)女儿墙;(c)挑檐女儿墙;(d)盝(盒)顶

坡屋顶通常是指排水坡度大于10%的屋顶。坡屋顶常见的几种形式见图6.2。

随着科学技术的发展,出现了许多新型的屋顶结构形式,如拱结构、薄壳结构、悬索结构、网架结构屋顶等。这类屋顶多用于较大跨度的公共建筑。其他形式的屋顶见图6.3。

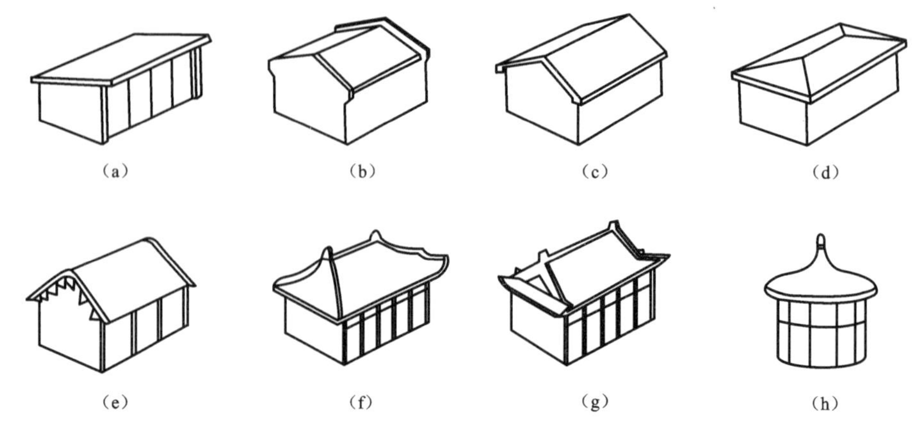

图 6.2　坡屋顶的形式

(a)单坡顶;(b)硬山两坡顶;(c)悬山两坡顶;(d)四坡顶;
(e)卷棚顶;(f)庑殿顶;(g)歇山顶;(h)圆攒尖顶

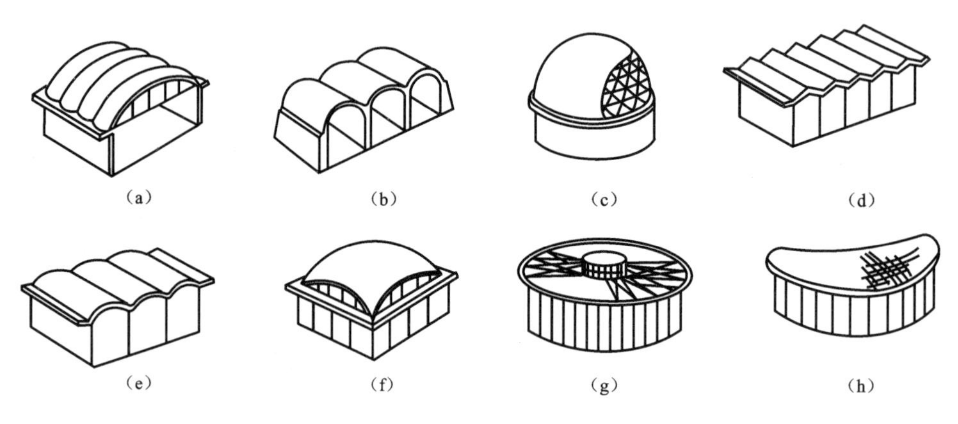

图 6.3　其他形式的屋顶

(a)双曲拱屋顶;(b)砖石拱屋顶;(c)球形网壳屋顶;(d)V 形网壳屋顶;
(e)筒壳屋顶;(f)扁壳屋顶;(g)车轮形悬索屋顶;(h)鞍形悬索屋顶

(2)平屋顶按屋面防水材料的不同可分为柔性(卷材)防水屋面、刚性防水屋面和涂膜防水屋面。

(3)坡屋顶按屋面围护材料的不同可分为:钢筋混凝土板屋面、瓦屋面、波形瓦屋面、压型金属板屋面等。

(4)按屋顶保温隔热要求分为:有保温层屋顶、无保温层屋顶、隔热屋顶。

6.1.2　屋顶的组成

屋顶由面层、承重结构、保温隔热层和顶棚层等部分组成。面层是屋顶的最顶层,直接受自然界的各种因素的影响和作用。承重结构承受屋面传来的各种荷载和屋顶自重。保温隔热层是防止室内温度散失和抵御室外高温对室内影响的构造。顶棚是屋顶的底面,构造方法与楼层顶棚相同,有直接式顶棚和悬吊式顶棚两种。

6.1.3 屋顶排水坡度的表示方法

常用的坡度表示方法有角度法、斜率法和百分比法。坡屋顶多采用斜率法，平屋顶多采用百分比法，角度法应用较少。百分比法是指用屋顶半跨斜面的垂直投影高度与其水平投影长度的百分比值来表示坡度，如2%、4%等。斜率法是指用屋顶半跨斜面的垂直投影高度与其水平投影长度之比来表示坡度，如1∶4等。角度法是以倾斜屋面与水平面所夹角度来表示坡度。通常，较小的坡度常用百分比法；较大的坡度常用斜率法表示。

6.1.4 屋顶的设计要求

(1)结构要求

要求具有足够的强度、刚度和稳定性。能承受风、雨、雪、施工、上人等荷载，地震区还应考虑地震荷载对它的影响，满足抗震的要求，并力求做到自重小、构造层次简单，就地取材、施工方便，造价经济、便于维修。

(2)功能要求

要求屋顶起良好的围护作用，具有防水、保温和隔热性能。其中防止雨水渗漏是屋顶的基本功能要求，也是屋顶设计的核心。另外还要求构造简单，自重小，取材方便，经济合理。

(3)建筑艺术要求

满足人们对建筑艺术即美观方面的需求。屋顶是建筑造型的重要组成部分，设计屋顶的构造时，应使屋顶具有良好的色彩及造型，兼顾技术和艺术要求。

6.1.5 屋面防水等级

根据建筑物的类别、重要程度、使用功能要求确定防水等级，并应按相应等级进行防水设防；对防水有特殊要求的建筑屋面，应进行专项防水设计。屋面防水等级和设防要求见表6.1。

表 6.1 屋面防水等级和设防要求

防水等级	建筑类别	设防要求
Ⅰ级	重要建筑和高层建筑	两道防水设防
Ⅱ级	一般建筑	一道防水设防

6.2 平屋顶排水设计

平屋顶的特点是构造简单，室内顶棚平整，能适应各种复杂的建筑平面形状，提高预制装配化程度，方便施工，节省空间，有利于防水、排水、保温和隔热的构造处理。平屋顶的坡度小，会造成排水慢，增加了屋面积水的机会，易产生渗漏现象。为了迅速排除屋面雨水，须进行周密的排水设计，其内容包括：选择屋顶排水坡度，确定排水方式，进行屋顶排水组织设计。

扫一扫

平屋顶
排水设计

6.2.1 平屋顶排水坡度

6.2.1.1 屋顶坡度的形成方法

(1)材料找坡

材料找坡是屋顶结构层为水平搁置，利用轻质材料在水平结构层上垫置而构成坡度的方法。为了减轻屋面荷载，应选用轻质材料找坡，如水泥炉渣、石灰炉渣等。以上这些材料可以既是保温层又是找坡层，所以在设有保温层的屋顶，可不另设找坡层，而利用保温材料铺放形成坡度。保温层的厚度最薄处不小于20mm。

材料找坡施工简单方便，室内顶面平整，但会增加屋面自重，宜在小面积屋面中使用，一般用于坡向长度较小的屋面。平屋顶材料找坡的坡度宜为2%。

(2)结构找坡

结构找坡是屋顶结构自身带有排水坡度，平屋顶结构找坡的坡度宜为3%。

材料找坡的屋面板可以水平放置，天棚面平整，但材料找坡增加屋面荷载，材料和人工消耗较多；结构找坡无须在屋面上另加找坡材料，构造简单，不增加荷载，但天棚顶倾斜，室内空间不够规整。这两种方法在工程实践中均有广泛的运用。屋顶坡度的形成见图6.4。

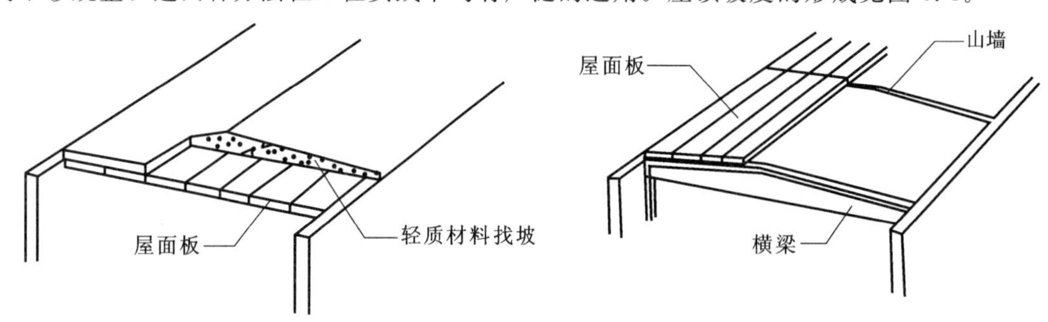

图6.4 屋顶坡度的形成

6.2.1.2 影响屋顶坡度的因素

屋顶坡度一般要考虑排水和结构的要求，屋面防水材料、降雨量、结构形式、建筑造型、造价等因素都会影响坡度的大小。

(1)屋面防水材料与排水坡度的关系

屋顶坡度的大小与屋面防水材料的防水性能和单块防水材料的面积大小等有直接的关系。若防水材料尺寸较小，接缝必然就较多，产生缝隙渗漏的可能性就大，因而屋面应有较大的排水坡度，以便将屋面积水迅速排除。如果屋面的防水材料覆盖面积大，接缝少而且严密，屋面的排水坡度就可以小一些。

(2)降雨量大小与坡度的关系

屋顶坡度与排水速度成正比关系。降雨量大时容易造成屋顶积水，屋面渗漏的可能性较大，为了迅速排除屋顶积水，防止渗漏，屋顶的排水坡度应大一些；反之，屋顶排水坡度则宜小一些。

6.2.2 屋顶排水方式

平屋顶的坡度小，为了减少雨水滞留时间，须组织屋面的排水系统。平屋顶的排水方式分为无组织排水和有组织排水两种。

6.2.2.1 无组织排水

无组织排水又称自由落水，如图 6.5 所示。无组织排水是指雨水经屋面坡度排至檐口，再经屋檐直接、自由地滴落到室外地面的排水方式。这种方式构造简单、经济，但雨水下落时对墙面造成污染和潮湿，对地面产生冲刷。无组织排水主要适用于雨量较少或一般非临街的低层建筑。

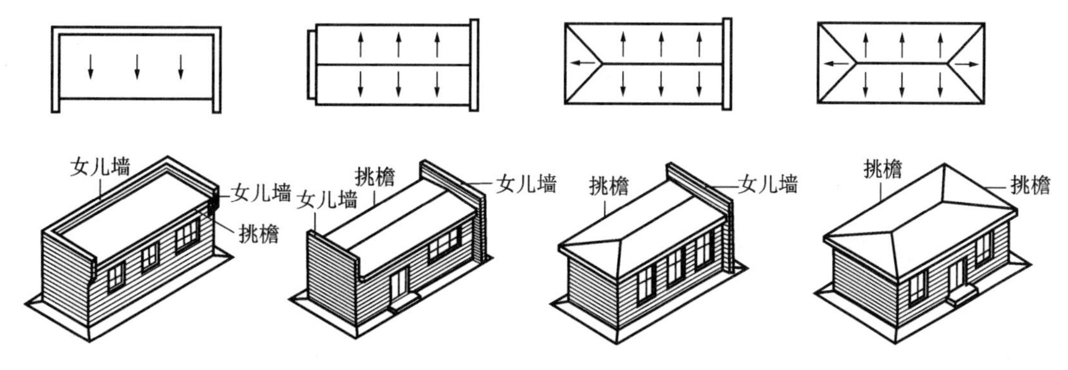

图 6.5 无组织排水

6.2.2.2 有组织排水

有组织排水又称檐沟或天沟排水，见图 6.6。有组织排水是将屋面划分为若干排水区域，按一定的排水坡度把屋面雨水有组织地排至檐沟或天沟，檐沟或天沟内分段做成 0.5%～1% 纵坡，使雨水集中至雨水口，再经雨水管排至地面或排水管网的排水方式。有组织排水有利于保护墙面和地面，消除了屋顶雨水对环境的影响。有组织排水适用于年降雨量较大地区或高度较大或较为重要的建筑。

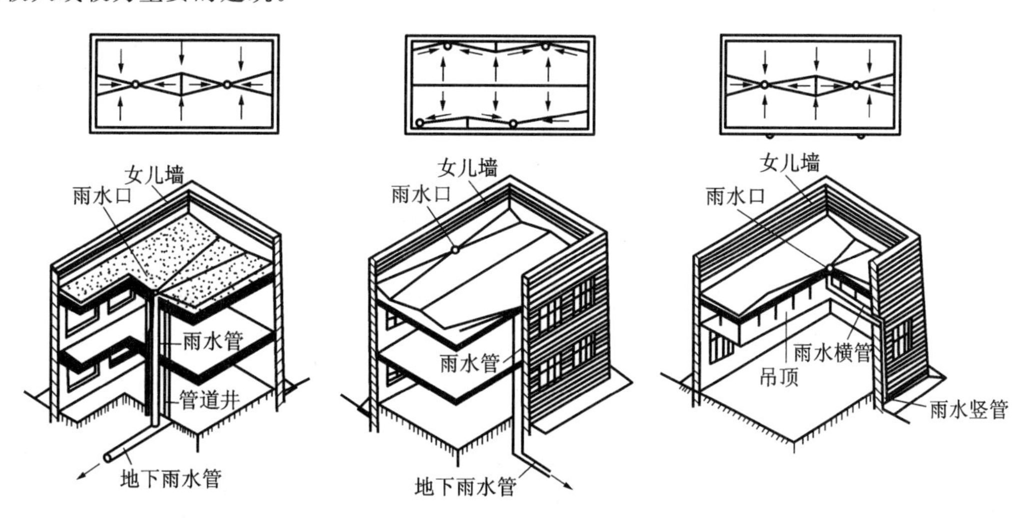

图 6.6 有组织排水

有组织排水分为外排水和内排水两种方式。

外排水是指雨水管装设在室外的一种排水方案，其优点是雨水管不妨碍室内空间使用和美观，构造简单，因而被广泛采用。根据檐口的做法，有组织外排水又可分为挑檐沟外排水、女儿墙外排水和女儿墙檐沟外排水。除高层建筑、严寒地区（为防止雨水管冻结堵塞）或屋顶面积较大(难以组织外排水)外均应优先考虑有组织外排水。

对某些不宜在外墙上设置落水管的建筑,如多跨房屋的中间跨、高层建筑以及容易造成室外雨水管冻裂或冰堵的寒冷地区建筑等,可采用内排水的方式。

6.2.2.3 排水方式选择

(1)等级低的建筑优先选择无组织排水。

(2)降雨量大于 900mm、檐口高度大于 8m,或降雨量小于 900mm、檐口高度大于 10m 的地区,宜选择有组织排水。

(3)积灰较多屋面宜选择无组织排水。

(4)严寒地区宜选择有组织排水。

(5)临街建筑宜选择有组织排水。

6.2.3 屋顶排水组织设计

屋顶排水组织设计的主要任务是将屋面划分成若干排水区,分别将雨水引向雨水管,做到排水线路简捷、雨水口负荷均匀、排水顺畅,避免屋顶积水而引起渗漏。一般按下列步骤进行:

(1)确定排水坡面的数目(分坡)

一般情况下,临街建筑平屋顶屋面宽度小于 12m 时,可采用单坡排水;其宽度大于 12m 时,宜采用双坡或四坡排水。坡屋顶应结合建筑造型要求选择单坡、双坡或四坡排水。

(2)划分汇水区

汇水区的面积是指屋面水平投影的面积。一个汇水区域的面积一般不超过一个雨水管所能负担的排水面积。划分汇水区的目的在于合理地布置雨水管。在年降雨量不超过 900mm 的地区,每一根直径为 100mm 的雨水管所能承担的汇水区域面积不超过 $200m^2$。在年降雨量超过 900mm 的地区,每一根直径为 100mm 的雨水管所能承担的汇水区域面积不超过 $150m^2$。雨水口的间距为 18~24m。

(3)确定天沟所用材料和断面形式及尺寸

天沟即屋面上的排水沟,位于檐口部位时又称檐沟。设置天沟的目的是汇集屋面雨水,并将屋面雨水有组织地迅速排除。天沟根据屋顶类型的不同有多种做法:如坡屋顶中可用钢筋混凝土、镀锌铁皮、石棉水泥等材料做成槽形或三角形天沟。平屋顶的天沟一般用钢筋混凝土制作,当采用女儿墙外排水方案时,可利用倾斜的屋面与垂直的墙面构成三角形天沟,平屋顶女儿墙外排水三角形天沟见图 6.7;当采用檐沟外排水方案时,通常用专用的槽形板做成矩形天沟。矩形天沟要求沟宽不应小于 200mm,天沟上口距沟底分水线的距离不应小于 120mm。

(4)确定水落管规格及间距

水落管按材料不同有铸铁、镀锌铁皮、塑料、石棉水泥和陶土等水落管,目前多采用铸铁和塑料水落管,其直径有 50mm、75mm、100mm、125mm、150mm、200mm 几种规格,一般民用建筑最常用的水落管直径为 100mm,面积较小的露台或阳台可采用 50mm 或 75mm 的水落管。水落管的位置应在实墙面处,其间距一般在 18m 以内,最大间距宜不超过 24m,因为间距过大,则沟底纵坡面越长,会使沟内的垫坡材料增厚,减少了天沟的容水量,造成雨水溢向屋面引起渗漏或从檐沟外侧涌出。

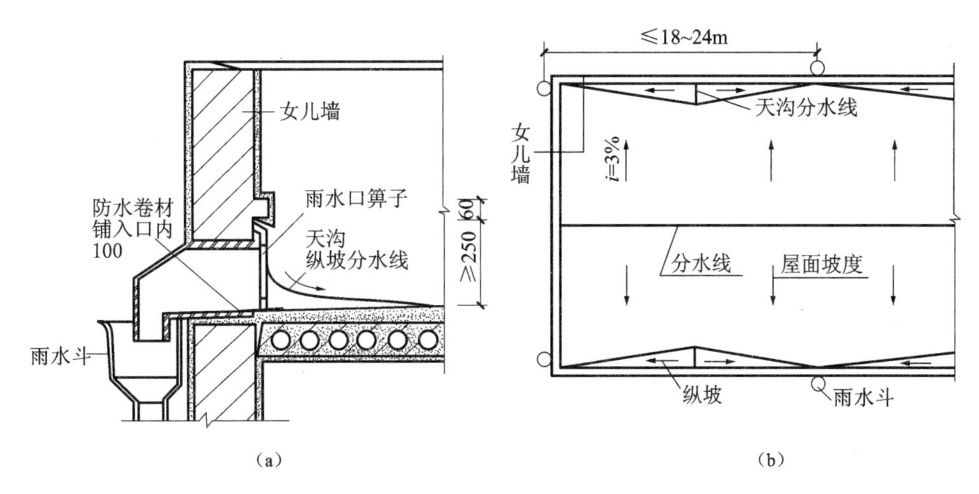

图 6.7　平屋顶女儿墙外排水三角形天沟

(a)女儿墙断面图;(b)屋顶平面图

6.3　平屋顶构造

平屋顶按屋面防水层的不同有刚性防水、卷材防水、涂料防水及粉剂防水等多种做法。

平屋顶构造(1)

6.3.1　卷材防水屋面

卷材防水屋面是将柔性防水卷材粘贴在屋面基层上形成的防水层,由于卷材有一定的柔性,因此也称为柔性防水屋面。卷材防水屋面所用卷材有沥青类卷材、高分子类卷材、高聚物改性沥青类卷材等。适用于防水等级为Ⅰ～Ⅳ级的屋面防水。

卷材防水屋面由多层材料叠合而成,其基本构造层次按构造要求由结构层、找坡层、找平层、结合层、防水层和保护层组成。卷材防水屋面的构造组成和油毡防水屋面做法见图 6.8、图 6.9。

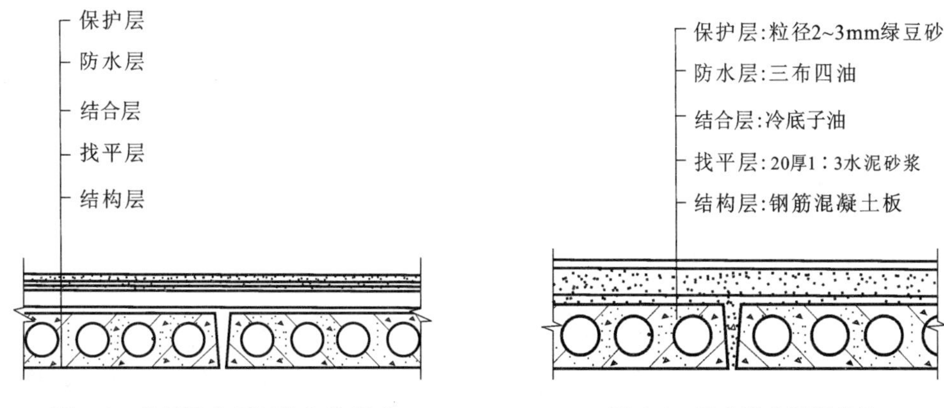

图 6.8　卷材防水屋面的构造组成　　**图 6.9　油毡防水屋面做法**

(1)结构层

通常为预制或现浇钢筋混凝土屋面板,要求具有足够的强度和刚度。

(2)找平层

柔性防水层要求铺贴在坚固而平整的基层上,因此必须在结构层或找坡层上设置找平层。

(3)结合层

结合层的作用是使卷材防水层与基层黏结牢固。结合层所用材料应根据卷材防水层材料的不同来选择,如油毡卷材、聚氯乙烯卷材及自粘型彩色三元乙丙复合卷材用冷底子油在水泥砂浆找平层上喷涂1～2道;三元乙丙橡胶卷材则采用聚氨酯底胶;氯化聚乙烯橡胶卷材须用氯丁胶乳等。冷底子油是用沥青加入汽油或煤油等溶剂稀释而成,喷涂时不用加热,在常温下进行,故称冷底子油。

(4)防水层

防水层是由胶结材料与卷材黏合而成,卷材连续搭接,形成屋面防水的主要部分。当屋面坡度较小时,卷材一般平行于屋脊铺设,从檐口到屋脊层层向上粘贴,上下搭接不小于70mm,左右搭接不小于100mm。

油毡屋面在我国已有几十年的使用历史,具有较好的防水性能,对屋面基层变形有一定的适应能力,但这种屋面施工麻烦、劳动强度大,且容易出现油毡鼓泡、沥青流淌、油毡老化等问题,使油毡屋面的寿命大大缩短,平均10年就要进行大修。

目前所用的新型防水卷材,主要有三元乙丙橡胶防水卷材、自粘型彩色三元乙丙复合防水卷材、聚氯乙烯防水卷材、氯化聚乙烯防水卷材、氯丁橡胶防水卷材及改性沥青油毡防水卷材等,这些材料一般为单层卷材防水构造,防水要求较高时可采用双层卷材防水构造。这些防水材料的共同优点是自重小,适用温度范围广,耐气候性好,使用寿命长,抗拉强度高,延伸率大,冷作业施工,操作简便,大大改善劳动条件,减少环境污染。

(5)保护层

为避免防水卷材因受高温、阳光及氧化等作用而老化,防水层表面须设保护层。

不上人屋面保护层的做法:当采用油毡防水层时可在最后一层沥青胶上趁热满贴一层粒径为3～6mm的浅色或白色无棱小石子,称为绿豆砂保护层。绿豆砂要求耐风化、颗粒均匀、色浅;三元乙丙橡胶卷材采用银色着色剂,直接涂刷在防水层上表面;当采用改性沥青防水层,如彩色三元乙丙复合卷材防水层时直接用CX-404胶黏结,可不另加保护层,因防水卷材本身向上带反光保护材料。

上人屋面的保护层的做法:通常可采用水泥砂浆或沥青砂浆铺贴缸砖、大阶砖、混凝土板等;也可现浇40mm厚C20细石混凝土。

6.3.2 柔性防水屋面细部构造

屋顶细部是指屋面上的泛水、天沟、雨水口、檐口、变形缝等部位。

(1)泛水构造

泛水是指屋面防水层与高出屋面构件(如女儿墙、烟囱等)的防水构造处理。突出于屋面之上的女儿墙、烟囱、楼梯间、变形缝、检修孔、立管等的壁面与屋顶的交接处是最容易漏水的地方,必须将屋面防水层延伸到这些垂直面上,形成立铺的防水层,做出泛水。

泛水构造需注意以下几个方面:

①泛水应有足够的高度,迎水面不小于250mm,背水面不小于180mm,并加铺一层防水

卷材；

②应在泛水部位设通常凹槽，将卷材压入凹槽内；

③屋面与立墙交接处做成弧形或 45°斜面，防止卷材出现空鼓或断裂；

④做好泛水上口的卷材收头固定，防止卷材在垂直墙面下滑，泛水顶部应有挡雨措施，以防雨水顺立墙流入卷材收口处引起渗漏；

⑤卷材在垂直墙上的铺设方法同屋面铺设方法。

卷材防水屋面泛水构造如图 6.10 所示。

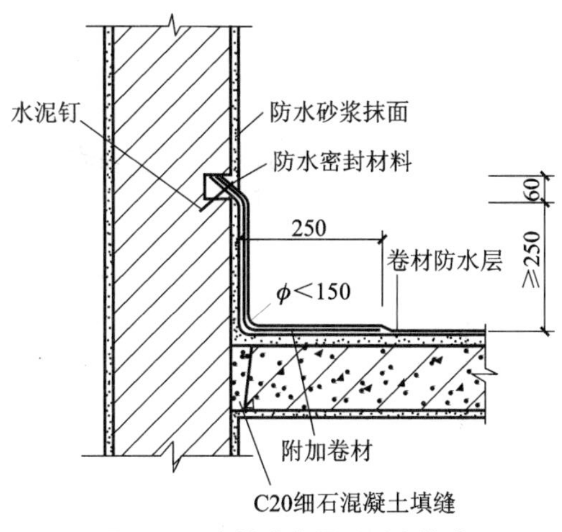

图 6.10　卷材防水屋面泛水构造

(2)檐口构造

柔性防水屋面的檐口构造有无组织排水挑檐和有组织排水挑檐沟及女儿墙檐口等，挑檐和挑檐沟构造都应注意处理好卷材的收头固定、檐口饰面并做好滴水。女儿墙檐口构造的关键是泛水的构造处理，其顶部通常做混凝土压顶，并设有坡度坡向屋面。檐口构造见图 6.11。

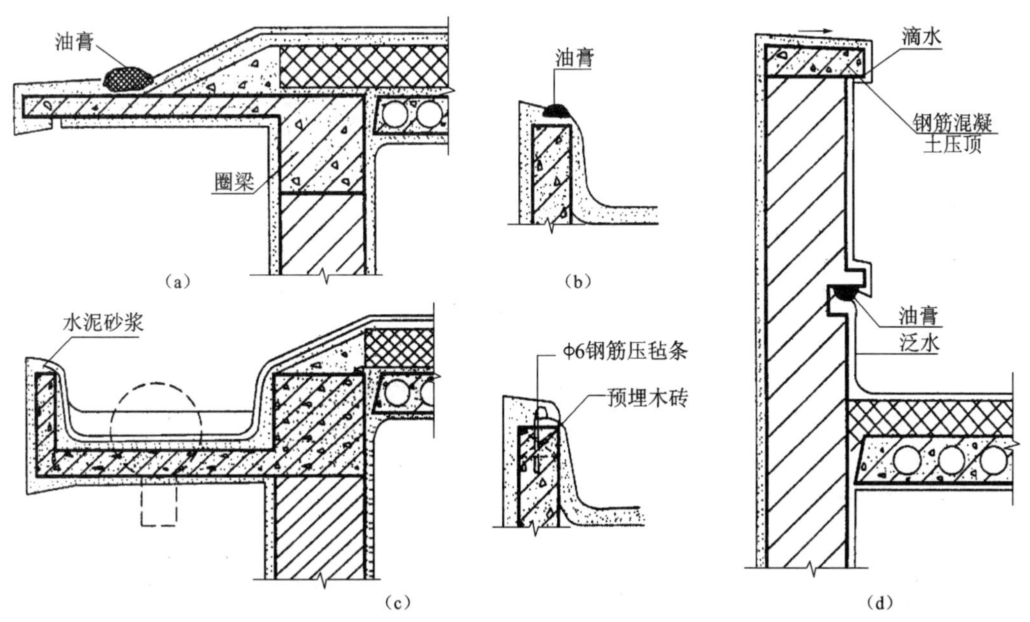

图 6.11　檐口构造

(3)雨水口构造

雨水口的类型有用于檐沟排水的直管式雨水口和女儿墙外排水的弯管式雨水口两种。雨水口在构造上要求排水通畅、防止渗漏水堵塞。直管式雨水口为防止其周边漏水,应加铺一层卷材并贴入连接管内 100mm,雨水口上用定型铸铁罩或铅丝球盖住,用油膏嵌缝。弯管式雨水口穿过女儿墙预留孔洞,屋面防水层应铺入雨水口内壁四周不小于 100mm,并安装铸铁箅子以防杂物流入造成堵塞。

雨水口构造见图 6.12。

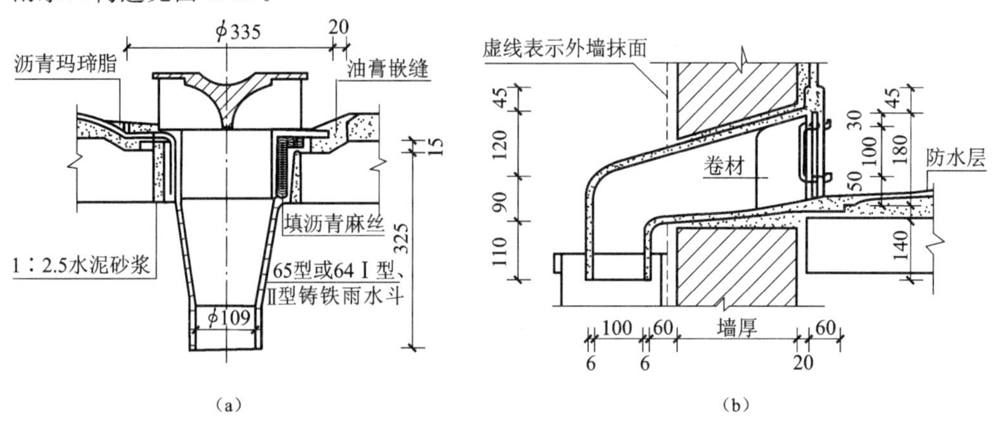

图 6.12　雨水口构造

(a)直管式雨水口;(b)弯管式雨水口

(4)屋面变形缝构造

屋面变形缝的构造处理原则:既不能影响屋面的变形,又要防止雨水从变形缝渗入室内。

屋面变形缝按建筑设计可设于同层等高屋面上,也可设在高低屋面的交接处。等高屋面变形缝构造见图 6.13。

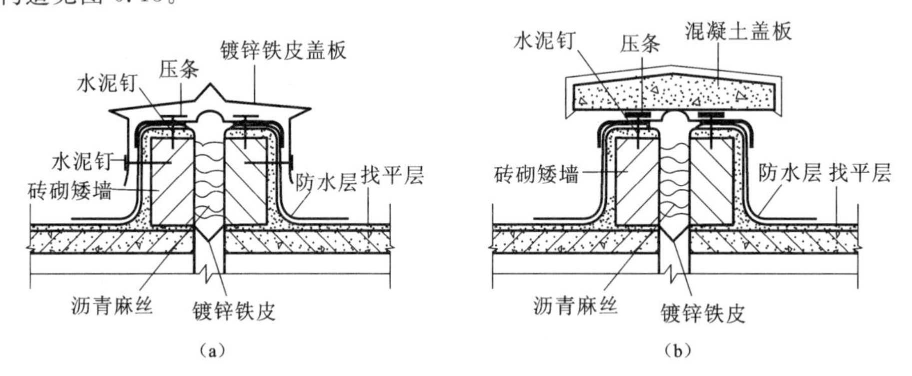

图 6.13　等高屋面变形缝构造

(a)横向变形缝泛水之一;(b)横向变形缝泛水之二

6.3.3　刚性防水屋面

刚性防水屋面是指以刚性材料作为防水层的屋面,如防水砂浆、细石混凝土、配筋细石混凝土防水屋面等。这种屋面具有构造简单、施工方便、造价低廉的优点,但对温度变化和结构变形较敏感,容易产生裂缝而渗水。故多用于我国南方地区的建筑。

6.3.3.1 刚性防水屋面的构造层次及做法

刚性防水屋面一般由结构层、找平层、隔离层和防水层组成。刚性防水屋面的构造层次见图 6.14。

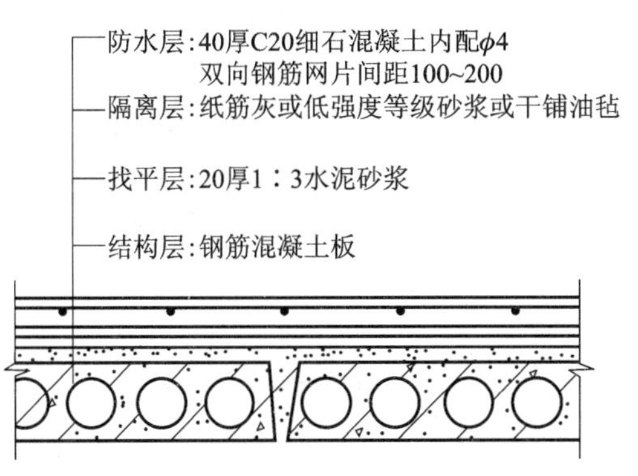

图 6.14 刚性防水屋面构造层次

(1)结构层

刚性防水屋面的结构层要求具有足够的强度和刚度,一般应采用现浇或预制装配的钢筋混凝土屋面板,并在结构层现浇或铺板时形成屋面的排水坡度。

(2)找平层

为保证防水层厚薄均匀,通常应在结构层上用 20mm 厚 1∶3水泥砂浆找平。若采用现浇钢筋混凝土屋面板或设有纸筋灰等材料时,也可不设找平层。

(3)隔离层

为减少结构层变形及温度变化对防水层的不利影响,宜在防水层下设置隔离层。隔离层可使防水层和结构层上下分离,以适应各自的变形,使刚性防水层免受结构变形的影响。

隔离层可采用纸筋灰、低强度等级砂浆或薄砂层上干铺一层油毡等。当有保温层或有找坡层时,可利用其作为隔离层。

(4)防水层

细石混凝土防水屋面的做法是用强度等级应不低于 C20,厚度宜不小于 40mm,双向配置直径为 φ4～φ6.5mm,间距为 100～200mm 的钢筋网片的混凝土现浇密实。为提高防水层的抗渗性能,可在细石混凝土内掺入适量外加剂(如膨胀剂、减水剂、防水剂等)以提高其密实性能。

6.3.3.2 刚性防水屋面细部构造

刚性防水屋面的细部构造包括屋面防水层的分格缝、泛水、檐口、雨水口等部位的构造处理。

(1)屋面分格缝

分格缝又称分仓缝,是为适应热胀冷缩及屋顶变形、防止屋顶防水层出现不规则通缝而设置的人工缝,是提高刚性防水层防水性能的重要措施。其目的在于:①防止温度变形引起防水层开裂;②防止结构变形将防水层拉坏。因此,屋面分格缝的位置应设置在温度变形允许的范围以内和结构变形敏感的部位。结构变形敏感的部位主要是指装配式屋面板的支承端、屋面转折处、现浇屋面板与预制屋面板的交接处、泛水与立墙交接处等部位。分格缝一般设置在屋顶容易变形处,如梁、墙、屋脊等处,缝的间距控制在 3～5m,每格面积宜控制在 15～25m^2,如

图 6.15 所示。分格缝宽度一般为 20～40mm，有平缝和凸缝之分，缝内一般采用防水油膏嵌缝，也可用油毡等盖缝，如图 6.16 所示。

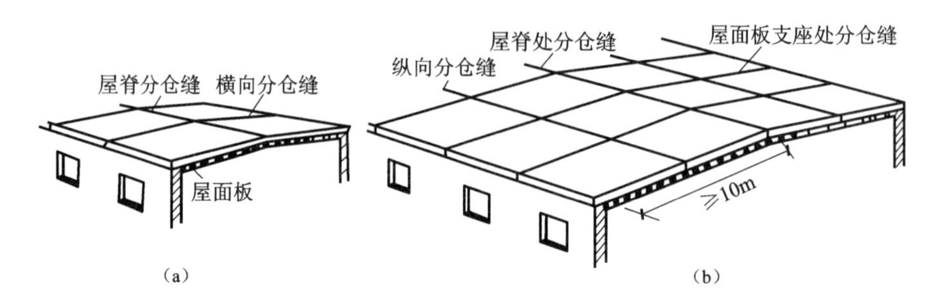

图 6.15 刚性防水屋面分格缝

(a)排水半径小于 5m；(b)排水半径大于 5m，小于 10m

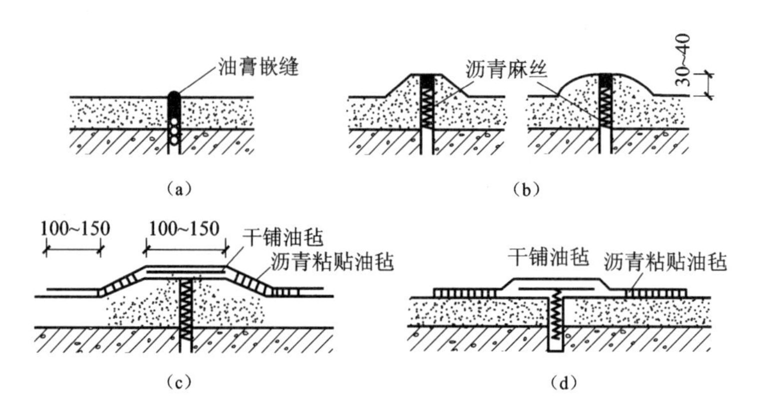

图 6.16 分格缝构造

(a)平缝油膏嵌缝；(b)凸形缝油膏嵌缝；(c)凸缝油毡盖缝；(d)平缝油毡盖缝

分格缝的构造要点：

①防水层内的钢筋在分格缝处应断开；

②屋面板缝用浸过沥青的木丝板等密封材料嵌填，缝口用油膏等嵌填；

③缝口表面用防水卷材铺贴盖缝，卷材的宽度为 200～300mm。

(2)泛水构造

刚性防水屋面的泛水构造要点与卷材屋面基本相同。不同的地方是：刚性防水层与屋面突出物（女儿墙、烟囱等）间须留分格缝，另铺贴附加卷材盖缝形成泛水。刚性防水屋面泛水构造见图 6.17。

(3)檐口构造

刚性防水屋面檐口的形式一般有自由落水挑檐口、挑檐沟外排水檐口和女儿墙外排水檐口及坡檐口等。

①自由落水挑檐口

根据挑檐挑出的长度，有直接利用混凝土防水层悬挑和在增设的现浇或预制钢筋混凝土挑檐板上做防水层等做法。无论采用哪种做法，都应注意做好滴水。自由落水檐口构造见图6.18。

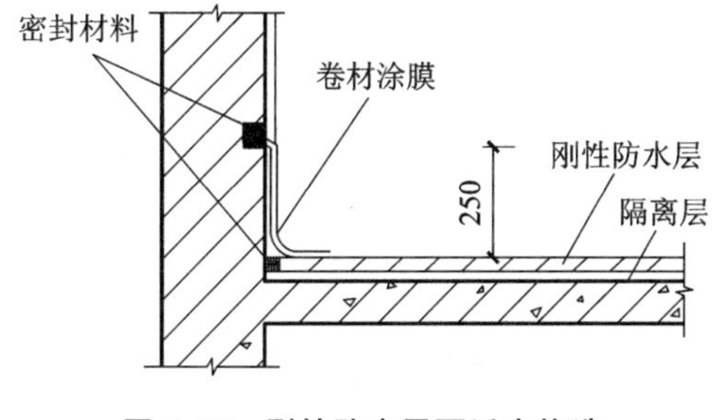

图 6.17 刚性防水屋面泛水构造

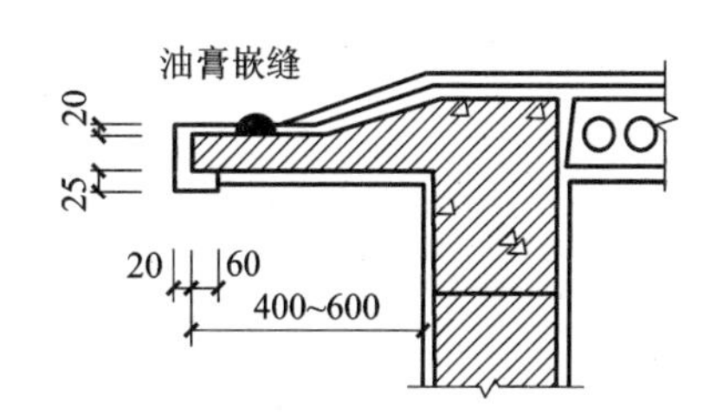

图 6.18 自由落水檐口构造

②挑檐沟外排水檐口

檐沟构件一般采用现浇或预制的钢筋混凝土槽形天沟板，在沟底用低强度等级的混凝土或水泥炉渣等材料垫置成纵向排水坡度，铺好隔离层后再浇筑防水层，防水层应挑出屋面并做好滴水，如图 6.19(a)所示。

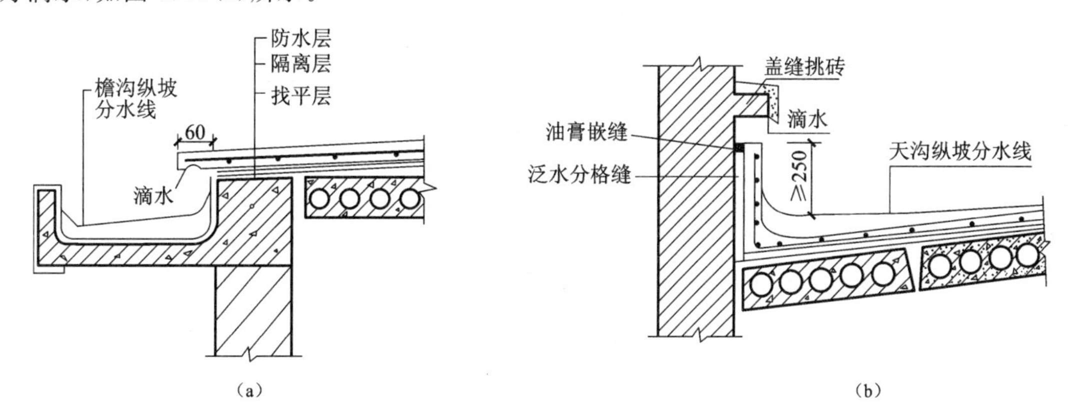

图 6.19 有组织排水檐口构造

(a)挑檐沟外排水檐口；(b)女儿墙外排水檐口

③女儿墙外排水檐口

这种做法通常在檐口处做成三角形断面天沟，其构造处理和女儿墙泛水做法基本相同，天沟内须设有纵向排水坡度，如图 6.19(b)所示。

④坡檐口

建筑设计中出于造型方面的考虑，常采用一种平顶坡檐即"平改坡"的处理形式，使较为呆板的平顶建筑具有某种传统的韵味，以丰富城市景观。坡檐口的构造如图 6.20 所示。

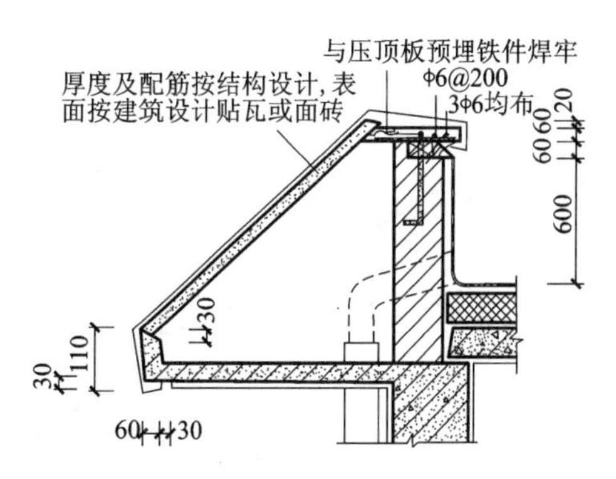

图 6.20 平屋顶坡檐口构造

(4)雨水口构造

刚性防水屋面的雨水口有直管式和弯管式两种做法，直管式一般用于挑檐沟外排水的雨水口，弯管式用于女儿墙外排水的雨水口。

①直管式雨水口

直管式雨水口为防止雨水从雨水口套管与沟

底接缝处渗漏，应在雨水口周边加铺柔性防水层并铺至套管内壁，檐口处浇筑的混凝土防水层应覆盖于附加的柔性防水层之上，并于防水层与雨水口之间用油膏嵌实。直管式雨水口构造见图 6.21。

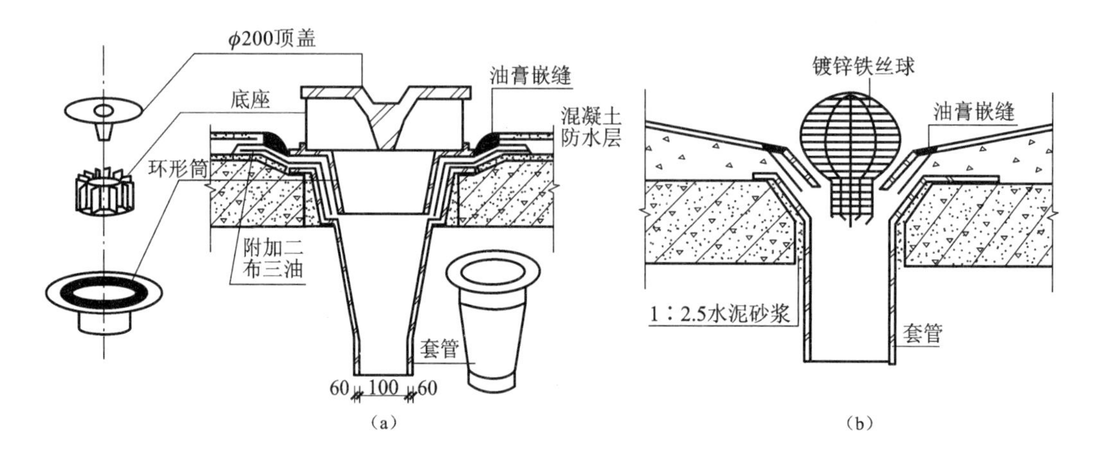

图 6.21　直管式雨水口构造

(a)65 型雨水口；(b)铁丝罩铸铁雨水口

②弯管式雨水口

弯管式雨水口一般用铸铁做成弯头。雨水口安装时，在雨水口处的屋面应加铺附加卷材与弯头搭接，其搭接长度不小于 100mm，然后浇筑混凝土防水层，防水层与弯头交接处需用油膏嵌缝。弯管式雨水口构造见图 6.22。

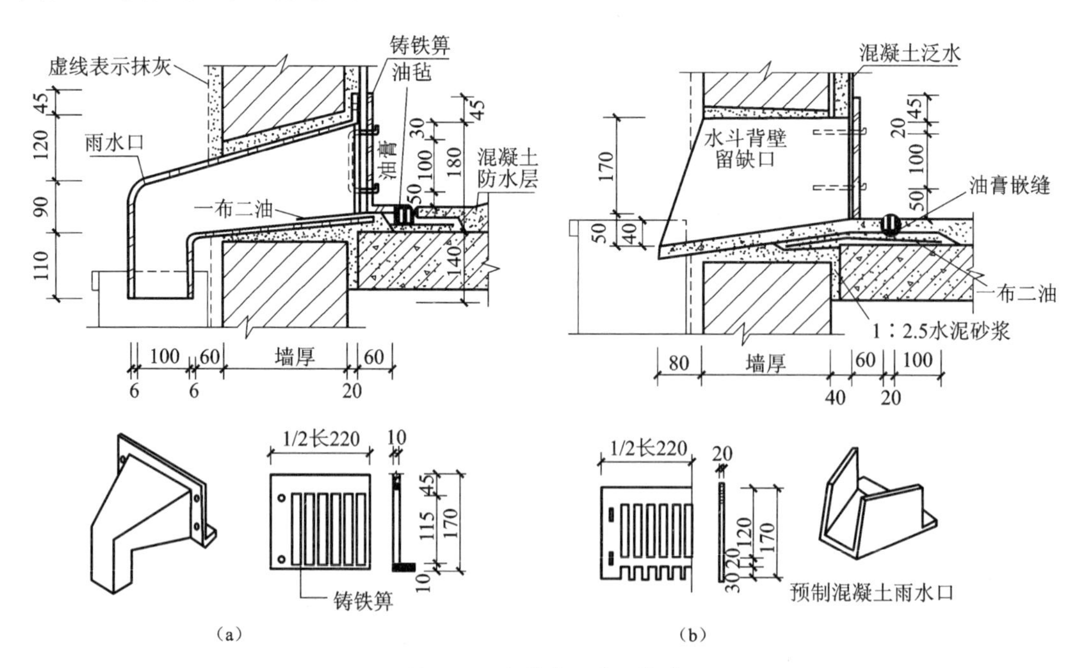

图 6.22　弯管式雨水口构造

(a)铸铁雨水口；(b)预制混凝土雨水口

6.3.4 涂膜防水屋面

涂膜防水屋面又称涂料防水屋面，是指用可塑性和黏结力较强的高分子防水涂料直接涂刷在屋面基层上，形成一层满铺的不透水的薄膜层，以达到防水目的的一种屋面做法。防水涂料有塑料、橡胶和改性沥青三大类，常用的有塑料油膏、氯丁胶乳沥青涂料和焦油聚氨酯防水涂膜等。这些材料多数具有防水性好、黏结力强、延伸性大、耐腐蚀、不易老化、施工方便、容易维修等优点，近年来应用较为广泛。这种屋面通常适用于不设保温层的预制屋面板结构，如单层工业厂房的屋面。在有较大振动的建筑物或寒冷地区则不宜采用。

(1)涂膜防水屋面的构造层次和做法

涂膜防水屋面的构造层次与柔性防水屋面相同，由结构层、找平层、结合层、防水层和保护层组成。

涂膜防水屋面的常见做法，结构层做法与柔性防水屋面相同。找平层通常为25mm厚1∶2.5水泥砂浆。为保证防水层与基层黏结牢固，结合层应选用与防水涂料相同的材料经稀释后满刷在找平层上。当屋面不上人时保护层的做法根据防水层材料的不同，可用蛭石或细砂撒面、银粉涂料涂刷等做法；当屋面为上人屋面时，保护层做法与柔性防水上人屋面做法相同。

(2)涂膜防水屋面细部构造

①分格缝构造

涂膜防水只能提高表面的防水能力，由于温度变形和结构变形会导致基层开裂而使得屋面渗漏，因此对屋面面积较大和结构变形敏感的部位，需设置分格缝。

②泛水构造

涂膜防水屋面泛水构造要点与柔性防水屋面基本相同，即泛水高度不小于250mm；屋面与立墙交接处应做成弧形；泛水上端应有挡雨措施，以防渗漏。

6.4 平屋顶的保温与隔热

6.4.1 平屋顶的保温

6.4.1.1 保温材料类型

平屋顶构造(2)

保温材料多为轻质多孔材料，一般可分为以下三种类型：

(1)散料类：常用炉渣、矿渣、膨胀蛭石、膨胀珍珠岩等。

(2)现浇轻骨料混凝土：是以散料作为骨料，掺入一定量的胶结材料，现场浇筑而成。常用的骨料有水泥炉渣、水泥膨胀蛭石、水泥膨胀珍珠岩及沥青膨胀蛭石和沥青膨胀珍珠岩等。

(3)板块类：是指利用骨料和胶结材料由工厂制作而成的板块状材料，如加气混凝土、泡沫混凝土、膨胀蛭石、膨胀珍珠岩、泡沫塑料等块材或板材等。

保温材料的选择应根据建筑物的使用性质、构造方案、材料来源、经济指标等因素综合考虑确定。

6.4.1.2 保温层构造

根据保温层在屋顶各层次中的位置，有以下三种保温体系：

(1)正铺保温层

保温层设在结构层与防水层之间,这是目前最常用的一种做法。保温层设在屋盖系统的低温一侧,保温效果好并且符合热工原理,同时,由于保温层是摊铺在结构层之上的,符合受力的原则,构造也简单。但是要注意处理好保温层的通风散热,否则保温层的水蒸气会使其上的防水层鼓泡。

为了防止室内空气中的水蒸气随热气流上升,透过结构层进入保温层,从而降低保温效果,并有可能使防水层鼓泡,应当在保温层下面设置隔汽层。设置隔汽层的目的是防止室内水蒸气渗入保温层,使保温层受潮而降低保温效果。隔汽层的一般做法是在 20mm 厚 1∶3水泥砂浆找平层上刷冷底子油两道作为结合层,结合层上做一布二油或两道热沥青隔汽层。

正铺保温层的构造见图 6.23。

(2)倒铺保温层

保温层设置在防水层上面,这种做法又称为“倒置式保温屋面”。这种屋面防水层不受太阳辐射和剧烈气候变化的直接影响,增强防水层的防水性能和延长使用年限,但是对采用的保温材料有特殊的要求,应当使用吸湿性低、耐气候性强的憎水材料作为保温层(如聚苯乙烯泡沫塑料板或聚氯脂泡沫塑料板),并在保温层上加设钢筋混凝土、卵石、砖等较重的覆盖层。

倒铺保温层的构造见图 6.24。

(3)保温层与结构层结合

这种保温做法比较少见,主要有两种做法:一种是在钢筋混凝土槽形板内设置保温层;另一种是将保温材料与结构融为一体,如配筋加气混凝土板。这种做法使屋面板同时具备结构层和保温层的双重功能,工序简化,还可降低建造成本。

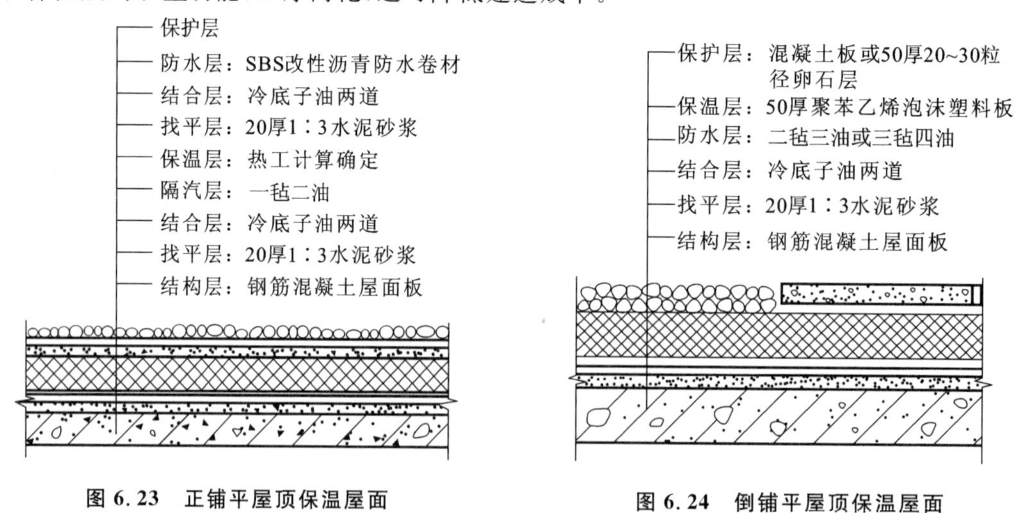

图 6.23　正铺平屋顶保温屋面

图 6.24　倒铺平屋顶保温屋面

6.4.2　平屋顶的隔热

(1)通风隔热屋面

通风隔热屋面是指在屋顶中设置通风间层,使上层表面起着遮挡阳光的作用,利用风压和热压作用把间层中的热空气不断带走,以减少传到室内的热量,从而达到隔热降温的目的。通

风隔热屋面一般有架空通风隔热屋面和顶棚通风隔热屋面两种做法。

①架空通风隔热屋面。通风层设在防水层之上，其做法很多，如图 6.25 所示，其中以架空预制板或大阶砖最为常见。架空通风隔热层设计应满足以下要求：架空层应有适当的净高，一般以 180～240mm 为宜；距女儿墙 500mm 范围内不铺架空板；隔热板的支点可做成砖垄墙或砖墩，间距视隔热板的尺寸而定。

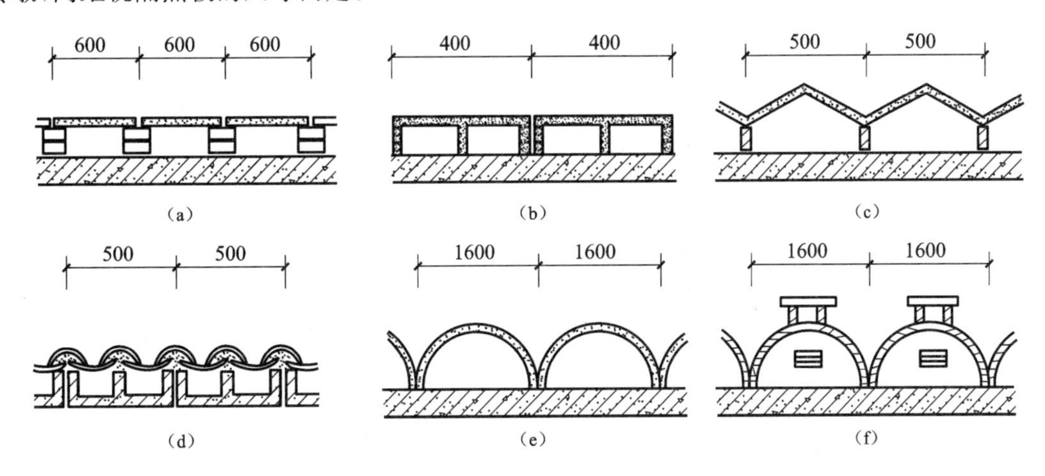

图 6.25　架空通风隔热屋面构造

(a)架空预制板(或大阶砖)；(b)架空混凝土山形板；(c)架空钢丝网水泥折板；

(d)倒槽板上铺小青瓦；(e)钢筋混凝土半圆拱；(f)1/4 厚砖拱

②顶棚通风隔热屋面。这种做法是利用顶棚与屋顶之间的空间作为隔热层，如图 6.26 所示。顶棚通风隔热层设计应满足以下要求：顶棚通风层应有足够的净空高度，一般为 500mm 左右；需设置一定数量的通风孔，以利空气对流；通风孔应考虑防飘雨措施。

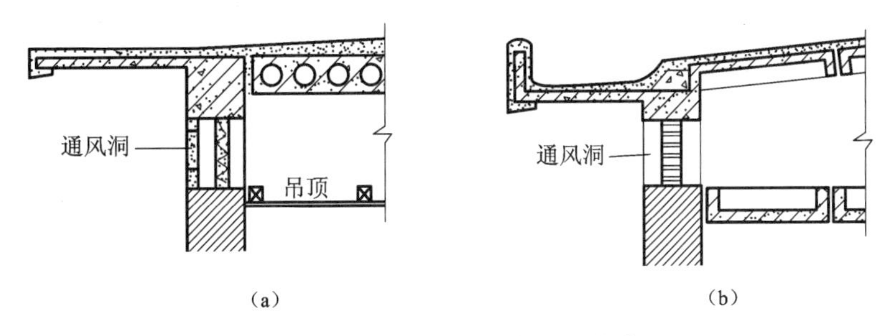

图 6.26　顶棚通风隔热屋面构造

(a)吊顶通风层；(b)双槽板通风层

(2)蓄水隔热屋面

蓄水隔热屋面是指在屋顶蓄积一层水，利用水蒸发时需要大量的汽化热，从而大量消耗晒到屋面的太阳辐射热，以减少屋顶吸收的热能，从而达到降温隔热的目的。蓄水屋面构造与刚性防水屋面基本相同，设置一壁三孔，即蓄水分仓壁、溢水孔、泄水孔和过水孔。蓄水隔热屋面构造应注意以下几点：合适的蓄水深度，一般为 150～200mm；根据屋面面积划分成若干蓄水区，每区的边长一般不大于 10m；足够的泛水高度，至少高出水面 100mm；合理设置溢水孔和泄水孔，并应与排水檐沟或水落管连通，以保证多雨季节不超过蓄水深度和检修屋面时能将蓄水排除;注意做好管道的防水处理。蓄水隔热屋面构造见图 6.27。

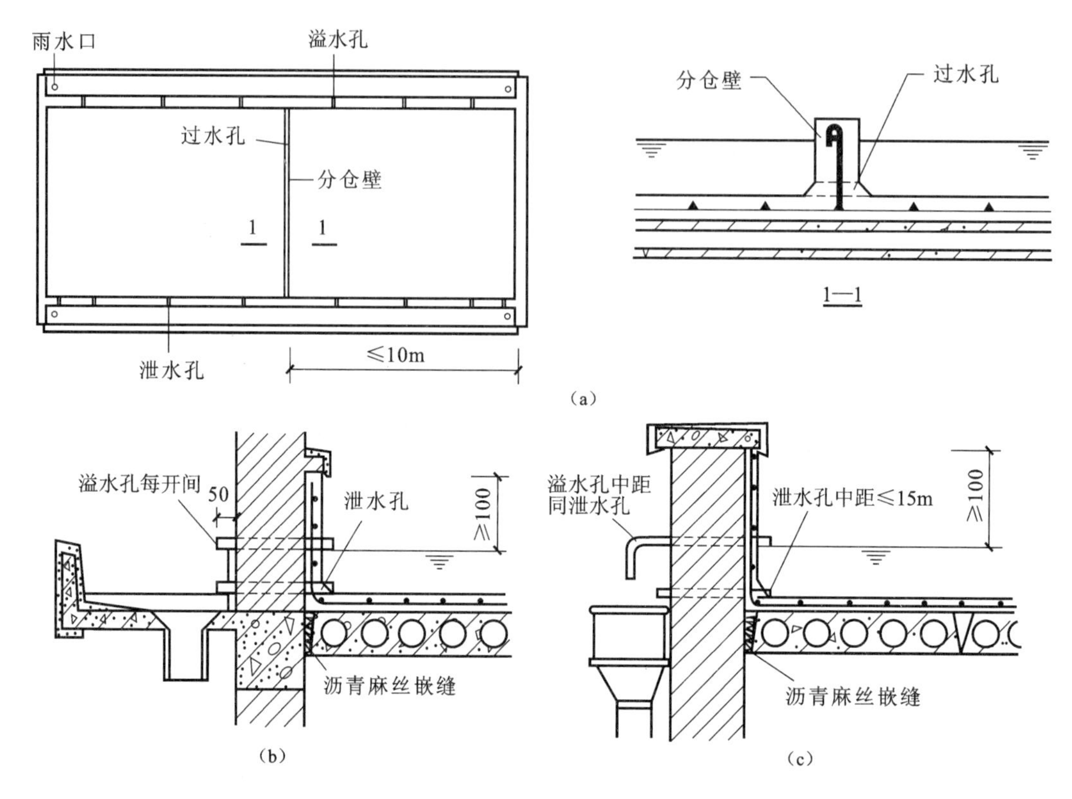

图 6.27　蓄水隔热屋面构造

(3)种植隔热屋面

种植隔热屋面是在屋顶上种植植物,利用植被的蒸腾和光合作用,吸收太阳辐射热,从而达到降温隔热的目的。种植隔热屋面构造见图 6.28。

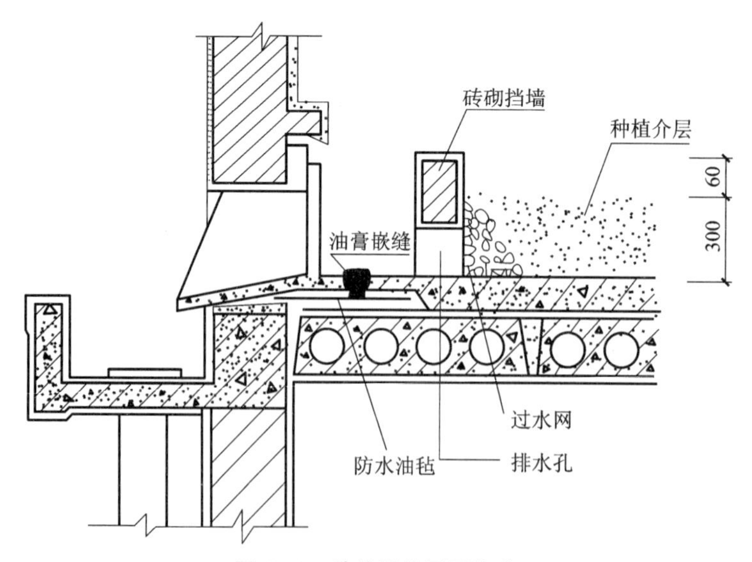

图 6.28　种植隔热屋面构造

6.5 坡屋顶构造

6.5.1 坡屋顶的组成

坡屋顶由带有坡度的倾斜面相交而成,斜面相交的阳角为脊,相交的阴角为沟,如图 6.29(a)所示。坡屋顶多采用瓦材防水,而瓦材块小,接缝多,易渗漏,故坡屋顶的坡度一般大于 10°,通常取 30°左右。坡屋顶的坡度大,排水快,防水性能好,易于维修,但结构复杂,消耗材料较多。

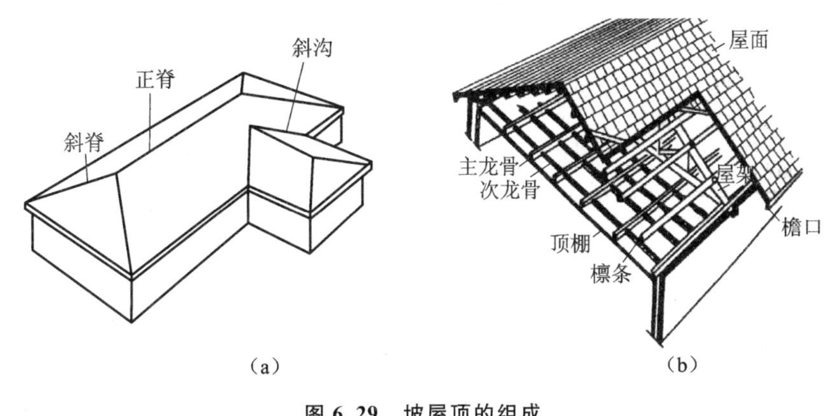

扫一扫

坡屋顶构造

图 6.29 坡屋顶的组成

(a)坡屋顶的名称;(b)坡屋顶的组成

坡屋顶根据坡面组织的不同,主要有单坡顶、双坡顶及四坡顶。房屋进深不大可采用单坡顶,进深较大时可采用双坡顶,四坡顶是我国古建筑中常见的屋顶形式。

坡屋顶一般由承重结构、屋面、顶棚组成,如图 6.29(b)所示。

承重结构承受屋面荷载并把它传到垂直构件上;屋面的作用是防水和围护;顶棚既可以增加室内的艺术效果,又可以起到保温隔热作用。

6.5.2 坡屋顶的承重结构

6.5.2.1 承重结构类型

坡屋顶中常用的承重结构有横墙承重、屋架承重和梁架承重,见图 6.30。

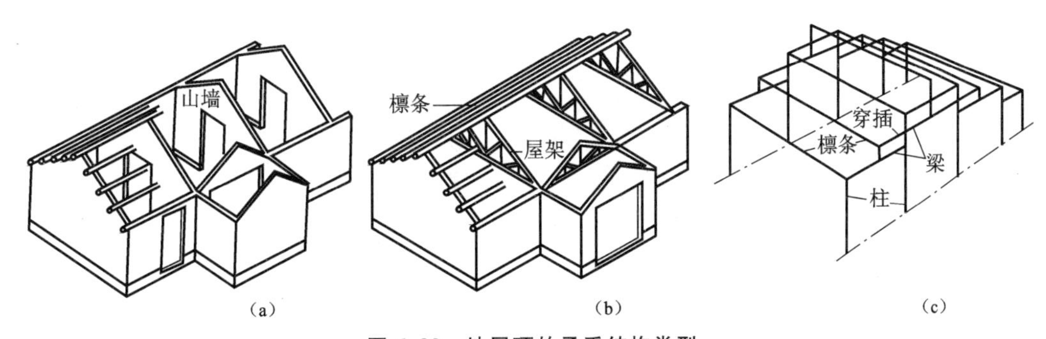

图 6.30 坡屋顶的承重结构类型

(a)横墙承重;(b)屋架承重;(c)梁架承重

(1)横墙承重:将横墙顶部砌成三角形,形成屋面坡度,直接把檩条搁置在横墙上,这种承重方式称为横墙承重,如图6.30(a)所示,适用于开间较小的建筑。

(2)屋架承重:在柱或墙上设屋架,再在屋架上放置檩条及椽子而形成的屋顶结构形式称为屋架承重。屋架由上弦杆、下弦杆、腹杆组成。坡屋顶一般采用三角形屋架。屋架有木屋架、钢屋架、混凝土屋架等类型,如图6.30(b)所示。屋架应根据屋顶坡度进行布置,在四坡顶屋顶及屋顶相互交接处须增加斜梁或半屋架等构件。为保证屋架承重结构坡屋顶的空间刚度和整体稳定性,屋架间须设水平和垂直支撑。屋架承重结构适用于有较大空间的建筑中。

(3)梁架承重:由立柱和梁组成承重排架的承重形式称为梁架承重,它是我国传统建筑的承重形式,檩条置于梁上承受屋面荷载并把各排架联成一个完整的骨架,如图6.30(c)所示。现代的坡屋顶也有不少采用梁架承重,一般是由钢筋混凝土立柱和斜梁组成承重骨架,垂直骨架斜梁做次梁,主、次梁上可用现浇钢筋混凝土板,也可用其他材料板,这种承重形式也称为梁板承重。

6.5.2.2 坡屋顶的承重结构构件

(1)屋架

屋架形式常为三角形,由上弦杆、下弦杆及腹杆组成,所用材料有木材、钢材及钢筋混凝土等。木屋架一般用于跨度不超过12m的建筑;将木屋架中受拉力的下弦杆及直腹杆件用钢筋或型钢代替,这种屋架称为钢木屋架。钢木屋架一般用于跨度不超过18m的建筑;当跨度更大时须采用预应力钢筋混凝土屋架或钢屋架。

(2)檩条

檩条所用材料可为木材、钢材及钢筋混凝土,檩条材料的选用一般与屋架所用材料相同,使两者的耐久性接近。

6.5.2.3 承重结构布置

坡屋顶承重结构布置主要是指屋架和檩条的布置,其布置方式视屋顶形式而定。屋架和檩条布置见图6.31。

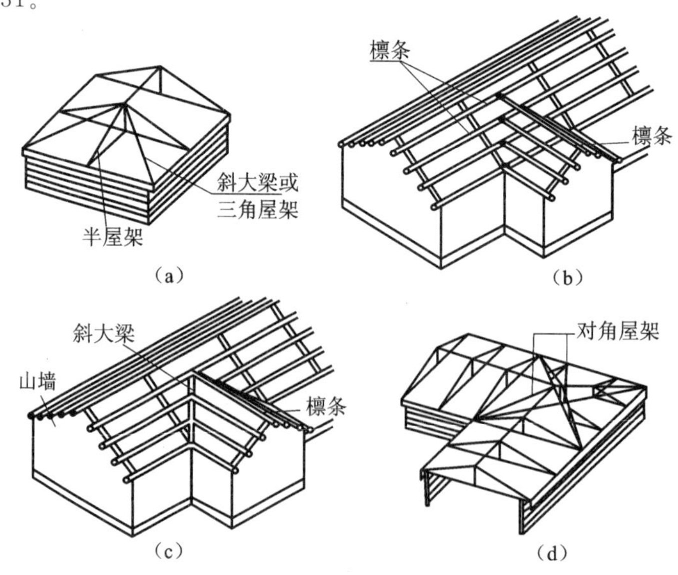

图6.31 屋架和檩条布置

(a)四坡顶的屋架;(b)丁字形交接处屋顶之一;(c)丁字形交接处屋顶之二;(d)转角屋顶

6.5.3 坡屋顶的屋面构造

6.5.3.1 平瓦屋面做法

坡屋顶屋面一般是利用各种瓦材，如平瓦、波形瓦、小青瓦等作为屋面防水材料。近些年来还有不少采用金属瓦屋面、彩色压型钢板屋面等。

平瓦屋面根据基层的不同有冷摊瓦屋面、木望板瓦屋面和钢筋混凝土板瓦屋面三种做法。

(1)冷摊瓦屋面

冷摊瓦屋面是在檩条上钉固椽条，然后在椽条上钉挂瓦条并直接挂瓦。这种做法构造简单，但雨雪易从瓦缝中飘入室内，通常用于南方地区质量要求不高的建筑。

(2)木望板瓦屋面

木望板瓦屋面是在檩条上铺钉 15～20mm 厚的木望板(亦称屋面板)，望板可采取密铺法(不留缝)或稀铺法(望板间留 20mm 左右宽的缝)，在望板上平行于屋脊方向干铺一层油毡，在油毡上顺着屋面水流方向钉截面 10mm×30mm、中距 500mm 的顺水条，然后在顺水条上面平行于屋脊方向钉挂瓦条并挂瓦，挂瓦条的断面和间距与冷摊瓦屋面相同。这种做法比冷摊瓦屋面的防水、保温隔热效果要好，但耗用木材多、造价高，多用于质量要求较高的建筑物中。

冷摊瓦屋面、木望板瓦屋面构造见图 6.32。

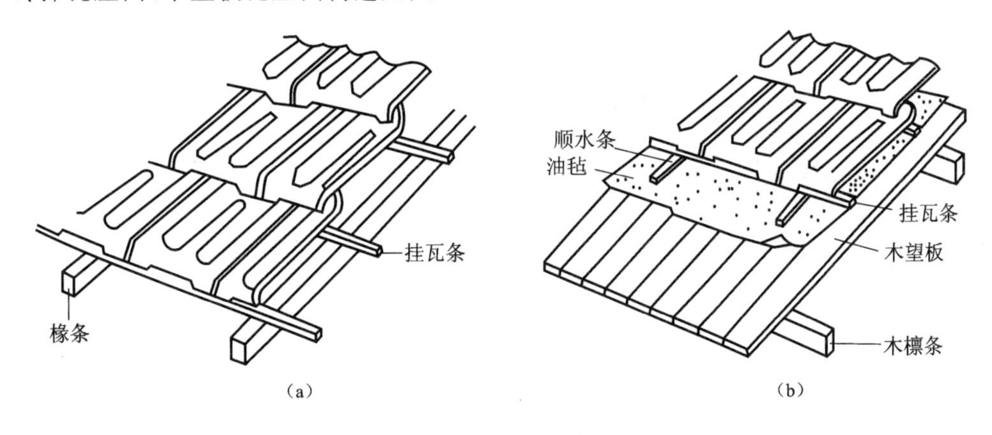

图 6.32 平瓦屋面构造

(a)冷摊瓦屋面；(b)木望板瓦屋面

(3)钢筋混凝土板瓦屋面

瓦屋面由于保温、防火或造型等的需要，可将钢筋混凝土板作为瓦屋面的基层盖瓦。盖瓦的方式有两种：一种是在找平层上铺一层油毡，用压毡条钉在嵌在板缝内的木楔上，再钉挂瓦条挂瓦；另一种是在屋面板上直接粉刷防水水泥砂浆并贴瓦或陶瓷面砖或平瓦。在仿古建筑中也常常采用钢筋混凝土板瓦屋面。钢筋混凝土板瓦屋面构造见图 6.33。

6.5.3.2 压型钢板屋面构造

彩色压型钢板屋面简称彩板屋面，是近十多年来在大跨度建筑中广泛采用的高效能屋面，它不仅自重小、强度高且施工安装方便。彩板的连接主要采用螺栓连接，不受季节气候影响。彩板色彩绚丽，质感好，大大增强了建筑的艺术效果。彩板除用于平直坡面的屋顶外，还可根据造型与结构形式的需要，在曲面屋顶上使用。压型钢板屋面构造如图 6.34 所示。

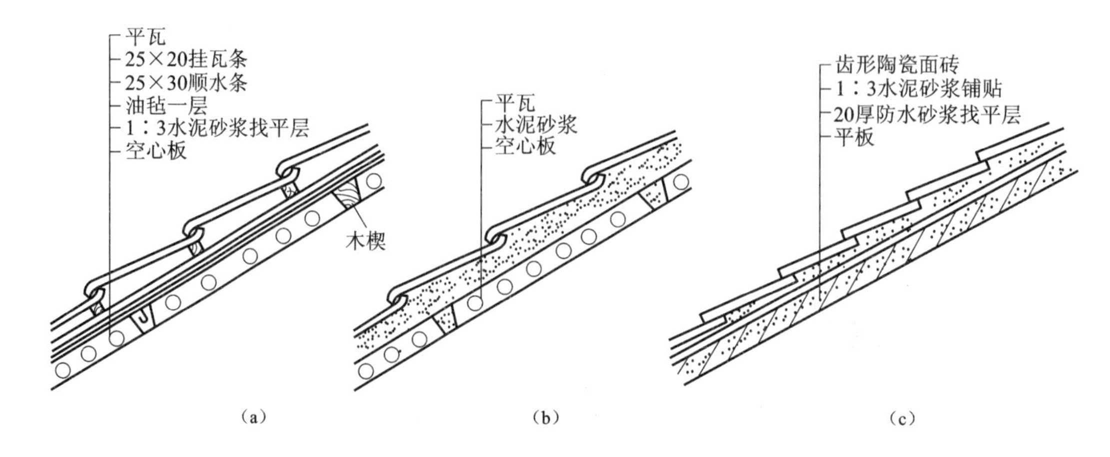

图 6.33 钢筋混凝土板瓦屋面构造

(a)木条挂瓦;(b)砂浆贴瓦;(c)砂浆贴面砖

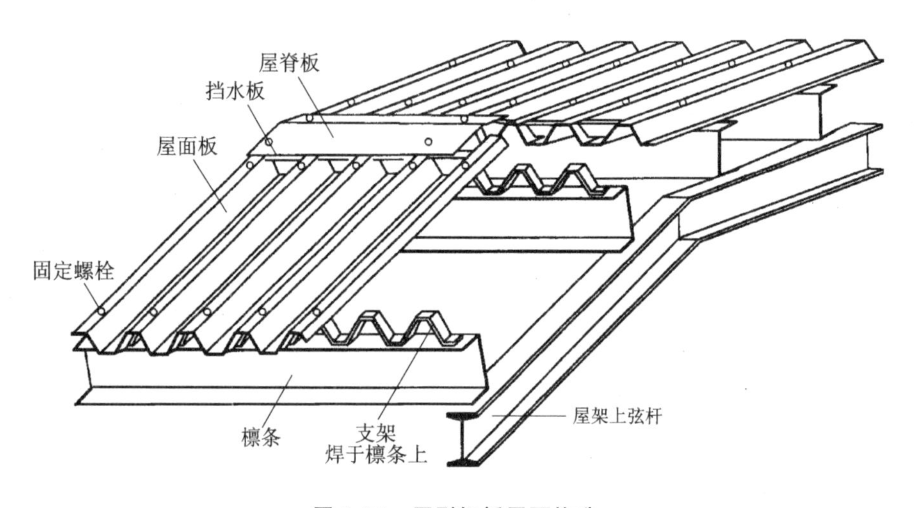

图 6.34 压型钢板屋面构造

6.5.3.3 金属瓦屋面

金属瓦屋面是用镀锌铁皮或铝合金瓦做防水层的一种屋面,金属瓦屋面自重小、防水性能好、使用年限长,主要用于大跨度建筑的屋面。

金属瓦的厚度很薄(厚度在 1mm 以内),铺设这样薄的瓦材必须用钉子将其固定在木望板上,木望板则支撑在檩条上。为防止雨水渗漏,瓦材下应干铺一层油毡。所有的金属瓦必须相互连通导电,并与避雷针或避雷带连接。

6.5.4 屋面细部构造

平瓦屋面应做好檐口、天沟、屋脊等部位的细部处理。

6.5.4.1 檐口构造

檐口分为纵墙檐口和山墙檐口。

(1)纵墙檐口

纵墙檐口根据造型要求做成挑檐或封檐。

①挑檐

挑檐是指屋面挑出外墙的部分，对外墙起保护作用。其构造根据出挑的大小有砖挑檐、屋面板挑檐、挑檐木挑檐、挑檩挑檐等多种做法。纵墙檐口的挑檐构造见图 6.35。

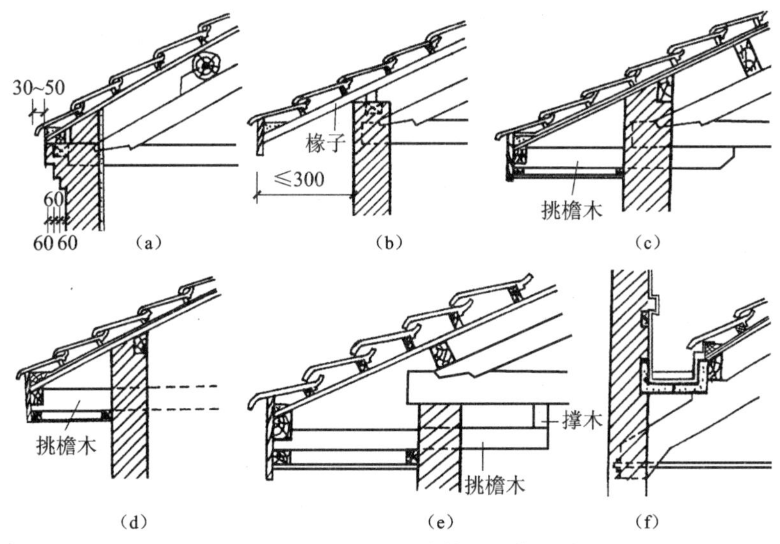

图 6.35　平瓦屋面纵墙檐口挑檐构造

(a)砖砌挑檐；(b)椽条外挑；(c)挑檐木置于屋架下；

(d)挑檐木置于承重横墙中；(e)挑檐木下移；(f)女儿墙包檐口

砖挑檐　每皮砖挑 1/4 砖，约 60mm，出挑长度不大于墙厚的 1/2。

屋面板挑檐　利用屋面板出挑，由于屋面板强度较小，其出挑长度不宜大于 300mm。

挑檐木挑檐　根据屋顶承重方式的不同挑檐木可利用屋架下弦的托木出挑或自横墙中挑出。挑檐木端头与屋面板及封檐板结合，则挑檐可较硬朗，出挑长度可适当加大，挑檐木要注意防晒，压入墙内的长度要大于出挑长度的 2 倍。

挑檩挑檐　在檐口墙外加一檩条，利用屋架托木或横墙砌入的挑檐木作为檐檩的支托，檐檩与檐墙上沿游木的间距不大于其他部位檩条的间距。

挑椽挑檐　当檐口出挑长度大于 300mm 时，利用椽子挑出，在檐口处可将椽子外露或钉封檐板。

②封檐

封檐是檐口外墙高出屋面或与屋面相平而将檐口包住的构造做法。为了解决好防水问题，一般需做檐部内侧水平天沟。天沟可采用混凝土槽形天沟板，沟内铺卷材防水层，油毡一直铺到女儿墙上形成泛水；也可用镀锌铁皮放在木底板上，铁皮天沟一边伸入油毡下，并在靠墙一侧做成泛水。地震区女儿墙易坍塌，故非特殊需要不宜采用。

纵墙檐口的封檐构造见图 6.36。

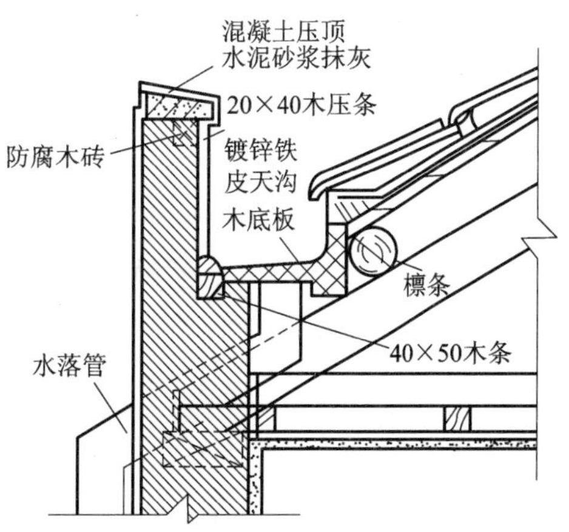

图 6.36　平瓦屋面纵墙檐口封檐构造

(2)山墙檐口

山墙檐口按屋顶形式分为硬山与悬山两种。硬山檐口构造，将山墙升起包住檐口，女儿墙与屋面交接处应做泛水处理。女儿墙顶应做压顶板，以保护泛水。硬山檐口构造见图 6.37。

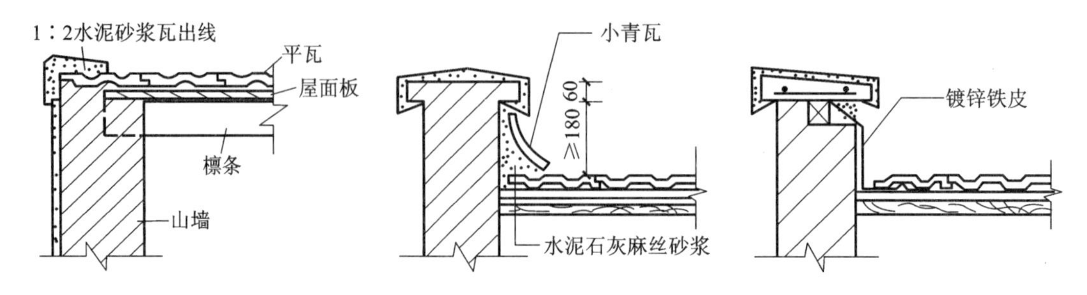

图 6.37 硬山檐口构造

悬山屋顶的山墙檐口构造，先将檩条外挑形成悬山，檩条端部钉木封檐板，沿山墙挑檐的一行瓦，应用 1∶2.5 的水泥砂浆做出披水线，将瓦封固。悬山檐口构造见图 6.38。

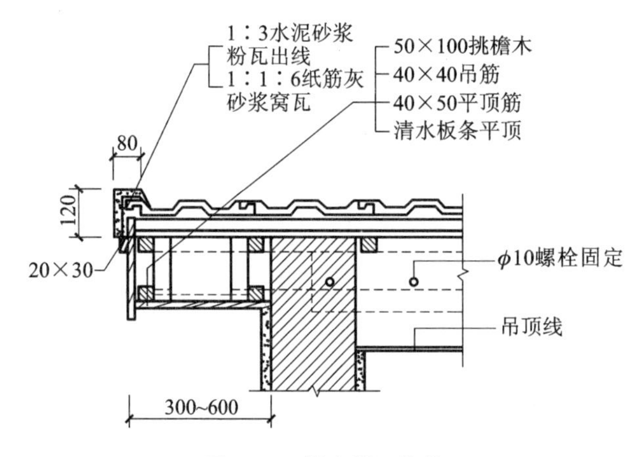

图 6.38 悬山檐口构造

6.5.4.2 天沟和斜沟构造

在等高跨或高低跨相交处，常常出现天沟，而两个相互垂直的屋面相交处则形成斜沟。沟应有足够的断面积，上口宽度不宜小于 300～500mm，一般用镀锌铁皮铺于木基层上，镀锌铁皮伸入瓦片下面至少 150mm。高低跨和包檐天沟若采用镀锌铁皮防水层时，应从天沟内延伸至立墙（女儿墙）上形成泛水。天沟、斜沟构造见图 6.39。

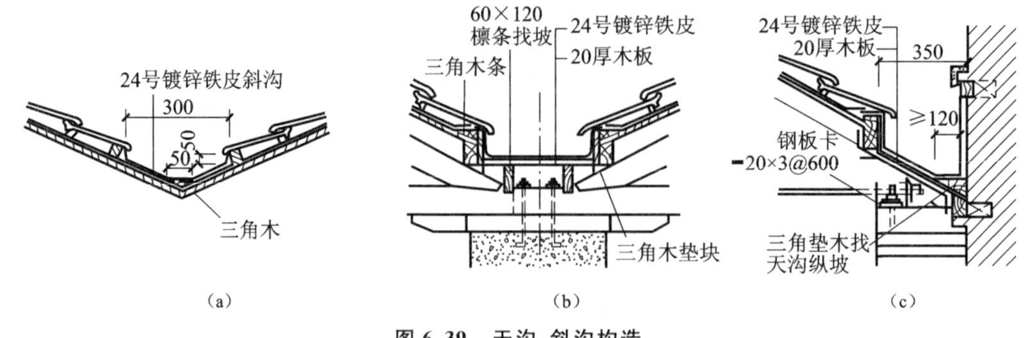

图 6.39 天沟、斜沟构造

(a)三角形天沟(双跨屋面)；(b)矩形天沟(双跨屋面)；(c)高低跨屋面天沟

6.5.5 坡屋顶的保温与隔热

(1)坡屋顶保温构造

坡屋顶的保温层一般布置在瓦材与檩条之间或吊顶棚上面。保温材料可根据工程具体要求选用松散材料、块体材料或板状材料。在一般的小青瓦屋面中,采用基层上满铺一层轻质保温材料作为保温层,小青瓦片黏结在该层上。在平瓦屋面中,可将保温层填充在檩条之间;在设有吊顶的坡屋顶中,常将保温层铺设在顶棚上面,可起到保温和隔热的双重作用。

(2)坡屋顶隔热构造

炎热地区在坡屋顶中设进气口和排气口,利用屋顶内外的热压差和迎风面的压力差,组织空气对流,形成屋顶内的自然通风,以减少由屋顶传入室内的辐射热,从而达到隔热降温的目的。进气口一般设在檐墙上、屋檐部位或室内顶棚上;出气口最好设在屋脊处,以增大高差,有利于加速空气流通。图 6.40 为几种通风屋顶的示意图。

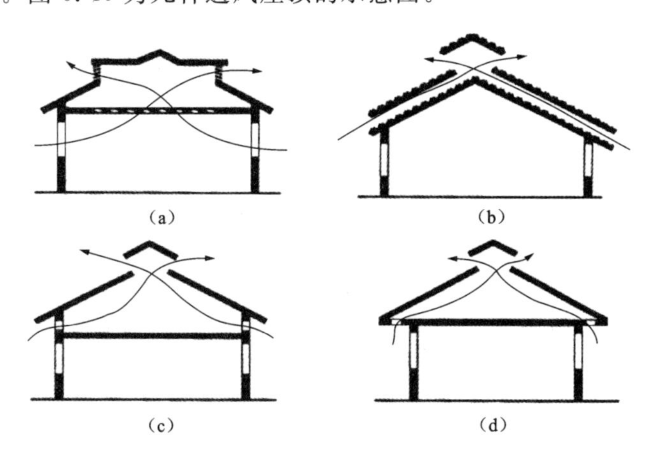

图 6.40 坡屋顶通风示意

(a)在顶棚和天窗设通风孔;(b)在外墙和天窗设通风孔之一;
(c)在外墙和天窗设通风孔之二;(d)在山墙及檐口设通风孔

复习思考题

一、填空题

1. 屋面的排水坡度可通过____________和____________形成。
2. 屋面防水根据采用的防水材料不同分为____________防水和____________防水。
3. 保温屋面为了减少结构变形对防水层的拉裂,宜在结构层与防水层间设__________层。

二、单选题

1. 下列不属于高聚物改性沥青防水卷材的是(　　)。

A. SBS 改性沥青油毡　　B. 再生胶沥青聚酯油毡

C. 铝箔塑聚酯油毡　　D. 三元乙丙橡胶防水卷材

2. 根据《屋面工程技术规范》(GB 50345—2012),将屋面防水划分为四个等级,其中等级为Ⅲ级的防水层的合理使用年限为(　　)。

A. 25 年　　B. 15 年　　C. 10 年　　D. 5 年

3. 在下列关于屋面无、有组织的排水方式中，错误的说法是(　　)。

A. 无组织排水方式就是自由落水，其构造简单，造价低廉

B. 有组织排水防水就是通过排水系统，将屋面积水有组织地排到地面

C. 有组织排水方式广泛用于多层及高层建筑，高标准的低层建筑和临街建筑；严寒地区的建筑多用无组织排水

D. 无组织排水方式多用于低层的中、小型建筑物或少雨地区建筑

4. 屋面防水构造是将屋面的防水卷材继续铺至垂直墙面上，形成卷材构造，泛水高度不小于(　　)。

A. 200mm　　B. 250mm　　C. 300mm　　D. 400mm

三、简答题

1. 什么是无组织排水和有组织排水？它们的优缺点和使用范围是什么？

2. 卷材屋面的构造层次有哪些？隔层的做法是什么？

3. 刚性防水屋面为什么易开裂？为什么要设隔离层？

7 门 窗 构 造

学习目标

(1)掌握门和窗的主要功能。

(2)掌握门窗的作用及门窗常用的材料。

(3)掌握门窗的开启方式及尺度。

(4)掌握门窗的节能。

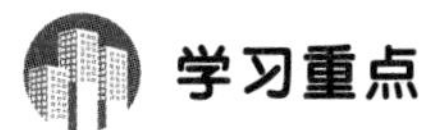

学习重点

门窗的作用及门窗常用的材料、门窗的开启方式及尺度、门窗的类型、门窗的节能等。

7.1 窗的构造

7.1.1 窗的作用

窗的主要作用是采光、通风和日照,同时有眺望观景、分隔室内外空间和围护作用,还兼有美观作用。

7.1.2 窗的分类

(1)按开启方式分,有固定窗、平开窗、上悬窗、中悬窗、下悬窗、立转窗、水平推拉窗、垂直推拉窗等(图 7.1)。

(2)按框料分,有木窗、彩板钢窗、铝合金窗和塑料窗等单一材料的窗,以及塑钢窗、铝塑窗等复合材料的窗。

(3)按层数分,有单层窗和多层窗。

(4)按镶嵌材料分,有玻璃窗、百叶窗和纱窗。

7.1.3 窗的组成

窗一般是由窗框、窗扇、五金零件、附件组成的,如图 7.2 所示。其中:窗框又称窗樘,一般由上框、下框、中横框、中竖框及边框等组成;窗扇由上冒头、中冒头(窗芯)、下冒头及边梃组成;五金零件包括铰链、风钩、插销、拉手及导轨、滑轮等;附件指窗框与墙的连接处,为满足不同的要求,有时加设贴脸、窗台板、窗帘盒等。

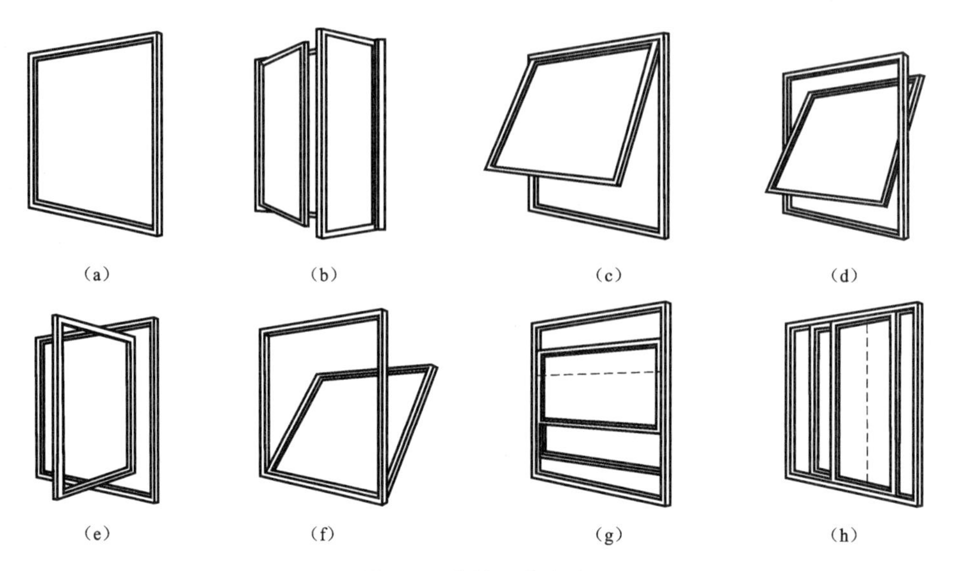

图 7.1　窗的开启方式

(a)固定窗;(b)平开窗;(c)上悬窗;(d)中悬窗;(e)立转窗;(f)下悬窗;(g)垂直推拉窗;(h)水平推拉窗

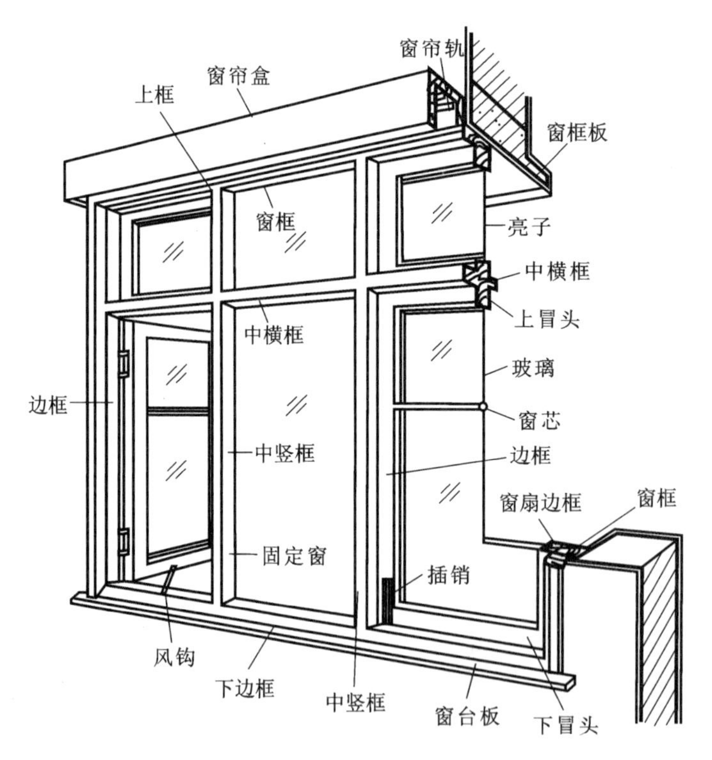

图 7.2　窗的组成

7.1.4　窗的尺度

窗的尺度一般应满足下列要求：

(1)要满足采光、通风与日照的需要,见表 7.1。

表 7.1 民用建筑采光等级表

采光等级	视觉工作征		房间名称	窗地面积比
	工作或活动要求精确程度	要求识别的最小尺寸(mm)		
Ⅰ	极精密	<0.2	绘图室、制图室、画廊、手术室	1/5～1/3
Ⅱ	精密	0.2～1	阅览室、医务室、健身房、专业实验室	1/6～1/4
Ⅲ	中精密	1～10	办公室、会议室、营业厅	1/8～1/6
Ⅳ	粗糙	>10	观众厅、居室、盥洗室、厕所	1/10～1/8
Ⅴ	极粗糙	不作规定	贮藏室、门厅、走廊、楼梯间	1/10 以下

(2)要符合建筑立面设计及建筑模数协调的要求。我国大部分地区标准窗的尺寸均采用3M 的扩大模数,常用的高、宽尺寸有:600、900、1200、1500、1800、2100、2400mm 等。

7.1.5 平开木窗的构造

(1)窗框

①窗框断面尺寸

应考虑接榫牢固,一般单层窗的窗框断面为高 40～60mm,宽 70～95mm,中横框上下均有裁口,断面高度应增加 10mm,横框如有披水,断面尺寸应增加 20mm。中竖框左右带裁口,应比边框增加 10mm 厚度。双层窗窗框的断面宽度应比单层窗窗框的宽度宽 20～30mm,窗框构造如图 7.3 所示。

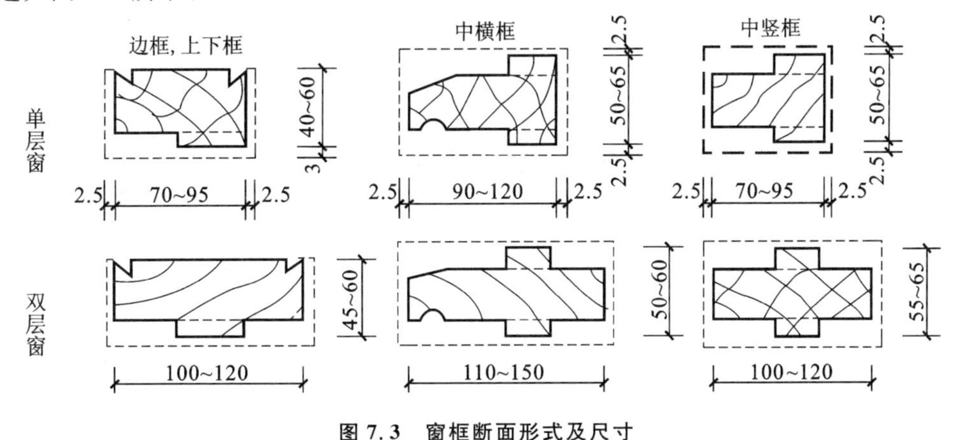

图 7.3 窗框断面形式及尺寸

②窗框安装方式

塞口法:墙砌好后再安装窗框,采用塞口法时洞口的高、宽尺寸应比窗框高、宽尺寸大10～30mm。

立口法:在砌墙前即用支撑先立窗框然后砌墙,框与墙的结合紧密,但是立樘与砌墙工序交叉,施工不便。

③窗框在墙中的位置(图 7.4)

内平:窗框与墙内表面相平,采用较多。安装时框应突出砖面 20mm,以便墙面粉刷后与抹灰面相平。框与抹灰面交接处,应用贴脸搭盖,以阻止抹灰干缩形成缝隙后风渗入室内,同

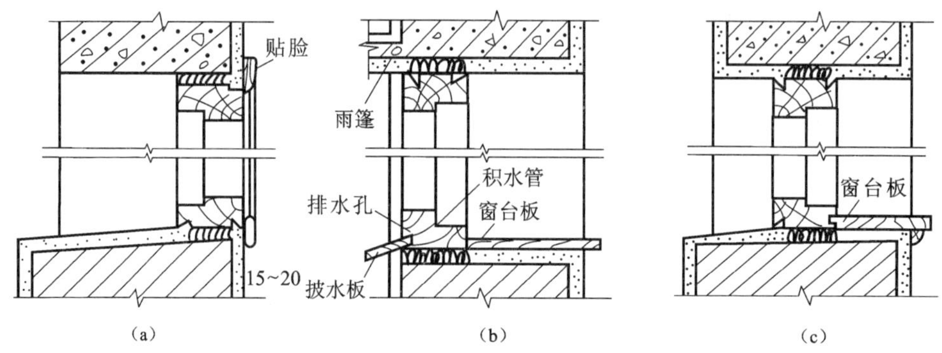

图 7.4 窗框在墙中的位置及防水处理

(a)内平;(b)外平;(c)居中

时可提升美观程度,其形状尺寸与门贴脸板相同。

外平:窗框与墙外表面相平。

居中:窗框位于墙体厚度之间。

④窗框与窗扇的防水措施

内开窗的下口和外开窗的中横框处,都是防水的薄弱环节,仅设裁口条还不能防水,一般需做披水条和滴水槽,以防雨水内渗;在近窗台处做积水槽和泄水孔,以利于渗入的雨水排出窗外。

窗框在墙中的位置及防水处理如图 7.4 所示。

(2)窗扇

常见的木窗扇有玻璃扇和纱窗扇。窗扇由上下冒头和边梃榫接而成,有的还用窗芯(也叫窗棂)分格,如图 7.5 所示。

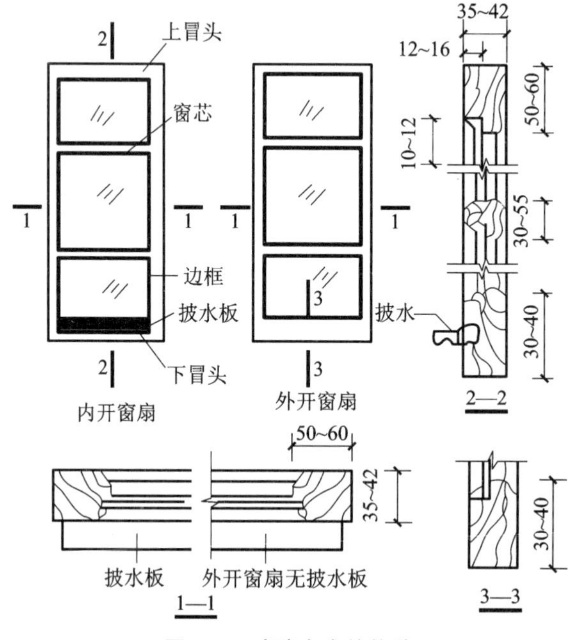

图 7.5 玻璃窗扇的构造

(3)窗的断面形状与尺寸

窗扇一般厚度取 35～42mm,以采用 40mm 者较多。纱窗扇的框料厚度可小些,一般为

30mm左右。上冒头与边框的宽度取50～60mm，下冒头视需要可适当加宽10～30mm。窗芯的宽度以27～35mm较多。窗扇的上下冒头、边梃和窗芯均设有裁口，以便安装玻璃或窗纱。

(4)玻璃的选择与安装

①玻璃类型：选择玻璃应兼顾窗的使用及美观要求。普通平板玻璃在民用建筑中应用最为广泛。为了满足保温、隔声需要，可选用双层中空玻璃；须遮挡或模糊视线的，可选用磨砂玻璃或压花玻璃；为了安全可选用夹丝玻璃、钢化玻璃或有机玻璃；为了防晒可采用有色、吸热、涂层和变色等种类的玻璃。

②玻璃厚度：与窗扇分格的大小有关。单块面积小的，可选用薄的玻璃，一般2mm或3mm厚，单块面积较大时，可选用5mm或6mm厚的玻璃。

③玻璃的安装：应先用小钉将玻璃卡牢，再用油灰嵌固。对于不会受雨水侵蚀的窗扇玻璃，也可用小木条镶钉。

7.1.6 铝合金窗

(1)铝合金窗的用料

窗框：以窗框的厚度尺寸来区分各种铝合金窗。如平开窗窗框厚度构造尺寸为50mm即称为50系列铝合金平开窗。铝合金窗的最大洞口尺寸及开启扇尺寸见表7.2。

表7.2 铝合金窗最大洞口尺寸、最大开启扇尺寸(mm)

窗型种类	系列	最大洞口尺寸($B\times H$)	最大开启扇尺寸($b\times h$)	
平开窗、滑轴窗	40	1800×1800	600×1200	
	50	2100×2100	600×1400	
	70	2100×1800	600×1200	
推拉窗	55	2400×2100，3000×1500	845×1500	
	60	2400×2100，3000×1800	900×1750	
	70	3300×1800，2000×2700	1000×2000	
	90	3000×2100	900×1800	
	90-1	3000×2100	900×1800	
固定窗	40	1800×1800		
	50	2100×2100		
	70	2100×2100		
立轴窗、中悬窗	70(立)	3000×2100		
	70(中)	1200×2000	1200×2000	
	80	1200×600	1200×600	
百叶窗	100	1400×2000	700×2000	非开启
	100	1400×2000	(700+700)×2000	

窗扇玻璃：普通平板玻璃、浮法玻璃、夹层玻璃、钢化玻璃及中空玻璃等。

铝合金窗的常见形式：固定窗、平开窗、滑轴窗、推拉窗、立轴窗和悬窗等，一般多采用水平推拉式。

(2)铝合金窗的安装

一般先在窗框外侧用螺钉固定钢质锚固件，安装时与洞口四周墙中的预埋铁件焊接或锚固在一起，玻璃是嵌固在铝合金窗料中的凹槽内，并加密封条。窗框固定铁件，除四周离边角150mm设一点外，一般间距不大于400～500mm。其连接方法有(图7.6)：①采用墙上预埋铁件连接；②墙上预留孔洞埋入燕尾铁脚连接；③采用金属膨胀螺栓连接；④采用射钉固定，锚固铁件用厚度不小于1.5mm的镀锌铁片。窗框固定好后窗洞四周的缝隙一般采用软质保温材料填塞，如泡沫塑料条、泡沫聚氨酯条、矿棉毡条和玻璃丝毡条、聚氨酯发泡剂等。填实处用水泥砂浆抹留5～8mm深的弧形槽，槽内嵌密封胶(图7.7)。

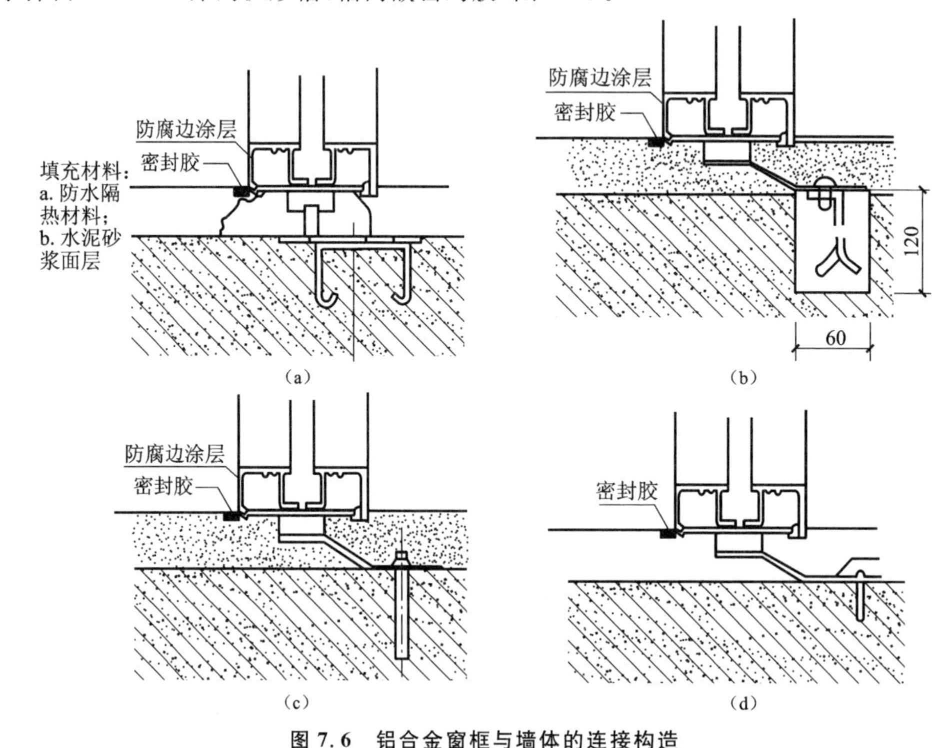

图7.6 铝合金窗框与墙体的连接构造

(a)预埋铁件连接；(b)燕尾铁脚连接；(c)金属膨胀螺栓连接；(d)射钉连接

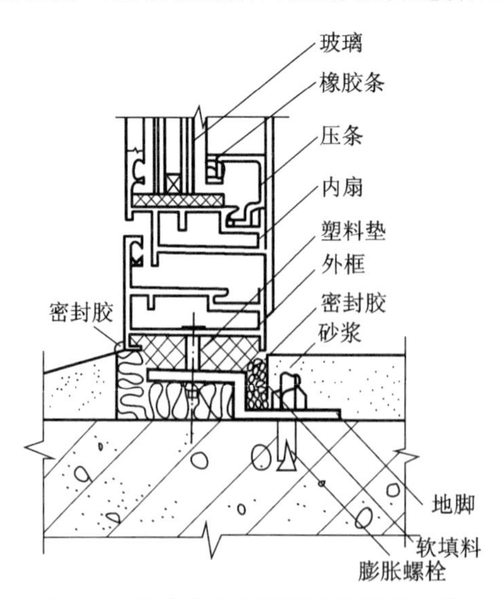

图7.7 铝合金窗安装节点及缝隙处理

7.1.7 塑钢窗

(1)特点:以改性硬质聚氯乙烯(简称 UPVC)为主要原料,加上一定比例的稳定剂、着色剂、填充剂、紫外线吸收剂等辅助剂,经挤出机挤出成型为各种断面的中空异型材。经切割后,在其内腔衬以型钢加强筋,用热熔焊接机焊接成型组装制作成窗框、扇等,配装上橡胶密封条、压条、五金件等附件而制成。它较之全塑窗刚度更大,自重更小,造价适宜。塑钢窗具有抗风压强度好、耐冲击、耐久性好、耐腐蚀、使用寿命长等优点。

(2)塑钢窗的材料:异型材一般是中空的,为了提高窗框、扇的热阻值,将排水孔道与补筋空腔分隔,可以做成双腔室,甚至多腔室(图 7.8)。为了提高硬质聚氯乙烯中空异型材的刚性和窗扇窗框的抗风压强度,在塑料窗用主型材内腔中放入钢质或铝质异型材增强。

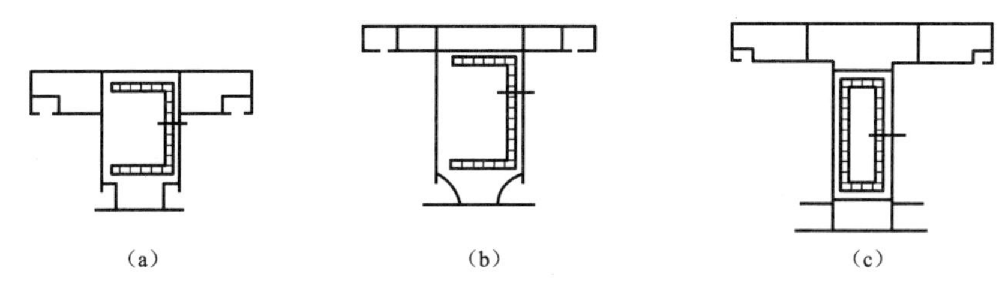

图 7.8 型材空腔的构造

(a)单腔;(b)双腔;(c)三腔

(3)塑钢推拉窗的常用形式:固定窗、平开窗、水平悬窗与立式悬窗及推拉窗等。

(4)塑钢窗窗框与墙体的连接:

假框法:做一个与塑钢窗窗框相配套的镀锌铁金属框,框材厚一般为 3mm,预先将其安装在窗洞口上,抹灰装修完毕后再安装塑钢窗。安装时将塑钢窗送入洞口,靠住金属框后用自攻螺钉紧固。此外,旧木窗、钢窗更换为塑钢窗时,可保留木框或钢框,在其上安装塑钢窗,并用塑料盖口条装饰。

连接件法[图 7.9(a)]:窗框通过固定铁件与墙体连接,先用自攻螺钉将铁件安装在窗框上,然后将窗框送入洞口定位。于定位设置的连接点处,穿过铁件预制孔,在墙体相对位置上

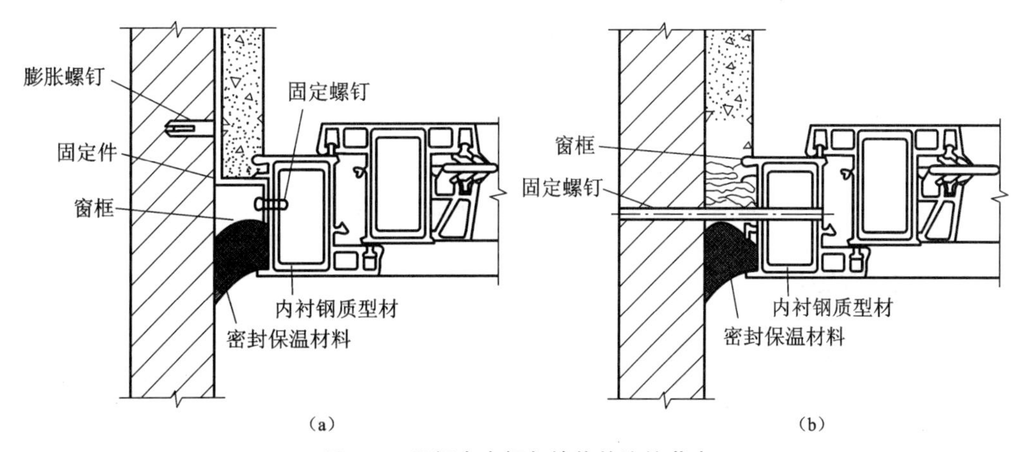

图 7.9 塑钢窗窗框与墙体的连接节点

(a)连接件法;(b)直接固定法

钻孔,插入尼龙胀管,然后拧入胀管螺钉将铁件与墙体固定。也可以在墙体内预埋木砖,用木螺钉将固定铁件与木砖固定。这两种方法均须注意,连接窗框与铁件的自攻螺钉必须穿过加强衬筋或至少穿过窗框型材两层型材壁,否则螺钉易松动,不能保证窗的整体稳定性。

直接固定法[图 7.9(b)]:即在墙体内预埋木砖,将塑钢窗窗框送入窗洞口定位后,用木螺钉直接穿过窗型材与木砖连接。塑钢窗固定后,窗洞口和四周缝隙处理与铝合金窗相同。

7.2 门

7.2.1 门的作用

门的主要用途是交通联系和围护,门在建筑的立面处理和室内装修中也有着重要作用。

7.2.2 门的分类

(1)按开启方式分类,有平开门、弹簧门、推拉门、折叠门、转门等,如图 7.10 所示。

(2)按门所用材料分,有木门、钢门、铝合金门、塑料门及塑钢门等。

(3)按门的功能分,有普通门、保温门、隔声门、防火门、防盗门、人防门以及其他特殊要求的门等。

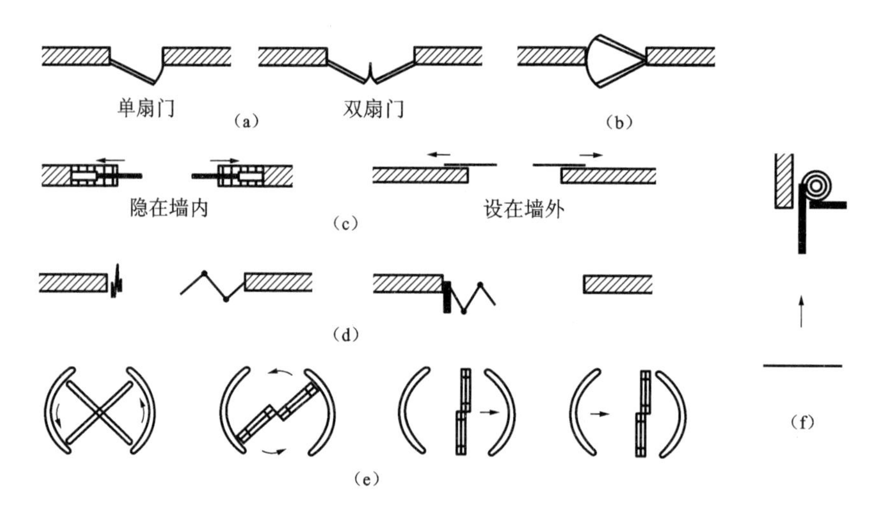

图 7.10 门的开启方式

(a)平开门;(b)弹簧门;(c)推拉门;(d)折叠门;(e)转门;(f)卷帘门

7.2.3 门的组成

门一般由门框、门扇、腰窗、五金零件及附件组成,如图 7.11 所示。门框是门与墙体的连接部分,由上框、边框、中横框和中竖框组成。门扇一般由上、中、下冒头和边梃组成骨架,中间固定门芯板。腰窗俗称亮子、气窗,在门的上方,主要作用是辅助采光和通风。五金零件包括铰链、插销、门锁、拉手等;附件有贴脸板、筒子板。

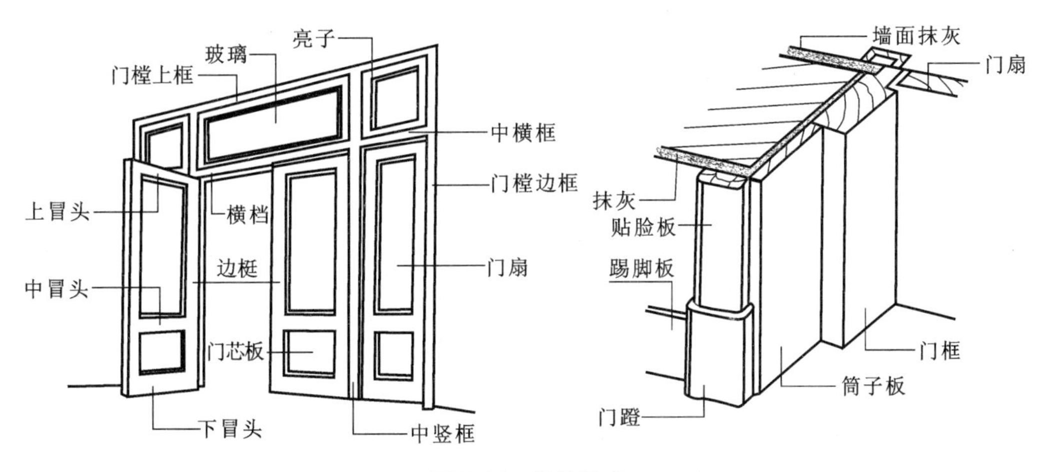

图 7.11 门的组成

7.2.4 门的尺寸

(1)门的洞口尺寸可根据交通、运输以及疏散要求来确定。对于大型公共建筑,门的尺度可根据需要另行确定。

(2)一般情况下,门的宽度为:800～1000mm(单扇),1200～1800mm(双扇)。

(3)门的高度一般不宜小于 2100mm,有亮子时可适当增高 300～600mm。

7.2.5 平开门的构造

(1)门框的断面形状和尺寸:门框的断面形状与窗框类似,但由于门受到的各种冲撞荷载比窗大,故门框的断面尺寸要适当增加,如图 7.12 所示。

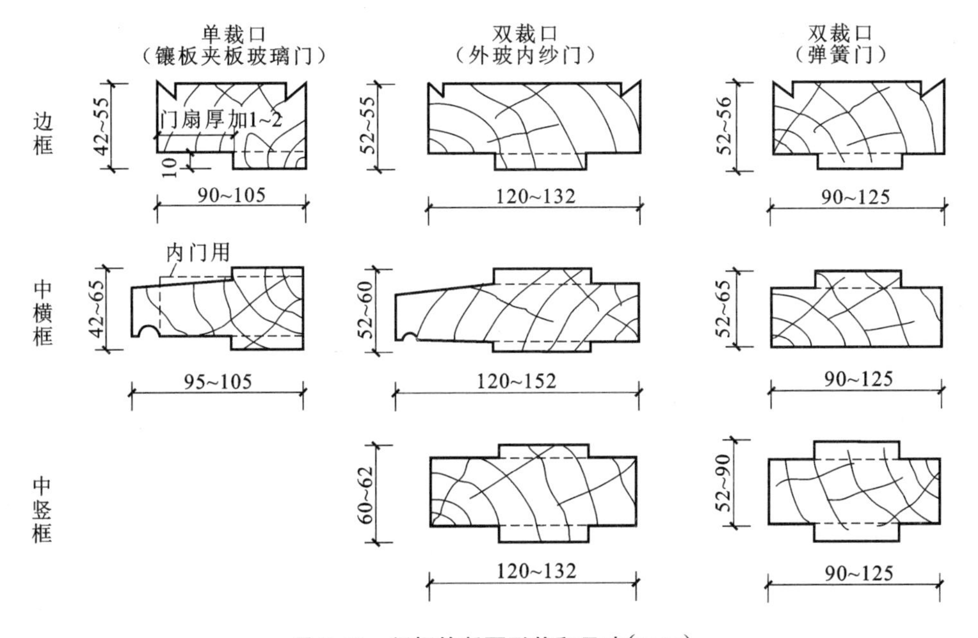

图 7.12 门框的断面形状和尺寸(mm)

(2)门框的安装:与窗框相同,分立口和塞口两种施工方法。工厂化生产的成品门,其安装多采用塞口法施工。

(3)门框与墙的关系:门框内平、门框居中和门框外平三种情况。一般情况下多做在开门方向一边,与抹灰面平齐,使门的开启角度较大。对较大尺寸的门,为牢固地安装,多居中设置,如图 7.13 所示。

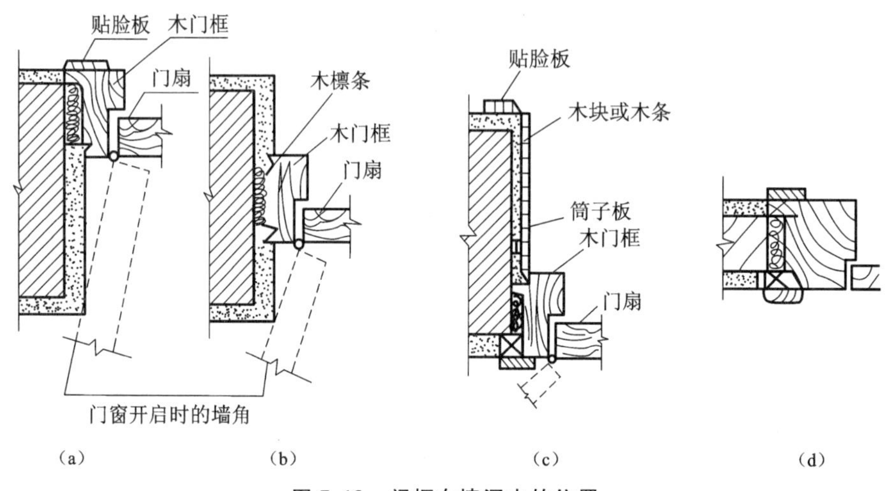

图 7.13　门框在墙洞中的位置

(a)外平;(b)立中;(c)内平;(d)内外平

(4)门框的墙缝处理:应比窗框更牢固。门靠墙一边开防止背槽因受潮而变形,并做防潮处理。门框外侧的内外角做灰口,缝内填弹性密封材料。

7.2.6　夹板门

夹板门的门扇由骨架和面板组成,骨架通常采用(32~35)mm×(34~36)mm 的木料制作,内部用小木料做成格形纵横肋条,肋距视木料尺寸而定,一般为 300mm 左右。在上部设小通气孔,保持内部干燥,防止面板变形。面板可用胶合板、硬质纤维板或塑料板等,用胶结材料双面胶结在骨架上。门的四周可用 15~20mm 厚的木条镶边,以取得整齐美观的效果。根据功能的需要,夹板门上也可以局部加玻璃或百叶,一般在装玻璃或百叶处,做一个木框,用压条镶嵌。夹板门构造如图 7.14 所示。

7.2.7　镶板门

镶板门的门扇由骨架和门芯板组成。骨架一般由上冒头、下冒头及边梃组成,有时中间还有中冒头或竖向中梃。门芯板可采用木板、胶合板、硬质纤维板及塑料板等。有时门芯板可部分或全部采用玻璃,则称为半玻璃(镶板)门或全玻璃(镶板)门。与镶板门类似的还有纱门、百叶门等。

镶板门门扇骨架的厚度一般为 40~45mm。上冒头、中冒头和边梃的宽度一般为 75~120mm,下冒头的宽度习惯上同踢脚高度,一般为 200mm 左右。中冒头为了便于开槽装锁,其宽度可适当增加,以弥补开槽对中冒头材料的削弱。

镶板门的构造如图 7.15 所示。

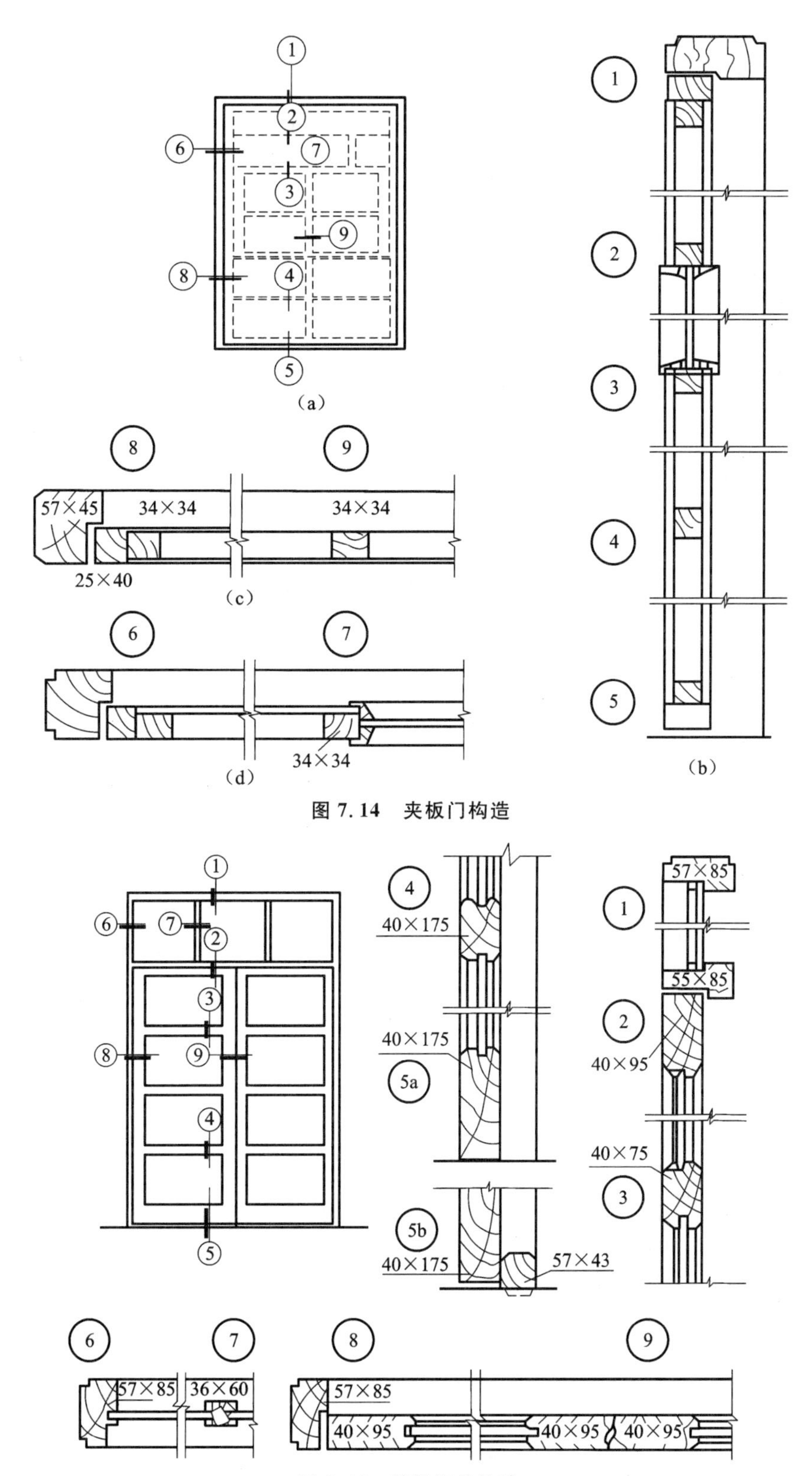

图 7.14 夹板门构造

图 7.15 镶板门的构造

7.2.8 铝合金门

铝合金门的特性与铝合金窗相同。铝合金门型材尺寸见表 7.3。门的开启方式可以采用推拉,也可采用平开。铝合金门的构造及施工方法可参照铝合金窗的构造做法。

表 7.3 铝合金门型材尺寸(mm)

地区	门型			
	平开门	推拉门	有框的弹簧门	无框的弹簧门
北京	50、55、70	70、90	70、100	70、100
华东	45、53、38	90、100	50、55、100	70、100
广东	38、45、50、55、80、100	70、108、73、90	46、70、100	70、100

7.2.9 塑料门与塑钢门

塑料门与塑钢门的特性、材料、施工方法及细部构造可参照塑料窗与塑钢窗的构造做法。

7.3 其他门窗

7.3.1 彩板钢门窗

(1)特点:以彩色镀锌钢板,经机械加工而成的门窗。它具有质量小、硬度大、采光面积大、防尘、隔声、保温密封性好、造型美观、色彩绚丽、耐腐蚀等特点。

(2)类型:带副框和不带副框两种。当外墙面为花岗石、大理石等贴面材料时,常采用带副框的门窗。安装时,先用自攻螺钉将连接件固定在副框上,并用密封胶将洞口与副框及副框与门窗樘之间的缝隙进行密封,如图 7.16(a)所示。当外墙装修为普通粉刷时,常用不带副框的做法,即直接用膨胀螺钉将门窗樘子固定在墙上,如图 7.16(b)所示。

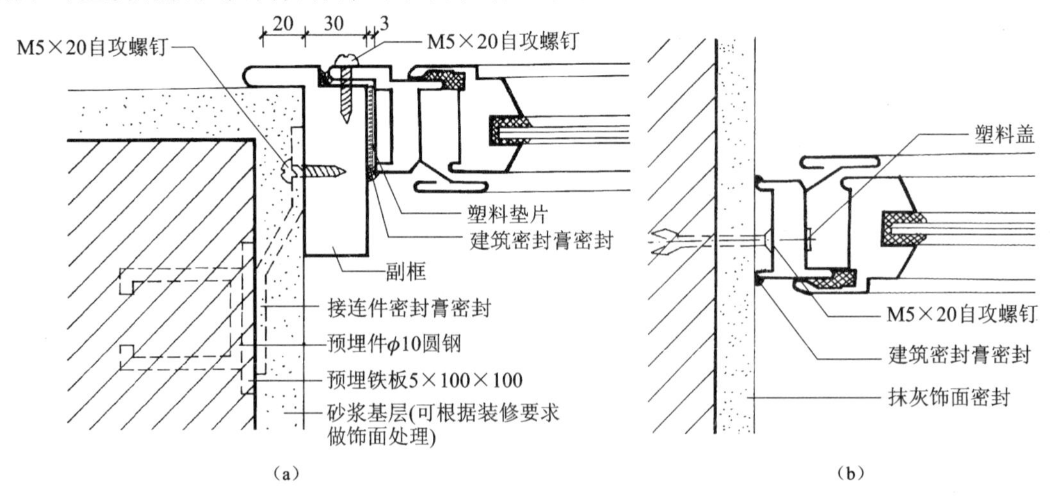

图 7.16 彩板钢门窗

(a)带副框彩板门窗;(b)不带副框彩板门窗

7.3.2 保温门窗

设计要点：提高门窗的热阻，减少冷空气渗透量。当室外温度低于零下 20℃或建筑标准要求较高时，保温窗可采用双层窗、中空玻璃保温窗；保温门采用拼板门、双层门芯板，门芯板间填以保温材料，如毛毡、兽毛或玻璃纤维、矿棉等，如图 7.17 所示。

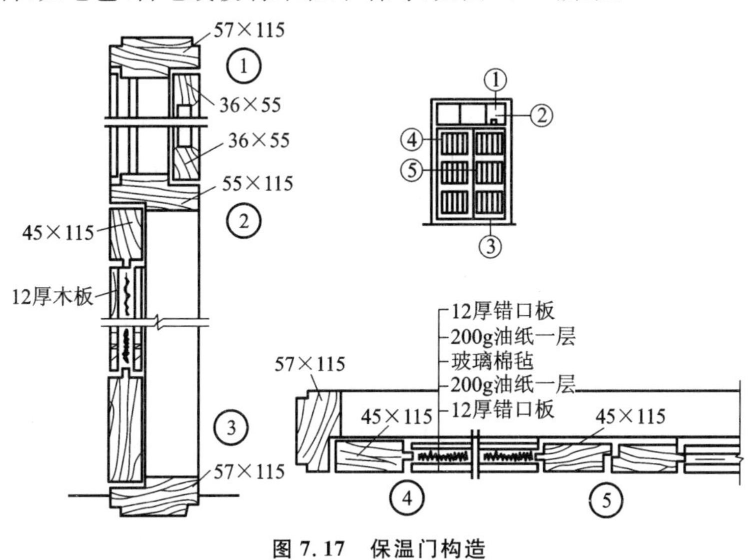

图 7.17　保温门构造

适用：对寒冷地区及冷库建筑，为了减少热损失，应做保温门窗。

7.3.3 隔声门窗

设计要点：为了提高门窗隔声能力，除铲口及缝隙须特别处理外，可适当增加隔声的构造层次；避免刚性连接，以防止连接处固体传声，如图 7.18 所示；当采用双层玻璃时，应选用不同厚度的玻璃。

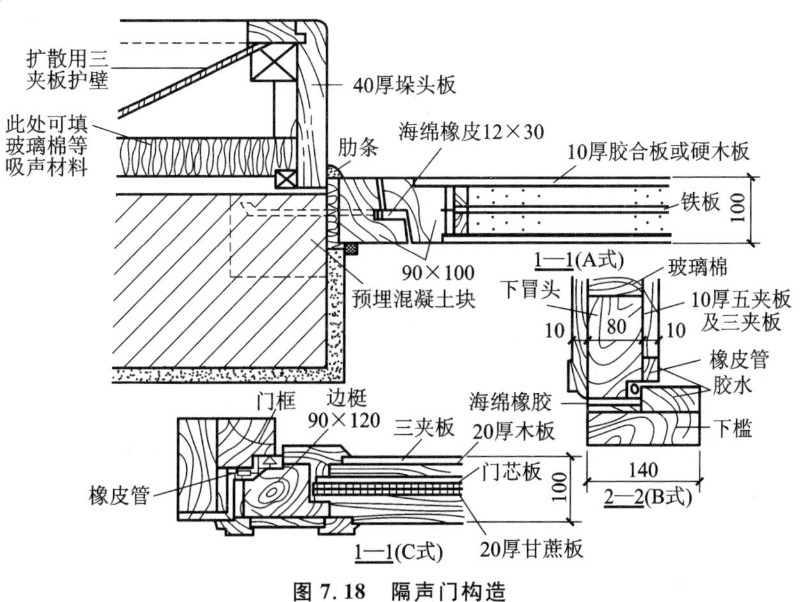

图 7.18　隔声门构造

适用:对录音室、电话会议室、播音室等应采用隔声门窗。

7.3.4 防火门窗

分级:依据我国《建筑设计防火规范》(GB 50016—2014)规定,防火门可分为甲、乙、丙三级,其耐火极限分别为 1.5h、1.0h、0.5h。

设计要点:防火门不仅应具有一定的耐火性能,且应关闭紧密、开启方便。防火门一般外包镀锌铁皮或薄钢板,美观性较差。常用防火门多为平开门、推拉门。它平时是敞开的,一旦发生火灾,须关闭且关闭后能从任何一侧手动开启。用于疏散楼梯间的门,应采用向疏散方向开启的单向弹簧门。当建筑物设置防火墙或防火门窗有困难时,可采用防火卷帘代替防火门,但必须用水幕保护。防火门的构造如图 7.19 所示。

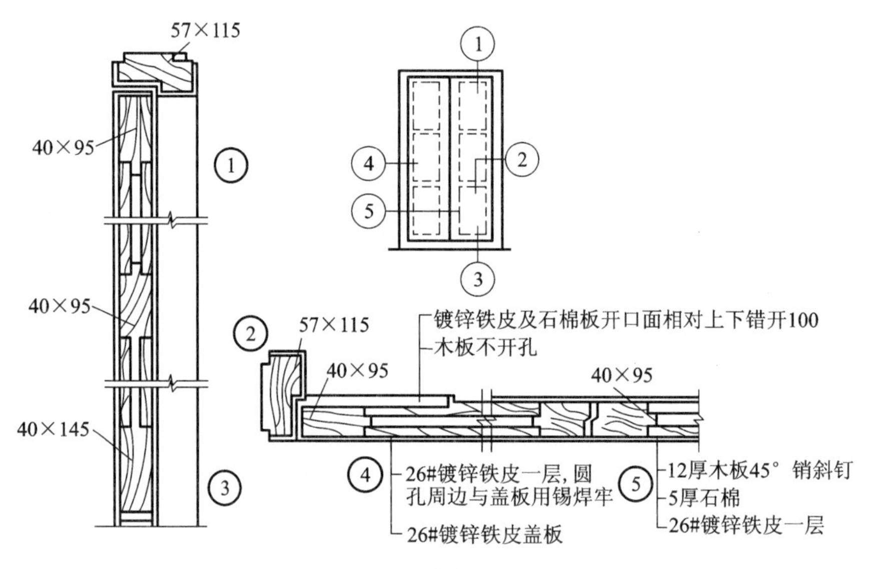

图 7.19 防火门构造

7.4 遮阳构造

在进行建筑设计时,一定要使建筑物的主要房间具有良好的朝向,以便组织通风,获得良好的日照等。但在炎热的夏季,阳光直射到室内会使室内温度过高并产生眩光,从而影响人们正常工作、学习和生活。因此有的建筑要考虑设置遮阳设施来解决这一问题。

(1)遮阳的种类及对应朝向

遮阳包括绿化遮阳和加设遮阳设施两个方面。绿化遮阳一般用于低层建筑,通过在房屋附近种植树木或攀缘植物达到遮阳效果。

遮阳设施有两种。对于标准较低或临时性建筑,可用油毡、波形瓦、纺织物等作为活动性遮阳设施;对于标准较高的建筑则应设置遮阳板作为永久性遮阳设施,可起到遮阳、隔热、挡雨、丰富美化建筑立面等作用。本节重点讲述永久性遮阳设施。

①水平遮阳:设于窗洞口上方或中部,能遮挡从窗口上方射来、高度角较大的阳光,适于朝南向或接近南向的建筑,见图 7.20(a)。

②垂直遮阳：设于窗两侧或中部，能遮挡从窗口两侧斜射来、高度角较小的阳光，适于东、西朝向的建筑，见图 7.20(b)。

③综合遮阳：设于窗上部、两侧的水平和垂直的综合遮阳设施，兼具水平和垂直遮阳的特点，适于东南、西南朝向的建筑，见图 7.20(c)。

④挡板式遮阳：能遮挡高度角较小、正射窗口的阳光，适于东、西朝向的建筑，见图 7.20(d)。

⑤旋转式遮阳：通过旋转角度满足不同遮阳要求，能遮挡任意角度的照射阳光。当遮阳挡板与窗成 90°时透光量最大，平行时遮阳效果最好，所以适用于任何朝向的建筑。旋转式遮阳板应距窗外侧一定距离，主要是为了避免影响窗的开启，见图 7.20(e)。

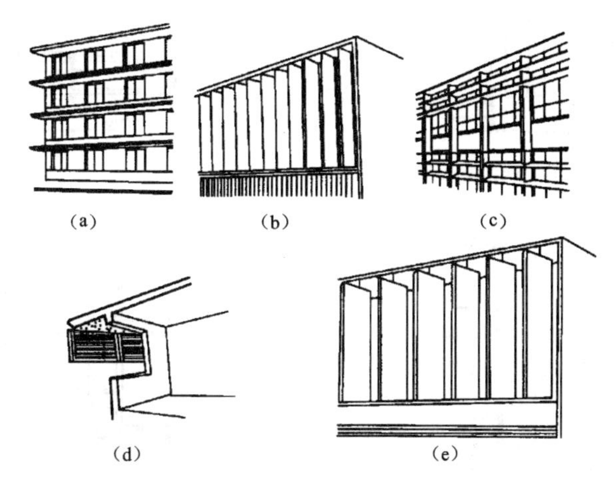

图 7.20　遮阳的基本形式

(a)水平遮阳；(b)垂直遮阳；(c)综合遮阳；(d)挡板式遮阳；(e)旋转式遮阳

各种遮阳设施适用的朝向见图 7.21。

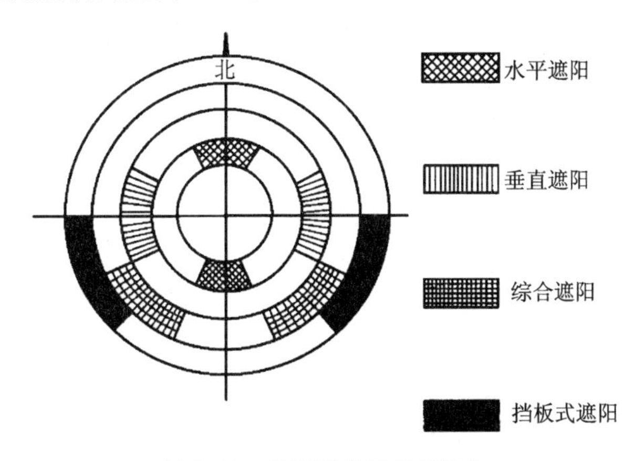

图 7.21　遮阳设施适用的朝向

(2)遮阳板的构造

①预制或现浇的钢筋混凝土板较普遍采用，一般与房屋圈梁、框架梁整浇或预制板焊接，见图 7.22。垂直遮阳板的构造见图 7.22(a)，水平遮阳板的构造见图 7.22(b)。

②砖砌遮阳板只用于垂直式遮阳，砌在窗两侧突出的扶壁小柱或小墙上。

③玻璃钢遮阳板采用定型玻璃钢，并用螺栓固定在窗洞上方。

此外，还可以用磨砂玻璃、钢百叶、塑铝片等，悬挂于窗洞口上方的水平悬挑板下，从而达到遮阳的目的。

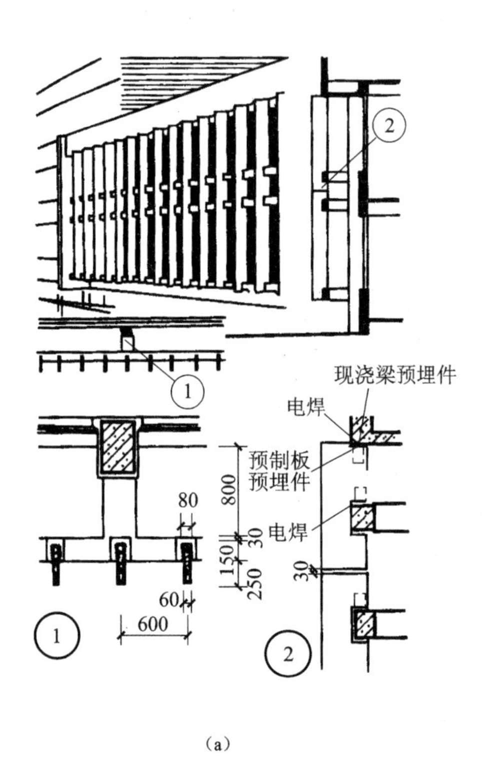

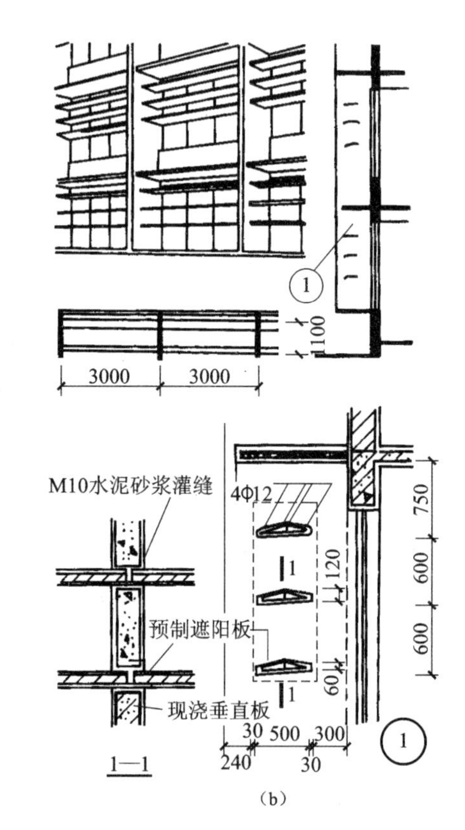

图 7.22　钢筋混凝土遮阳板的构造

(a)垂直遮阳板；(b)水平遮阳板

复习思考题

一、填空题

1. 木门窗的安装方法有________和________两种。

2. 窗的作用是________、________和________。

3. 木窗代号是________，钢窗代号是________，门的代号是M。

4. 门的作用是________、________和________。

二、单选题

1. 关于建筑门窗安装的规定，下列错误的是(　　)。

A. 单块玻璃面积大于1.5m^{2}时，应采用安全玻璃

B. 玻璃不应直接接触型材

C. 单面镀膜层应朝向室内，磨砂玻璃的磨砂面应朝向室外

D. 中空玻璃的单面镀膜玻璃应在最外层，镀膜层应朝向室内

2. 下列木门框与加气混凝土砌块墙的连接方法中，(　　)不合适。

A. 后埋塑料膨胀螺栓连接

B. 胶粘圆木，木螺钉连接

C. 铁杆连接

D. 预埋防腐木砖

3. 采用轻钢龙骨石膏板隔墙时，门窗与墙体的连接应采用(　　)。

A. 预埋钢板连接　　B. 膨胀螺栓连接

C. 射钉连接　　D. 木螺钉连接

三、简答题

1. 门与窗在建筑中的作用是什么？

2. 门与窗各有哪几种开启方式？它们的特点及使用范围有哪些？

3. 安装木窗框的方法有哪些？各有什么特点？

4. 门窗框与砖墙的连接方法有哪些？窗框与墙体之间的缝隙如何处理？画图说明。

8 建筑施工图

房屋建筑工程图有其相应的表达方法和特点，学习和掌握这些内容，将为迅速而准确地识读专业施工图打下良好的基础。

8.1 房屋建筑工程图的组成、编排及图示特点

房屋建筑工程图是工程技术的“语言”，它能够准确地表达建筑物的外形轮廓、尺寸大小、结构构造、装修做法等。故要求有关施工人员必须熟悉施工图的全部内容，能够迅速、正确地识读建筑工程图纸。要做到这一点，我们首先要掌握房屋建筑工程图的组成、排序与特点。

房屋建造要经过设计和施工两个过程，而设计需要把想象中的建筑物用图形表示出来，这种图形统称为建筑工程施工图。

投影的基本知识

建筑工程图的组成

8.1.1 房屋建筑工程图的组成

一套房屋建筑工程图，一般按专业分为建筑施工图、结构施工图、设备施工图（给水排水施工图、采暖通风施工图、电气照明施工图）三类。

（1）建筑施工图（简称建施）

主要反映建筑物的规划位置、外形和大小、内外装修、内部布置、细部构造做法及施工要求等。建筑施工图主要包括：总封面、图纸目录、施工图设计说明、总平面定位图（不另立总施图子项时）、建筑平面图、立面图、剖面图、放大平面图、各种建筑详图等（一般包括墙身节点、坡道、楼梯间、卫生间、设备间、门窗立面等）。

（2）结构施工图（简称结施）

主要表达各种承重构件的平面布置，构件的类型、大小、构造的做法以及其他专业对结构设计的要求等。基本图纸包括：结构说明书、基础图、结构平面图和构件详图。结构施工图是房屋施工时开挖地基，制作构件，绑扎钢筋，设置预埋件，安装梁、板、柱等构件的主要依据，也是编制工程预算和施工组织计划等的主要依据。

（3）设备施工图（简称设施）

它包括建筑给水排水施工图、采暖通风施工图、电气照明施工图。

建筑给水排水施工图：主要表达给水、排水管道的布置和设备的安装。

建筑采暖通风施工图：主要表达供暖、通风管道的布置和设备的安装。

建筑电气照明施工图：主要表达电气线路布置和接线原理图。

设备施工图是室内布置管道或线路，安装各种设备、配件或器具的主要依据，也是编制工程预算的主要依据。

一套建筑工程施工图按图纸目录、设计说明、总平面、建筑、结构、水、暖、电等施工图顺序编排，一般全局性图纸在前，表明局部的图纸在后；先施工的在前，后施工的在后，重要的图纸在前，次要的在后。

为了保存的图纸便于查阅，必须对每张图纸进行编号。如建筑施工图中的“建施 01”、“建施 02”等。

8.1.2　房屋建筑工程图的特点

扫一扫

图纸的形成原理

扫一扫

点、线、面的投影规律

房屋建筑工程图在图示方法上有如下特点：

(1)施工图各图样主要根据正投影原理绘制。所以按正投影法绘制的图样都应符合正投影的投影规律。

①六面及多面投影。对于简单的工程物体，我们可以应用三面投影或更少的投影图来反映其详细情况，但对于复杂的工程物体就显不足。这时我们可以在 V、H、W 三个投影面相对并平行的位置上设立 V_1、H_1 和 W_1 三个新投影面，这六个投影面就组成了六面投影体系，将要表达的工程物体放在该投影体系中，如图 8.1(a)所示，然后用正投影方法分别向各面投影，便得到物体六个面的投影，从而将物体各个侧面的情况反应清楚。

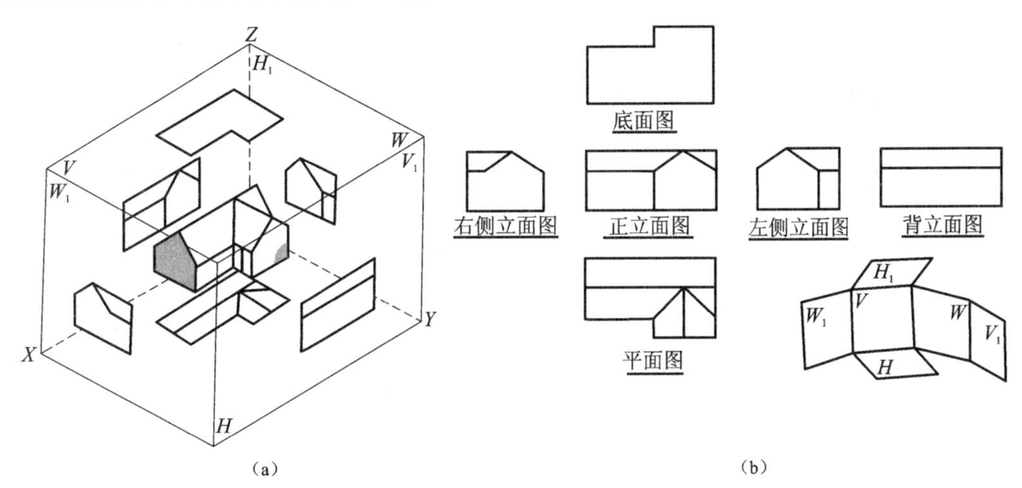

图 8.1　六面投影体及物体正投影

(a)六面投影体系；(b)六面投影的展开及布置

把六个投影面展开和 V 面共面以后，就得到物体的六面投影面，如图 8.1(b)所示。在建筑工程中习惯将 V、W 及 V_1、W_1 的投影称为立面图，其中把主要用于反映物体特征的 V 面投影叫作正立面图，其余按形成投影时的投影方向，分别叫作左侧立面(即 W 投影)、右侧立面(即 W_1 投影)和背侧立面(即 V_1 投影)。在 H_1 面上的投影叫作底面图，如图 8.1(b)所示。

不论各图样是否画在同一张图纸上，都要在各图样的下方注写相应的图名，并画上图名线(粗实线)，如图 8.1(b)所示。

六面投影图也符合“长对正、高平齐、宽相等”的投影关系。有时根据表达的需要，只画其中几个投影，称为多面投影。

②镜像投影法。在绘制房屋建筑工程图中，还采用镜像投影法。所谓镜像投影法，就是在作正投影时，把镜子中的影相投射到投影面上所得到的正投影图。镜像投影图在其图后要加注“镜像”两字，如图8.2所示，主要用于装饰装修施工图中的吊顶平面图的投影表达。

扫一扫

绘图工具及使用方法

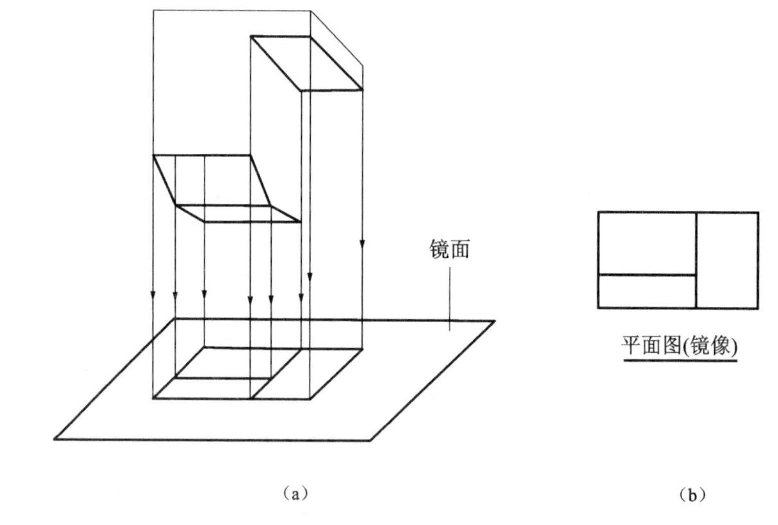

图8.2　镜像投影法

(a)形成镜像；(b)投影图(正投影)

(2)房屋建筑工程图要根据工程形体大小，采用不同的比例来绘制。

如建施图中的平、立、剖面图常用较小的比例绘制，而建筑详图由于构造复杂，采用较大的比例绘制。施工图常用及可用比例见表8.1。

表8.1　绘图所用的比例

常用比例	1∶1，1∶2，1∶5，1∶10，1∶20，1∶30，1∶50，1∶100，1∶150，1∶200，1∶500，1∶1000，1∶2000
可用比例	1∶3，1∶4，1∶6，1∶15，1∶25，1∶40，1∶60，1∶80，1∶250，1∶300，1∶400，1∶600，1∶5000，1∶10000，1∶20000，1∶50000，1∶100000，1∶200000

(3)由于房屋建筑工程的构配件和材料规格种类繁多，为了作图简便，国家标准规定了一系列的图例、符号和代号，用以表示建筑构配件、建筑材料和设备等。

(4)房屋建筑工程图中图的尺寸，除标高和总平面图以米为单位外，一般施工图必须以毫米为单位。在尺寸数字后面，不必标注尺寸单位。

8.2　房屋建筑工程图的有关规定

扫一扫

建筑制图标准

为了保证制图质量、提高效率，并做到统一规范、便于阅读，我国制定了《房屋建筑制图统一标准》(GB/T 50001—2017)。在绘制施工图时，必须严格遵守国家标准的规定。

8.2.1　图纸的幅面和规格

单位工程的施工图装订成套，为了使整套施工图方便装订，国标规定图纸

按其大小分为5种，见表8.2。表中，A0的幅面是A1幅面的2倍，A1幅面是A2幅面的2倍，依此类推，即A0＝2A1＝4A2＝8A3＝16A4。同一项工程的图纸，幅面不宜多于两种。一般A0～A3图纸宜横式使用，必要时也可立式使用，如图8.3所示。如图纸幅面不够，可将图纸长边加长，但短边不宜加长，长边加长应符合表8.3的规定。

表8.2 幅面及图框尺寸(mm)

幅面代号 尺寸代号	A0	A1	A2	A3	A4
$b\times l$	841×1189	594×841	420×594	297×420	210×297
c	10			5	
a	25				

表8.3 图纸长边加长尺寸(mm)

幅面代号	长边尺寸	长边加长后的尺寸
A0	1189	1486(A0+1/4l)　1783(A0+1/2l)　2080(A0+3/4l)　2378(A0+l)
A1	841	1051(A1+1/4l)　1261(A1+1/2l)　1471(A1+3/4l)　1682(A1+l) 1892(A1+5/4l)　2102(A1+3/2l)
A2	594	743(A2+1/4l)　891(A2+1/2l)　1041(A2+3/4l)　1189(A2+l) 1338(A2+5/4l)　1486(A2+3/2l)　1635(A2+7/4l)　1783(A2+2l) 1932(A2+9/4l)　2080(A2+5/2l)
A3	420	630(A3+1/2l)　841(A3+l)　1051(A3+3/2l)　1261(A3+2l) 1471(A3+5/2l)　1682(A3+3l)　1892(A3+7/2l)

注：有特殊需要的图纸，可采用$b\times l$为841mm×891mm与1189mm×1261mm的幅面。

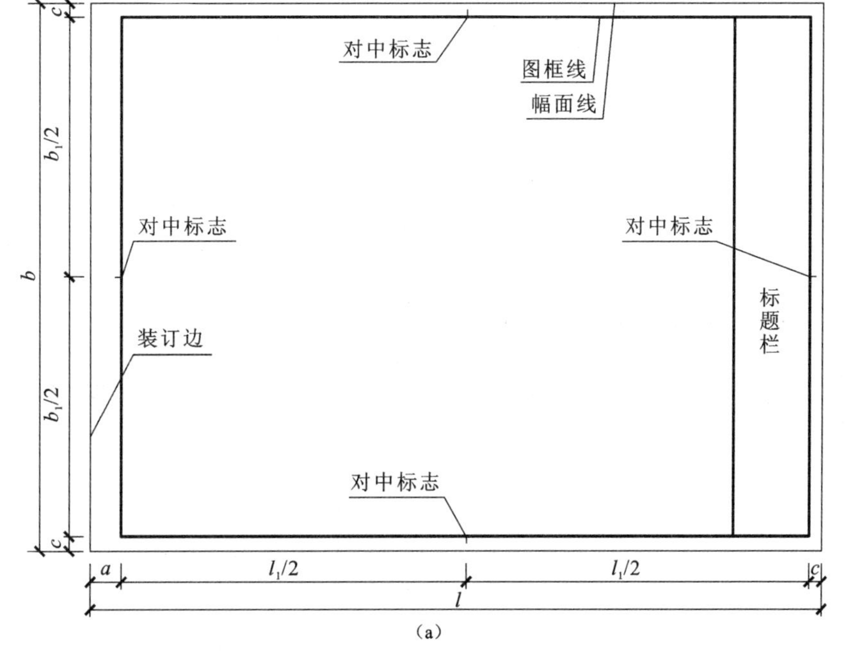

(a)

建筑施工图识图的基本知识

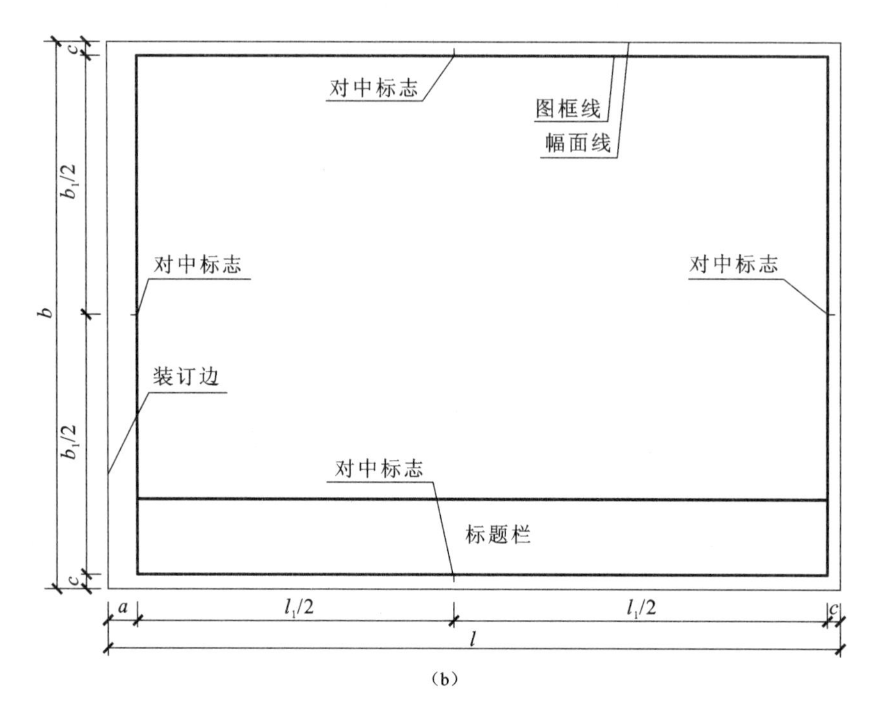

(b)

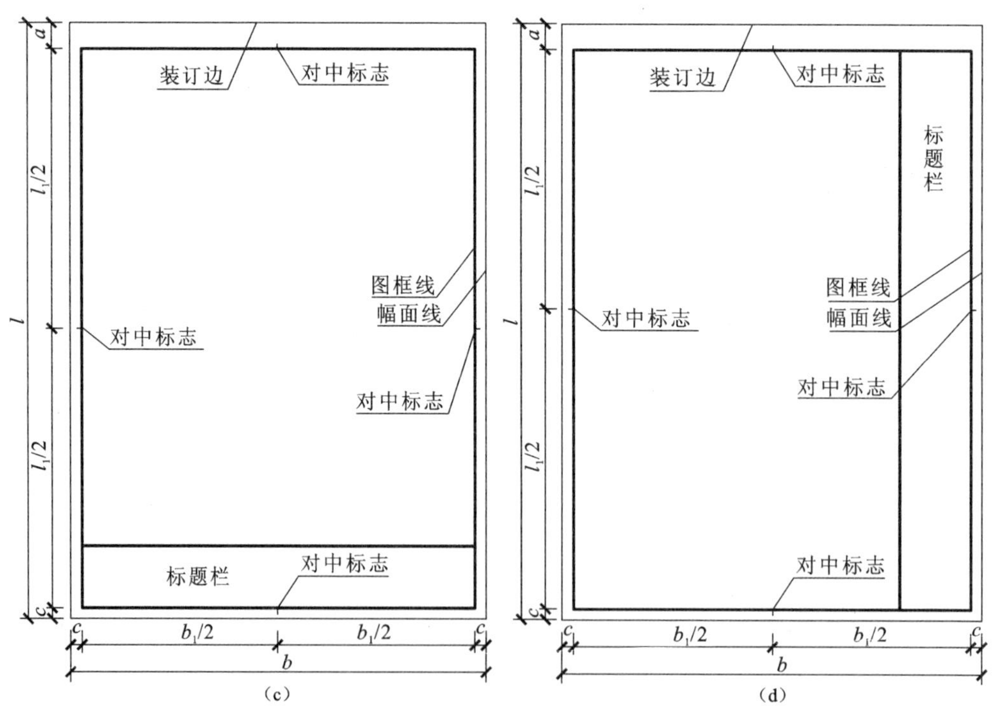

(c) (d)

图 8.3 图纸的幅面格式

(a) A0～A3 横式幅面(一);(b) A0～A3 横式幅面(二);

(c) A0～A4 立式幅面(一);(d) A0～A4 立式幅面(二)

图纸中应有图框线、幅面线、标题栏、装订边线和对中标志，图纸的标题栏及装订边的位置，应符合下列规定：

①横式使用的图纸，应按图 8.3(a)、(b)的形式进行。

②立式使用的图纸，应按图 8.3(c)、(d)的形式进行。

标题栏应符合图 8.4 的规定，根据工程的需要选择确定其尺寸、格式及分区。签字区应包括实名列和签名列，并应符合下列规定：

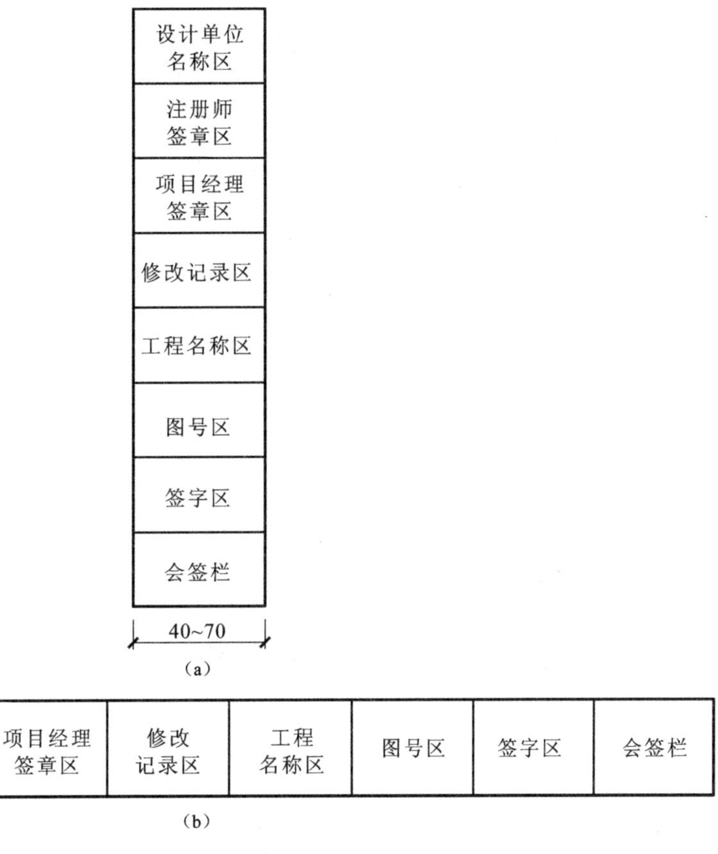

图 8.4　标题栏

(a)标题栏(一)；(b)标题栏(二)

①涉外工程的标题栏内，各项主要内容的中文下方应附有译文，设计单位的上方或左方，应加“中华人民共和国”字样。

②在计算机制图文件中当使用电子签名与认证时，应符合国家有关电子签名法的规定。

8.2.2　图线

工程图样中的内容都用图线表达，为了使各种图线所表达的内容统一，国标对建筑工程图样中图线的种类、用途和画法都作了规定，在建筑工程图样中图线的线型、线宽及其作用见表 8.4。

表 8.4 中线宽 b 根据图样的复杂程度合理选择，较复杂的图样，选择较细的图线，如 0.5mm、0.35mm；较简单的图样选择的图线粗一点，如 0.7mm、1.0mm。图线宽度不应小于 0.1mm。图线的宽度可从表 8.5 中选用。

表 8.4 图线

名称		线型	线宽	一般用途
实线	粗	————	b	主要可见轮廓线
	中粗	————	$0.7b$	可见轮廓线、变更云线
	中	————	$0.5b$	可见轮廓线、尺寸线
	细	————	$0.25b$	图例填充线、家具线
虚线	粗	— — — — —	b	见各有关专业制图标准
	中粗	— — — — —	$0.7b$	不可见轮廓线
	中	— — — — —	$0.5b$	不可见轮廓线、图例线
	细	- - - - - -	$0.25b$	图例填充线、家具线
单点长画线	粗	—·—·—	b	见各有关专业制图标准
	中	—·—·—	$0.5b$	见各有关专业制图标准
	细	—·—·—	$0.25b$	中心线、对称线、轴线等
双点长画线	粗	—··—··—	b	见各有关专业制图标准
	中	—··—··—	$0.5b$	见各有关专业制图标准
	细	—··—··—	$0.25b$	假想轮廓线、成型前原始轮廓线
折断线	细	—\/\—	$0.25b$	断开界线
波浪线	细	～～～	$0.25b$	断开界线

表 8.5 线宽组(mm)

线宽比	线宽组			
b	1.4	1.0	0.7	0.5
$0.7b$	1.0	0.7	0.5	0.35
$0.5b$	0.7	0.5	0.35	0.25
$0.25b$	0.35	0.25	0.18	0.13

注:①需要缩微的图纸,不宜采用 0.18mm 及更细的线宽。

②同一张图纸内,各不同线宽中的细线,可统一采用较细的线宽组的细线。

图纸的图框线和标题栏的图线可选用表 8.6 所列的线宽。

表 8.6 图框线、标题栏的线宽(mm)

幅面代号	图框线	标题栏外框线	标题栏分格线
A0、A1	b	$0.5b$	$0.25b$
A2、A3、A4	b	$0.7b$	$0.35b$

画图时应注意以下几个问题:

①在同一张图纸中,相同比例的图样,应选择相同的线宽组。

②图纸的图框和标题栏线可采用表 8.6 的线宽。

③相互平行的图例线,其净间隙或线中间隙不宜小于 0.2mm。

④虚线、单点长画线或双点长画线的线段长度和间隔,宜各自相等。

⑤单点长画线或双点长画线,当在较小图形中绘制有困难时,可用实线代替。

⑥单点长画线或双点长画线的两端,不应是点。点画线与点画线交接或点画线与其他图线交接时,应是线段交接。

⑦虚线与虚线交接或虚线与其他图线交接时,应是线段交接。虚线为实线的延长线时,不得与实线连接。

⑧图线不得与文字、数字或符号重叠、混淆,不可避免时,应首先保证文字等的清晰,见表8.7。

表 8.7 各种图线相交画法正误表

名　称	正　确	错　误
虚线与虚线相交		
虚线与实线相交	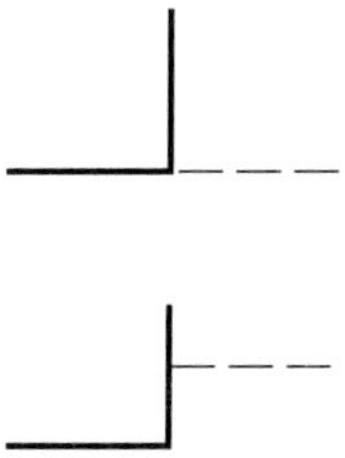	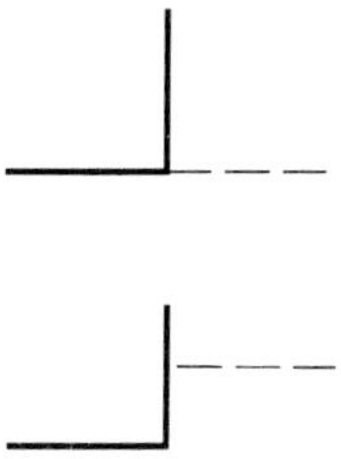
中心线相交	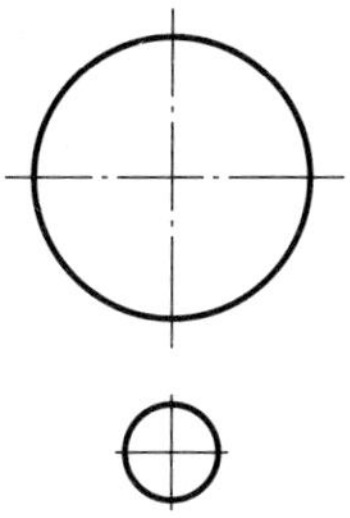	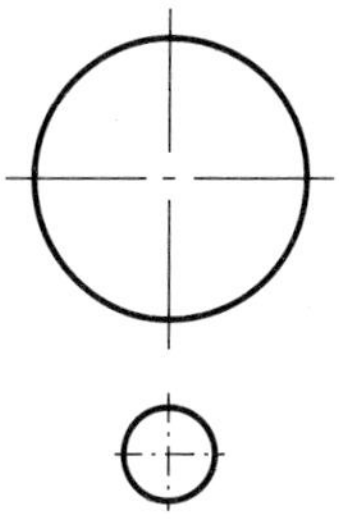
虚线圆与中心线相交	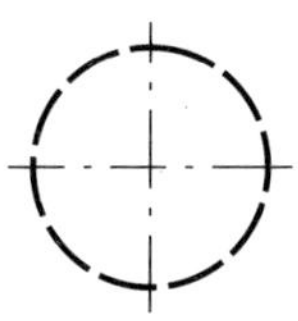	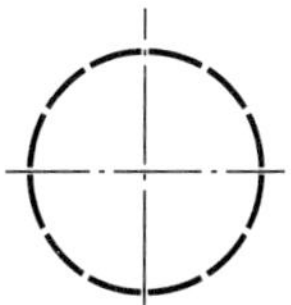

8.2.3 尺寸标注

工程图样中的图形除了按比例画出建筑物或构筑物的形状外,还必须标注完整的实际尺寸,作为施工的依据。因此,尺寸标注必须准确无误、字体清晰,不得有遗漏,否则会给施工造成很大的损失。

8.2.3.1 尺寸的组成

尺寸由尺寸界线、尺寸线、尺寸起止符号和尺寸数字四部分组成，如图 8.5 所示。

(1)尺寸界线

尺寸界线用细实线绘制，与所要标注轮廓线垂直。其一端应离开图样轮廓线不小于 2mm，另一端超过尺寸线 2～3mm，图样轮廓线、轴线和中心线可以作为尺寸界线。

(2)尺寸线

尺寸线表示所要标注轮廓线的方向，用细实线绘制，与所要标注轮廓线平行，与尺寸界线垂直，不得超越尺寸界线，也不得用其他图线代替。互相平行的尺寸线的间距应大于 7mm，并应保持一致，尺寸线离图样轮廓线的距离不应小于 10mm，如图 8.5 所示。

(3)尺寸起止符号

尺寸起止符号是尺寸的起点和止点。建筑工程图样中的尺寸起止符号一般用 2～3mm 的中粗短线表示，其倾斜方向应与尺寸界线成顺时针 45°。半径、直径、角度和弧长的尺寸起止符号，宜用箭头表示，箭头的画法如图 8.6 所示。

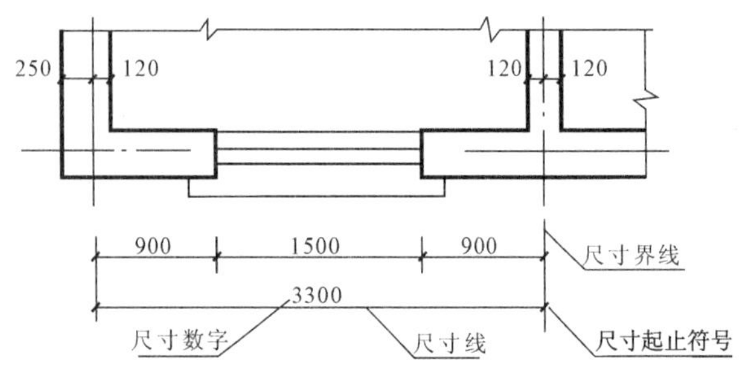

图 8.5 尺寸的组成

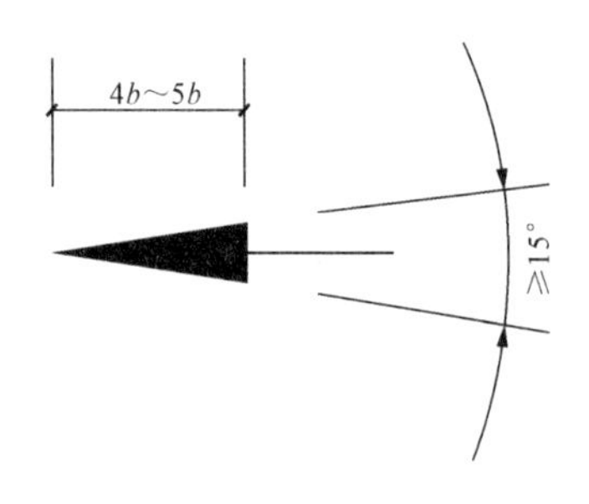

图 8.6 箭头的画法

(4)尺寸数字

尺寸数字必须用阿拉伯数字注写。建筑工程图样中的尺寸数字表示建筑物或构件的实际大小，与所绘图样的比例和精确度无关。尺寸数字的单位，在“国标”中规定，除总平面图上的尺寸单位和标高的单位以“m”为单位外，其余尺寸均以“mm”为单位，在施工图中不注写单位。尺寸标注时，当尺寸线是水平线时，尺寸数字应写在尺寸线的上方，字头朝上；当尺寸线是竖线时，尺寸数字应写在尺寸线的左方，字头向左。当尺寸线为其他方向时，其注写方向如图 8.7 所示。

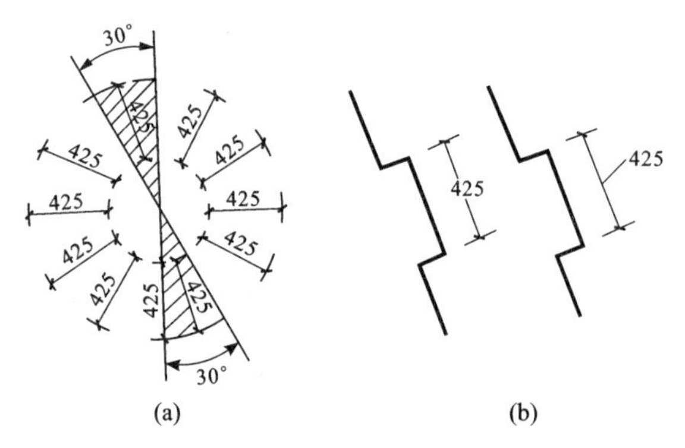

图 8.7 尺寸数字的注写方向

尺寸宜标注在图样轮廓线以外，不宜与图线、文字及符号等相交，如图 8.8 所示。尺寸数字如果没有足够的位置注写时，两边的尺寸可以注写在尺寸界线的外侧，中间相邻的尺寸可以错开注写，如图 8.9 所示。

8.2.3.2 圆、圆弧及球体的尺寸标注

圆及圆弧的尺寸标注，通常标注其直径和半径。标注直径时，应在直径数字前加注字母“ϕ”，如图 8.10 所示。

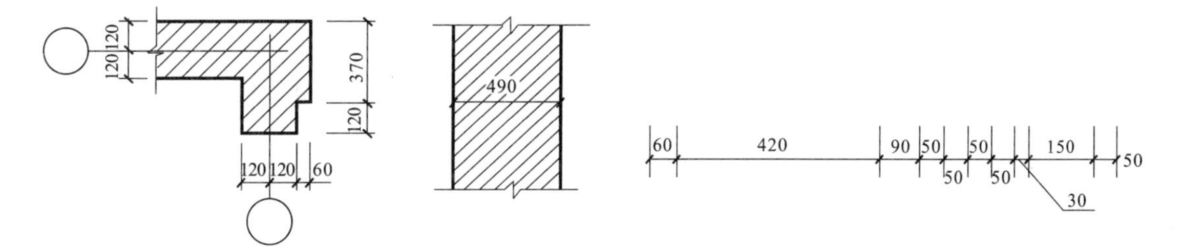

图 8.8 尺寸数字的注写　　图 8.9 尺寸数字的注写位置

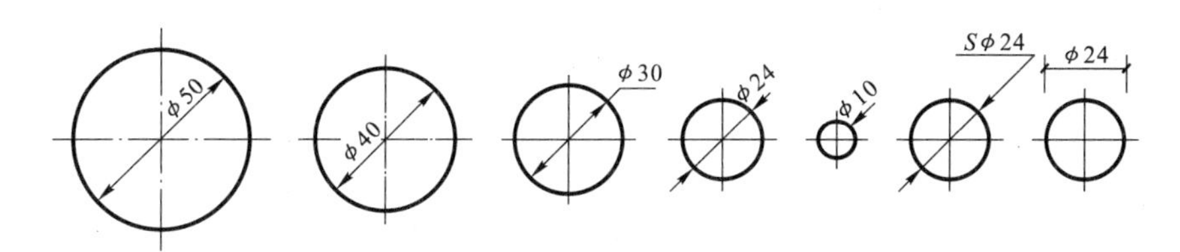

图 8.10 直径的尺寸标注

标注半径时，应在半径数字前加注字母“*R*”，如图 8.11 所示。

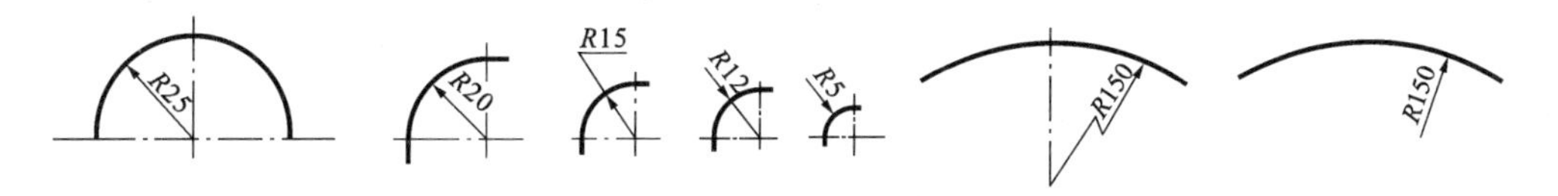

图 8.11 半径的尺寸标注

球体的尺寸标注应在其直径和半径前加注字母“*S*”，如图 8.12 所示。

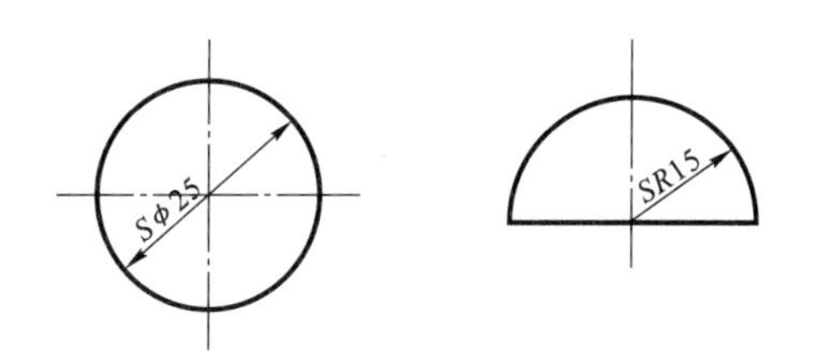

图 8.12 球体的尺寸标注

8.2.4 定位轴线

定位轴线是用来确定建筑物主要结构及构件位置的尺寸基准线。凡承重构件如墙、柱、梁、屋架等位置都要画上定位轴线并进行编号，施工时以此作为定位的基准。定位轴线用细点画线表示，端部画细实线圆，直径 8～10mm。定位轴线圆的圆心应在定位轴线的延长线上或延长线的折线上。圆内注明编号。

在建筑平面图上定位轴线编号，宜标注在图样的下方或左侧。横向编号应用阿拉伯数字，从左至右顺序编写；竖向编号应用大写拉丁字母，从下至上顺序编写。大写拉丁字母中的 I、O、Z 三个字母不得用作轴线编号，以免与数字 1、0、2 混淆。其他编号方法详见相关内容。

8.2.5 标高注法

标高是标注建筑物各部分高度的另一种尺寸形式，标高符号应以等腰直角三角形表示，其具体画法和标高数字的注写方法如图 8.13 所示。

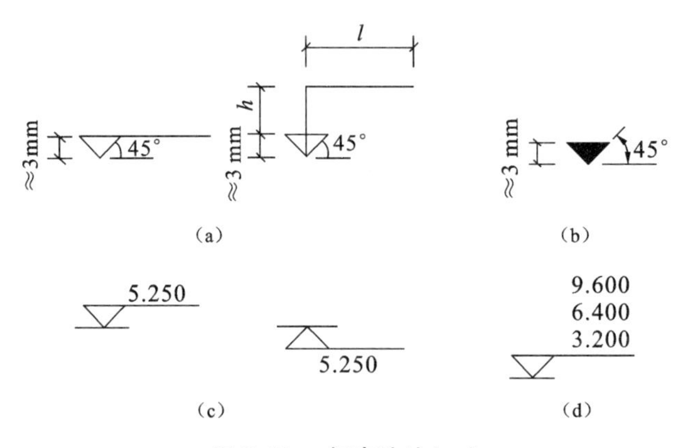

图 8.13　标高注法(一)

(a)个体建筑标高符号；(b)总平面图室外地坪标高符号；(c)标高的指向；(d)同一位置注写多个标高

(1)个体建筑物图样上的标高符号，用细实线绘制，如图 8.13(a)所示的形式；如标注位置不够，可按图 8.13(a)中右图所示的形式绘制。图中 l 取标高数字的长度，h 视需要而定。

(2)总平面图上的室外地坪标高符号，宜涂黑表示，具体画法如图 8.13(b)所示。

(3)标高数字应以米为单位，注写到小数点后第三位；在总平面图中，可注写到小数点后第二位。零点标高应注写成＋0.000；正数标高不注写“＋”，负数标高应注写“－”，例如 3.000、－0.600。标高符号的尖端应指至被注高度的位置。尖端一般应向下，也可向上，如图 8.13(c)所示。标高数字应注写在标高符号的左侧或右侧。

(4)在图样的同一位置须表示几个不同标高时，标高数字可按图 8.13(d)的形式注写。

标高有绝对标高和相对标高之分。在我国绝对标高是以青岛附近黄海的平均海平面为零点，以此为基准的标高。相对标高一般是以新建建筑物底层室内主要地面为基准的标高。在施工总说明中，应说明相对标高和绝对标高之间的联系。

房屋的标高还有建筑标高和结构标高之区别。结构标高是指建筑物未经装修、粉刷前的标高；建筑标高是指建筑构件经装修、粉刷后最终完成面的标高，如图 8.14 所示。

几何图形的绘制方法

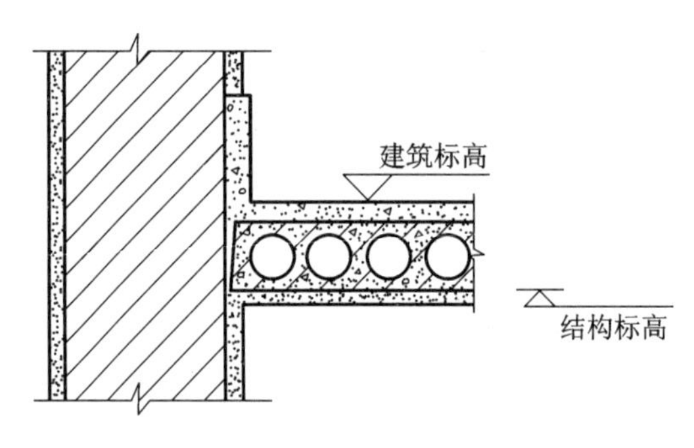

图 8.14　标高注法(二)

8.2.6 符号

(1)索引符号与详图符号

①索引符号

图样中的某一局部或构件,如须另见详图,应以索引符号索引,如图 8.15(a)所示。索引符号应用细实线绘制,它是由直径为 8mm 的圆和水平直径组成。索引符号应按下列规定编写:

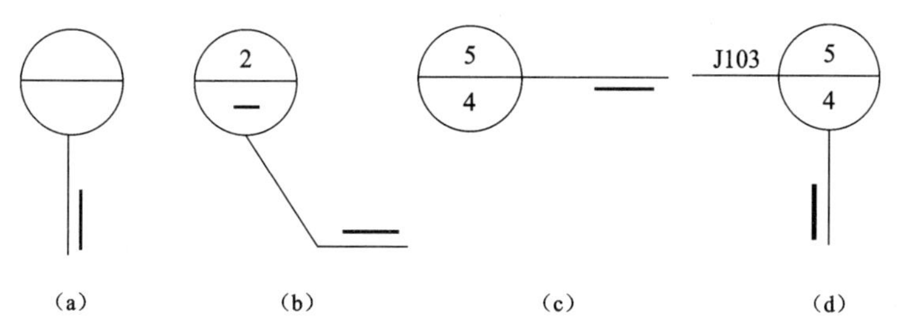

图 8.15 索引符号

索引出的详图,如与被索引的图样同在一张图纸内,应在索引符号的上半圆中用阿拉伯数字注明该详图的编号,并在下半圆中间画一段水平细实线,如图 8.15(b)所示。

索引出的详图,如与被索引的图样不在同一张图纸内,应在索引符号的上半圆中用阿拉伯数字注明该详图的编号,在索引符号的下半圆中用阿拉伯数字注明该详图所在图纸的编号,如图 8.15(c)所示。

索引出的详图,如采用标准图,应在索引符号水平直径的延长线上加注该标准图册的编号,如图 8.15(d)表示第 5 号详图是在标准图册 J103 的第 4 号图纸上。

索引符号如用于索引剖面详图,应在被剖切的部位绘制剖切位置线,长度以贯通所剖切内容为准,并以引出线引出索引符号,引出线所在的一侧为剖视方向。

② 详图符号

详图的位置和编号,应以详图符号表示。详图符号为直径是 14mm 的粗实线圆,详图应按下列规定编号:

详图与被索引的图样同在一张图纸内,应在详图符号内用阿拉伯数字注明详图的编号,如图 8.16(a)所示。

详图与被索引的图样如不在同在一张图纸内,可用细实线在详图符号内画一水平直径,在上半圆中注明详图编号,在下半圆中注明被索引图纸的图号,如图 8.16(b)所示。

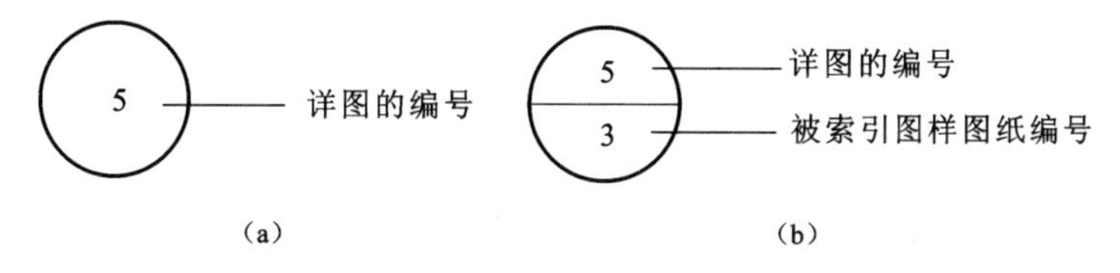

图 8.16 详图符号

(a)索引与详图在同一页的详图符号;(b)索引与详图不在同一页的详图符号

(2)多层构造引出线

多层构造或多层管道共用引出线,应通过被引出的各层,并用圆点示意对应各层次。文字说明宜注写在水平线的上方，或注写在水平线的端部，说明的顺序应由上至下，并应与被说明的层次对应一致；如层次为横向顺序，则由上至下的说明顺序应与由左至右的层次对应一致，如图 8.17 所示。

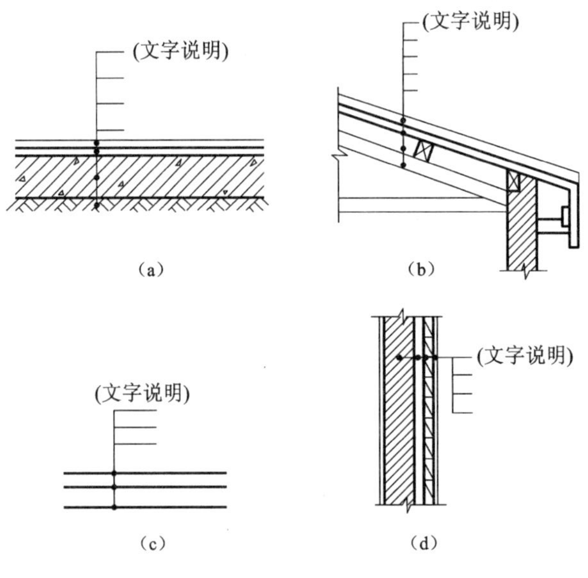

图 8.17　多层共用引出线

8.2.7　其他符号

(1)对称符号

由对称线和两端的两对平行线组成。对称线用细单点长画线绘制；平行线用细实线绘制，其长度为 6～10mm，每对的间距为 2～3mm；对称线垂直平分于两对平行线，两端超出平行线宜为 2～3mm，如图 8.18 所示。

(2)连接符号

用折断线表示须连接的部位。两部位相距较远时，折断线两端靠图样一侧应标注大写拉丁字母表示连接编号。两个被连接的图样应用相同的字母编号，如图 8.19 所示。

(3)指北针

指北针形状如图 8.20 所示，圆的直径宜为 24mm，用细实线绘制；指针尾部的宽度宜为 3mm，指针头部应注“北”或“N”字。需用较大直径绘制指北针时，指针尾部的宽度宜为直径的 1/8。

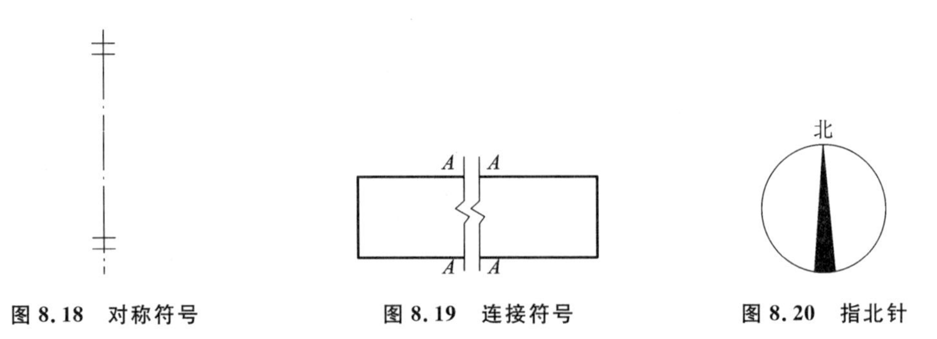

图 8.18　对称符号　　图 8.19　连接符号　　图 8.20　指北针

8.3 建筑首页图和总平面图

8.3.1 建筑首页图

扫一扫

首页图与总平面图识读

建筑施工图首页图是建筑施工图第一张图纸，主要内容包括图纸目录、设计说明、工程做法表和门窗表。

（1）图纸目录

图纸目录说明工程由哪几类专业图纸组成，各专业图纸的名称、张数和图纸顺序，以便查阅图纸。表8.8为某单位住宅楼图纸目录。从表8.8中可知，本套施工图共有32张图纸，其中，建筑施工图10张，结构施工图5张，给排水施工图5张，采暖施工图6张，电气施工图6张。看图前应首先检查整套施工图图纸与目录是否一致，防止缺页给识图和施工造成不必要的麻烦。

表8.8 某单位住宅楼图纸目录

序号	图纸的内容	图别
1	设计说明、工程做法表	建施1
2	总平面图	建施2
3	一层平面图	建施3
4	二～六层平面图	建施4
5	屋顶平面图	建施5
6	南立面图	建施6
7	北立面图	建施7
8	侧立面图、剖面图	建施8
9	楼梯详图	建施9
10	外墙详图	建施10
11	结构设计说明	结施1
12	基础图	结施2
13	楼层结构平面图	结施3
14	屋顶结构平面图	结施4
15	楼梯结构图	结施5
16	给排水设计说明	水施1
17	一层给排水平面图	水施2
18	楼层给排水平面图	水施3
19	给水系统图	水施4
20	排水系统图	水施5

续表 8.8

序号	图纸的内容	图别
21	采暖设计说明	暖施 1
22	一层采暖平面图	暖施 2
23	楼层采暖平面图	暖施 3
24	顶层采暖平面图	暖施 4
25	地下室采暖平面图	暖施 5
26	采暖系统图	暖施 6
27	一层照明平面图	电施 1
28	楼层照明平面图	电施 2
29	供电系统图	电施 3
30	一层弱电平面图	电施 4
31	楼层弱电平面图	电施 5
32	弱电系统图	电施 6

(2)设计说明

设计说明是对图样中无法表达清楚的内容用文字加以详细的说明,其主要内容有:建设工程概况,建筑设计依据,所选用的标准图集的代号,建筑装修、构造的要求,以及设计人员对施工单位的要求。小型工程的总说明可以与相应的施工图说明放在一起。

(3)工程做法表

工程做法表主要是对建筑各部位构造做法用表格的形式加以详细说明,见表 8.9。在表 8.9 中对各施工部位的名称、做法等详细表达清楚,如采用标准图集中的做法,应注明所采用标准图集的代号、做法编号,如有改变,在备注中说明。

表 8.9 工程做法

<table>
<tr><th>编号</th><th colspan="2">名称</th><th>施工部位</th><th>做法</th><th>备注</th></tr>
<tr><td rowspan="3">1</td><td rowspan="3">外墙面</td><td>干粘石墙面</td><td>见立面图</td><td>98J1 外 10-A</td><td>内抹保温砂浆 30 厚</td></tr>
<tr><td>瓷砖墙面</td><td>见立面图</td><td>98J1 外 22</td><td></td></tr>
<tr><td>涂料墙面</td><td>见立面图</td><td>98J1 外 14</td><td></td></tr>
<tr><td rowspan="3">2</td><td rowspan="3">内墙面</td><td>乳胶漆墙面</td><td>用于砖墙</td><td>98J1 内 17</td><td>楼梯间墙面抹 30 厚保温砂浆</td></tr>
<tr><td>乳胶漆墙面</td><td>用于加气混凝土墙</td><td>98J1 内 19</td><td></td></tr>
<tr><td>瓷砖墙面</td><td>仅用于厨房、卫生间阳台</td><td>98J1 内 43</td><td>规格及颜色由甲方定</td></tr>
<tr><td>3</td><td>踢脚</td><td>水泥砂浆踢脚</td><td>厨房及卫生间不做</td><td>98J1 踢 2</td><td></td></tr>
<tr><td>4</td><td>地面</td><td>水泥砂浆地面</td><td>用于地下室</td><td>98J1 地 4-C</td><td></td></tr>
</table>

续表 8.9

编号	名称		施工部位	做法	备注
5	楼面	水泥砂浆楼面	仅用于楼梯间	98J1 楼 1	
		铺地砖楼面	用于厨房及卫生间	98J1 楼 14	规格及颜色由甲方定
		铺地砖楼面	用于客厅、餐厅、卧室	98J1 楼 12	规格及颜色由甲方定
6	顶棚	乳胶漆顶棚	所有顶棚	98J1 棚 7	
7	油漆		用于木件	98J1 油 6	
			用于铁件	98J1 油 6	
8	散水			98J1 散 3-C	宽度 1000
9	台阶		用于楼梯入口处	98J1 台 2-C	
10	屋面			98J1 屋 13 (A. 80)	

8.3.2　建筑总平面图

(1)建筑总平面图的形成和用途

将新建工程四周一定范围内的新建、拟建、原有和拆除的建筑物、构筑物连同其周围的地形、地物状况用水平投影方法和相应的图例所画出的工程图样，即为建筑总平面图。主要是表示新建房屋的位置、朝向、与原有建筑物的关系，以及周围道路、绿化及给水、排水、供电条件等方面的情况。

因建筑总平面图所反映的范围较大，常用的比例为 1∶500、1∶1000、1∶2000、1∶5000 等。

(2)建筑总平面图的图示方法

建筑总平面图是用正投影的原理绘制的，图形主要是以图例的形式表示，建筑总平面图的图例采用《总图制图标准》(GB/T 50103—2010)规定的图例，画图时应严格执行该图例符号，如图中采用的图例不是标准中的图例，应在建筑总平面图下面说明。图线的宽度 b，应根据图样的复杂程度和比例，按《房屋建筑制图统一标准》(GB/T 50001—2017)中图线的有关规定执行。总平面图的坐标、标高、距离以米为单位，并应至少取至小数点后两位。

(3)建筑总平面图的图示内容

建筑总平面图中一般应表示如下内容：

①新建建筑物所处的地形。

②新建建筑物的位置，总平面图中应详细地绘出其定位方式，新建建筑物的定位方式有三种：第一种是利用新建建筑物和原有建筑物之间的距离定位；第二种是利用施工坐标确定新建建筑物的位置；第三种是利用新建建筑物与周围道路之间的距离确定新建建筑物的位置。

③相邻原有建筑物、拆除建筑物的位置或范围。

④附近的地形、地物等，如道路、河流、水沟、池塘、土坡等。应注明道路的起点、边坡、转折点、终点，以及道路中心线的标高、坡向等。

⑤指北针或风向频率玫瑰图。在建筑总平面图中通常画有带指北针的风向频率玫瑰图

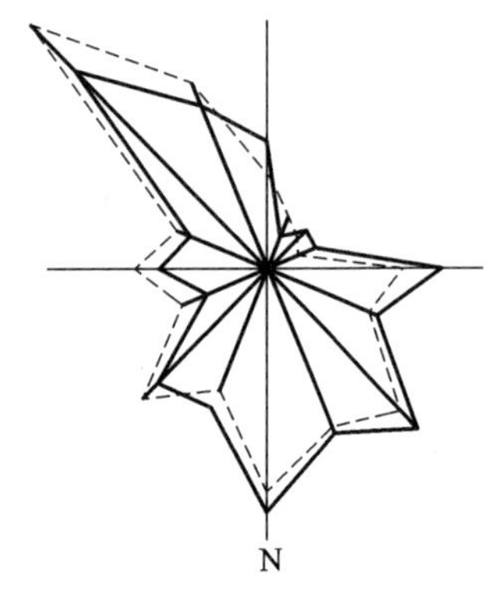

图 8.21　风玫瑰图

(风玫瑰),用来表示该地区常年的风向频率和房屋的朝向,如图 8.21 所示。风玫瑰图是根据当地多年平均统计的各个方向吹风次数的百分数,按一定比例绘制的,风的吹向是指从外吹向中心。实线表示全年风向频率,虚线表示按 6、7、8 三个月统计的风向频率。明确风向有助于建筑构造的选用及材料的堆场,如有粉尘污染的材料应堆放在下风位。

⑥绿化规划和管道布置。

⑦补充图例。若图中采用了建筑制图规范中没有的图例时,则应在建筑总平面图下方详细补充图例,并予以说明。

(4)图例符号

常用的建筑总平面图图例见表 8.10。

表 8.10　总平面图图例

名称	图例	备注
新建建筑物	X= Y= ① 12F/2D H=59.00m	新建建筑物以粗实线表示与室外地坪相接处±0.00外墙定位轮廓线 建筑物一般以±0.00高度处的外墙定位轴线交叉点坐标定位。轴线用细实线表示,并标明轴线号 根据不同设计阶段标注建筑编号,地上、地下层数,建筑高度,建筑出入口位置(两种表示方法均可,但同一图纸采用一种表示方法) 地下建筑物以粗虚线表示其轮廓 建筑上部(±0.00以上)外挑建筑用细实线表示 建筑物上部连廊用细虚线表示并标注位置
原有建筑物		用细实线表示
计划扩建的预留地或建筑物		用中粗虚线表示
拆除的建筑物		用细实线表示
建筑物下面的通道		
散状材料露天堆场		需要时可注明材料名称
其他材料露天堆场或露天作业场		

续表 8.10

名称	图例	备注
架空索道		“I”为支架位置
斜坡卷扬机道		
斜坡栈桥(皮带廊等)		细实线表示支架中心线位置
坐标	X=105.00 Y=425.00	上图表示地形测量坐标系 下图表示自设坐标系 坐标数字平行于建筑标注
	A=105.00 B=425.00	
管线	——代号——	管线代号按国家现行有关标准的规定标注
地沟管线	代号	
	代号	
管桥管线	代号	管线代号按国家现行有关标准的规定标注
架空电力、电信线	—○—代号—○—	(1)“○”表示电杆; (2)管线代号按国家现行有关标准的规定标注
常绿针叶乔木		
落叶针叶乔木		
雨水口	1. 2. 3.	1. 雨水口 2. 原有雨水口 3. 双落式雨水口
消火栓井		
急流槽		箭头表示水流方向
跌水		

续表 8.10

名称	图例	备注
原有道路		
计划扩建的道路		
拆除的道路		
人行道		
三面坡式缘石道路		

(5)建筑总平面图的识读

以某单位住宅楼总平面图为例说明建筑总平面图的识读方法，见图 8.22。

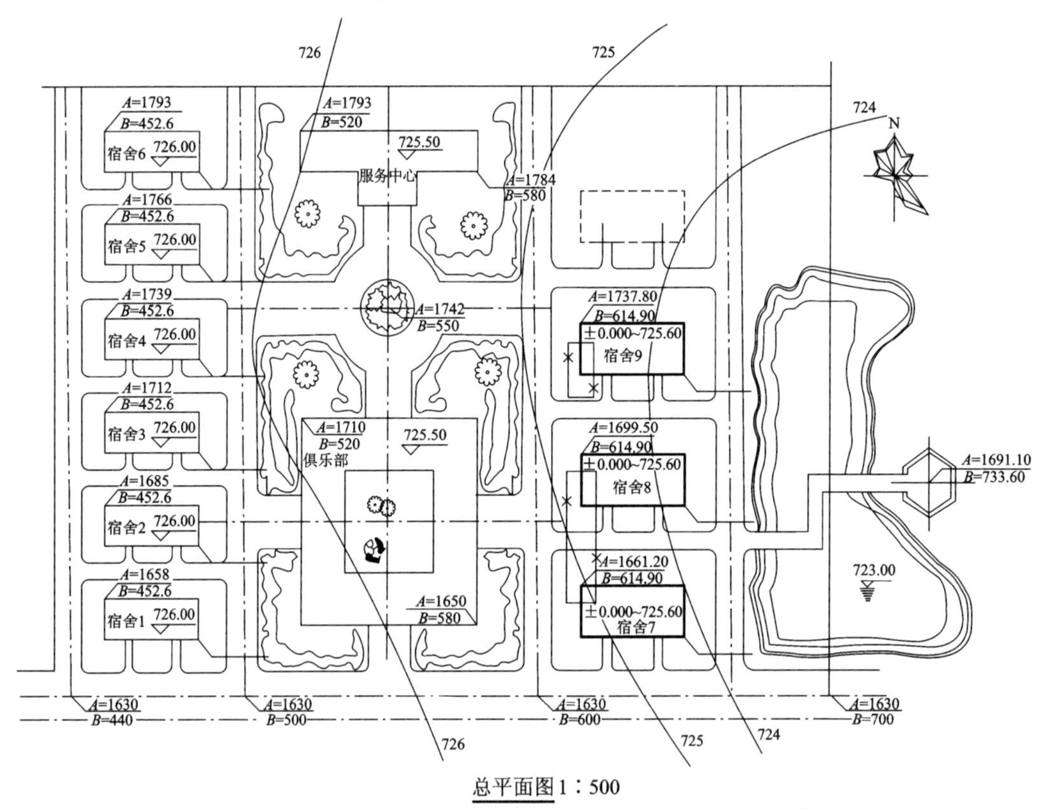

图 8.22　某单位住宅楼总平面图

①了解图名、比例。该施工图为总平面图，比例1:500。

②了解工程性质、用地范围、地形地貌和周围环境情况。

从图8.22中可知，本次新建3栋宿舍楼(粗实线表示)，编号分别是7、8、9，位于一住宅小区，建造层数都为6层。新建建筑右面是小池塘，池塘上有座小桥，过桥后有一六边形的小厅。新建建筑左面为俱乐部(已建建筑，细实线表示)，俱乐部后面是服务中心，服务中心和俱乐部之间有一花池，花池中心的坐标 $A=1742\mathrm{m}$，$B=550\mathrm{m}$。俱乐部左面是已建成的6栋6层住宅楼。新建建筑后面计划扩建一栋住宅楼(虚线表示)。

③了解建筑的朝向和风向

图8.22右上方是带指北针的风玫瑰图。从图8.22中可知，新建建筑的方向为坐北朝南。

④了解新建建筑的准确位置

图8.22中新建建筑采用建筑坐标定位方法，所有建筑对应的两个角全部用建筑坐标定位，从坐标可知原有建筑和新建建筑的长度和宽度。新建建筑中7号宿舍的坐标分别为 $A=1661.20$、$B=614.90$ 和 $A=1646$、$B=649.60$，表示本次新建建筑的长度为 $649.60-614.90=34.70\mathrm{m}$，宽度为 $1661.20-1646=15.20\mathrm{m}$。

8.4 建筑平面图

8.4.1 建筑平面图的形成与作用

建筑平面图的形成，是假想用一个水平的剖切平面沿房屋窗台以上的部位剖开，移去上部后向下投影所得的水平投影图，称为建筑平面图，如图8.23所示。建筑平面图实质上是房屋

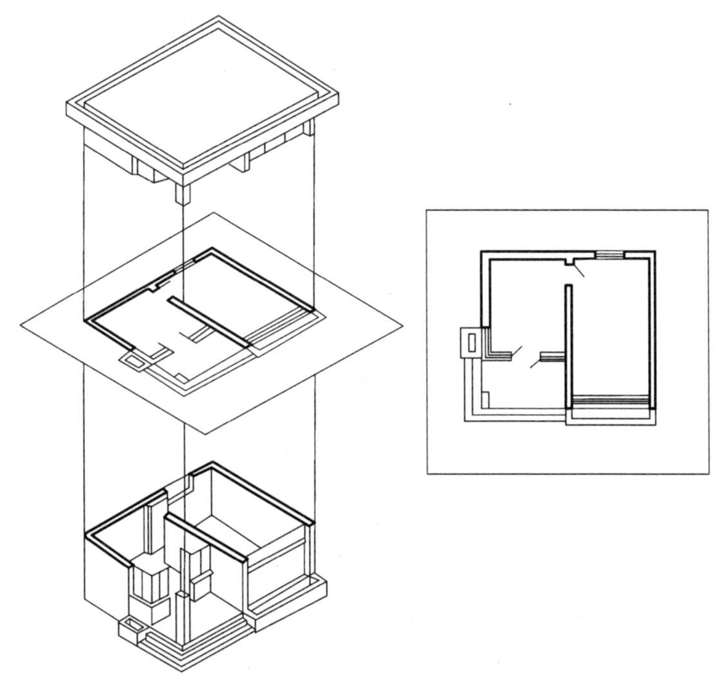

建筑平面图识读

图8.23 建筑平面图形成

各层的水平剖面图。平面图虽然是房屋的水平剖面图，但按习惯不必标注其剖切位置，也不称为剖面图。建筑平面图主要反映房屋的平面形状、大小和房间布置，墙（或柱）的位置、厚度和材料，门窗的位置、开启方向等，建筑平面图可作为施工放线，砌筑墙、柱，门窗安装和室内装修及编制预算的重要依据。

8.4.2 平面图的图示内容

(1)看图名、比例、朝向。

(2)读定位轴线及其编号。

开间：同一房间内两横向轴线间的距离。

进深：同一房间内两纵向轴线间的距离。

(3)了解房屋的平面形状和总尺寸。

(4)读房间的名称，懂布局及交通联系。

(5)了解门窗的布置、数量及型号。

(6)了解房屋细部构造和设备配备等情况。如楼梯、台阶、坡道、散水、水沟、雨水管、卫生间设备的布置等。

(7)读尺寸，看高度。平面图所标注的尺寸以 mm 为单位，标高以 m 为单位。

外部尺寸一般有三道：

第一道尺寸表示细部尺寸；

第二道尺寸表示轴线间的距离(开间和进深)；

第三道尺寸表示外轮廓总尺寸(总长和总宽)。

内部尺寸：室内的墙厚、门窗洞、预留孔洞等细部尺寸，不同地面处的标高等。

(8)读索引符号，知道平面图与详图的关系。了解有关部位上节点详图的索引符号，看清需要画出详图的位置、详图的编号以及详图所在的图纸编号。

(9)读剖切符号。了解剖切位置、剖视方向和编号。

(10)在底层平面图上画出指北针。

8.4.3 建筑平面图的识读

下面以图 8.24 为例说明建筑平面图的识读方法和步骤。

(1)看图名、比例、朝向。这是某单位住宅楼的底层平面图，比例为 1∶100，由指北针可知本住宅楼方向为坐北朝南。

(2)读定位轴线及其编号。从定位轴线可看出墙柱的布置。该住宅楼有六道纵轴；横轴有十一道。

(3)了解房屋的平面形状和总尺寸。该住宅楼平面形状为矩形，总长 19.44m，总宽 10.44m。

(4)读懂房间的名称，布局及交通联系。该住宅楼底层有 14 间贮藏室，楼梯间位于⑤～⑦轴线间。

(5)了解门窗的布置、数量及型号。门的代号是 M，窗的代号是 C，在代号后面写上编号。

(6)了解房屋细部构造和设备配备等情况。如楼梯、台阶、坡道、散水、水沟、雨水管、卫生间设备的布置等。

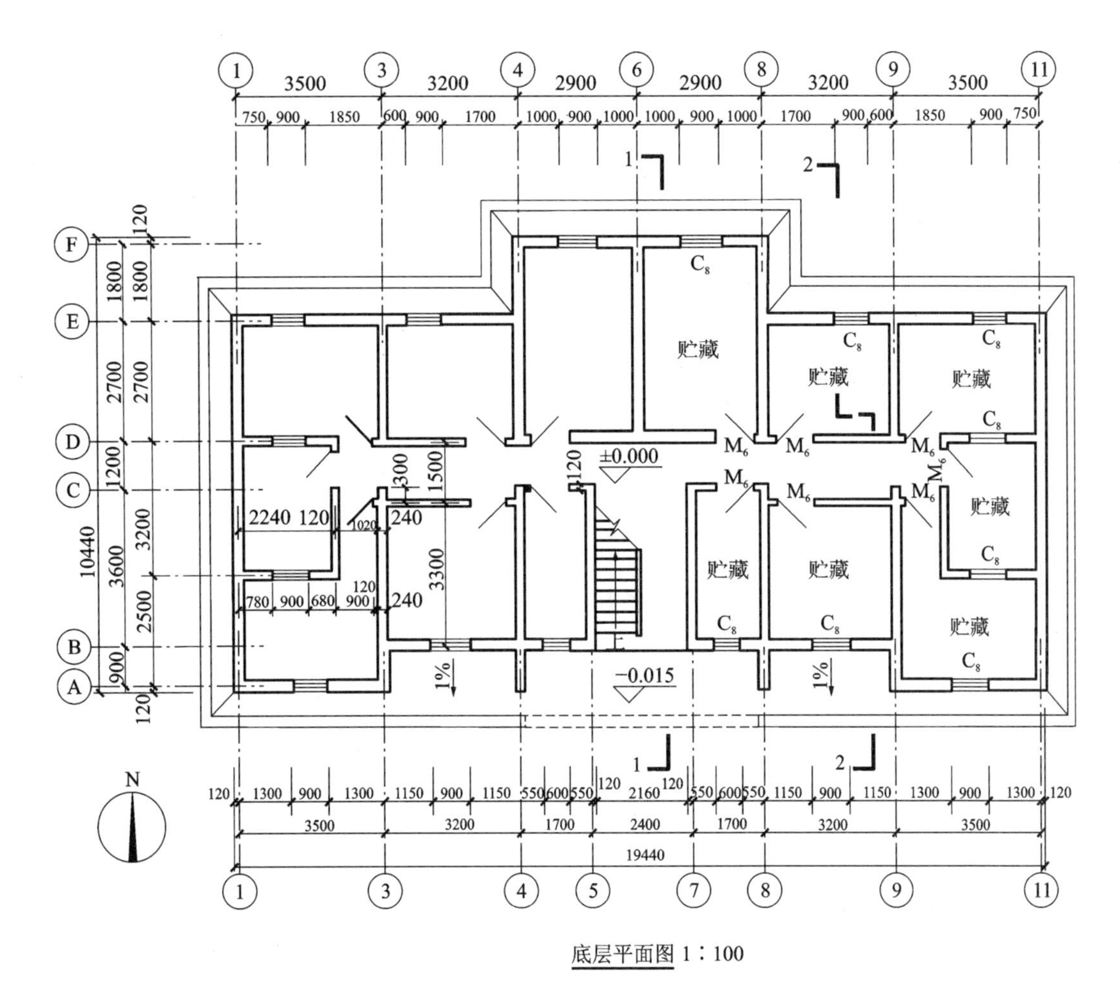

图 8.24 底层平面图

(7)读尺寸,看高度。平面图所标注的尺寸以 mm 为单位,标高以 m 为单位。外部尺寸一般有三道:

第一道尺寸表示细部尺寸;

第二道尺寸表示轴线间的距离(开间和进深);

第三道尺寸表示外轮廓总尺寸(总长和总宽)。

(8)读索引符号,知道平面图与详图的关系。了解有关部位上节点详图的索引符号,看清需要画出详图的位置、详图的编号以及详图所在的图纸编号。

(9)读剖切符号。了解剖切位置、剖视方向和编号。

8.5 建筑立面图

8.5.1 立面图的形成、用途与命名方式

在与建筑立面平行的铅直投影面上所做的正投影图称为建筑立面图,简称立面图。一幢

建筑物是否美观，是否与周围环境协调，很大程度上取决于建筑物立面上的艺术处理，包括建筑造型与尺度、装饰材料的选用、色彩的选用等内容，在施工图中立面图主要反映房屋各部位的高度、外貌和装修要求，是建筑外装修的主要依据。

由于每幢建筑的立面至少有三个，每个立面都有自己的名称。

立面图的命名方式有三种：

(1)用朝向命名

建筑物的某个立面面向哪个方向，就称为那个方向的立面图，如建筑物的立面面向南面，该立面称为南立面图；面向北面，就称为北立面图等。

(2)按外貌特征命名

将建筑物反映主要出入口或比较显著地反映外貌特征的那一面称为正立面图，其余立面图依次为背立面图、左立面图和右立面图。

(3)用建筑平面图中的首尾轴线命名

按照观察者面向建筑物从左到右的轴线顺序命名，如①～⑦立面图，⑦～①立面图等。图 8.25所示为建筑立面图的投影方向和名称。

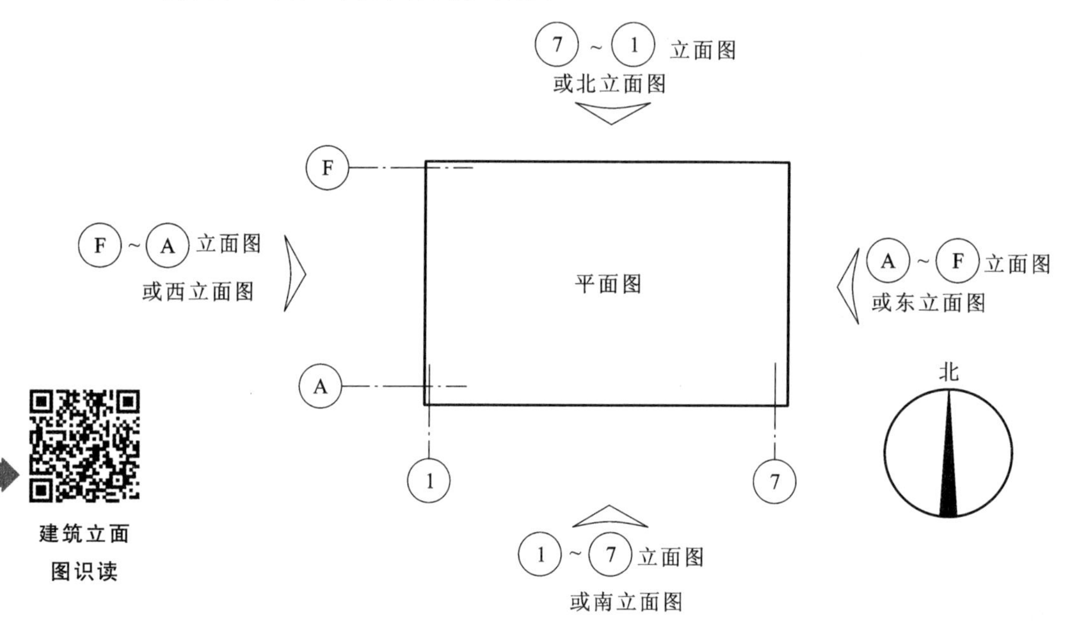

图 8.25 建筑立面图的投影方向和名称

施工图中这三种命名方式都可使用，但每套施工图只能采用其中的一种方式命名，不论采用哪种命名方式，第一个立面图都要能反映建筑物的外貌特征。

8.5.2 建筑立面图的图示内容

建筑立面图的图示内容主要有：

(1)画出从建筑物外可以看见的室外地面线、房屋的勒脚、台阶、花池、门、窗、雨篷、阳台、室外楼梯、墙体外边线、檐口、屋顶、雨水管、墙面分格线等内容。

(2)注出建筑物立面上的主要标高。

(3)注出建筑物两端的定位轴线及其编号。

(4)注出需要详图表示的索引符号。

(5)用文字说明外墙面装修的材料及其做法。如立面图局部须画详图时应标注详图的索引符号。

8.5.3 立面图识读

下面以图 8.26 为例说明建筑立面图的识读方法和步骤。

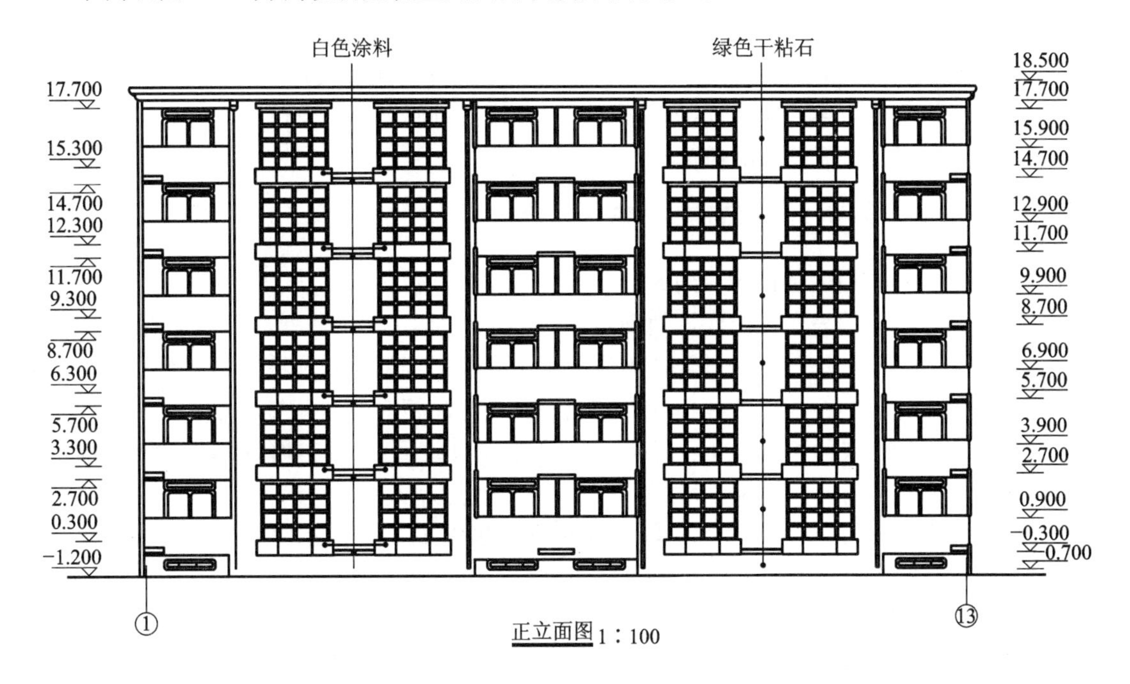

图 8.26 正立面图

(1)从正立面图上可知,该住宅楼为六层,客厅窗为外飘窗,相邻两户客厅的窗下墙之间装有空调室外机的搁板,每两卧室窗上方也装有室外空调机搁板。屋面为平屋面。

(2)从立面图上了解建筑的高度。从图 8.26 左侧标高可知室外地坪标高为−1.200,室内标高为±0.000,室内外高差 1.2m;一层客厅窗台标高为 0.300,窗顶标高为 2.700,表示窗洞高度为 2.4m;二层客厅窗台标高为 3.300,窗顶标高为 5.700,表示二层的窗洞高度为 2.4m,依次相同。从右侧标高可知地下室窗台标高为−0.700,窗顶标高为−0.300,得知地下室窗高 0.4m;一层卧室窗台标高为 0.900,窗顶标高为 2.700,得知卧室窗高 1.8m;以上各层相同,屋顶标高为 18.5m,表示该建筑的总高为 18.5+1.2=19.7m。

(3)了解建筑物的装修做法。从图 8.26 中可知建筑以绿色干粘石为主,只在飘窗下以及空调机搁板处刷白色涂料。

(4)形成建筑物的整体形状。读了平面图和立面图,应形成该住宅楼的整体形状,包括形状、高度、装修的颜色、质地等。

8.6 建筑剖面图

8.6.1 剖面图的形成与作用

假想用一个或一个以上的铅垂剖切平面剖切建筑物，得到的剖面图称为建筑剖面图，简称剖面图。建筑剖面图用以表示建筑内部的结构构造、垂直方向的分层情况、各层楼地面、屋顶的构造及相关尺寸、标高等。

剖面图的数量及其剖切位置应根据建筑物自身的复杂情况而定，一般剖切位置选择房屋的主要部位或构造较为典型的部位，如楼梯间等，并应尽量使剖切平面通过门窗洞口。剖面图的图名应与建筑底层平面图的剖切符号一致。

扫一扫

建筑剖面图识读

8.6.2 剖面图的图示内容

(1)表示被剖切到的墙、梁及其定位轴线。

(2)表示室内底层地面，各层楼面、屋顶、门窗、楼梯、阳台、雨篷、防潮层、踢脚板、室外地面、散水、明沟及室内外装修等剖切到和可见的内容。

(3)标注尺寸和标高。剖面图中应标注相应的标高与尺寸。

①标高　应标注被剖切到的外墙门窗口的标高，室外地面的标高，檐口、女儿墙顶的标高，以及各层楼地面的标高。

②尺寸　应标注门窗洞口高度、层间高度和建筑总高三道尺寸，室内还应注出内墙体上门窗洞口的高度以及内部设施的定位和定形尺寸。

(4)表示楼地面、屋顶各层的构造，一般用引出线说明楼地面、屋顶的构造做法。如果另画详图或已有说明，则在剖面图中用索引符号引出说明。

剖面图的比例应与平面图、立面图的比例一致，因此在剖面图中一般不画材料图例符号，被剖切平面剖切到的墙、梁、板等轮廓线用粗实线表示，没有被剖切到但可见的部分用细实线表示，将被剖切断的钢筋混凝土梁、板涂黑。

8.6.3 剖面图的识读

图 8.27 为某单位住宅楼的 2—2 剖面图，现以此为例说明剖面图的识读方法。

(1)了解剖面图的剖切位置与编号。从底层平面图上可以看到 2—2 剖面图的剖切位置在⑧～⑨轴线之间。

(2)了解被剖切到的墙体、楼板和屋顶。从图 8.27 中看到，被剖切到的墙体有Ⓐ轴线墙体，Ⓑ轴线墙体和Ⓒ轴线的墙体，及其上的窗洞。

(3)了解可见的部分。2—2 剖面图中可见部分主要是入户门，门高 2100mm，门宽在平面图上表示，为 900mm。

(4)了解剖面图上的尺寸标注。从左侧的标高可知飘窗的高度，从右侧的标高可知厨房外窗的高度。建筑物的层高为 3000mm，从地下室到屋顶的高度为 20.4m。

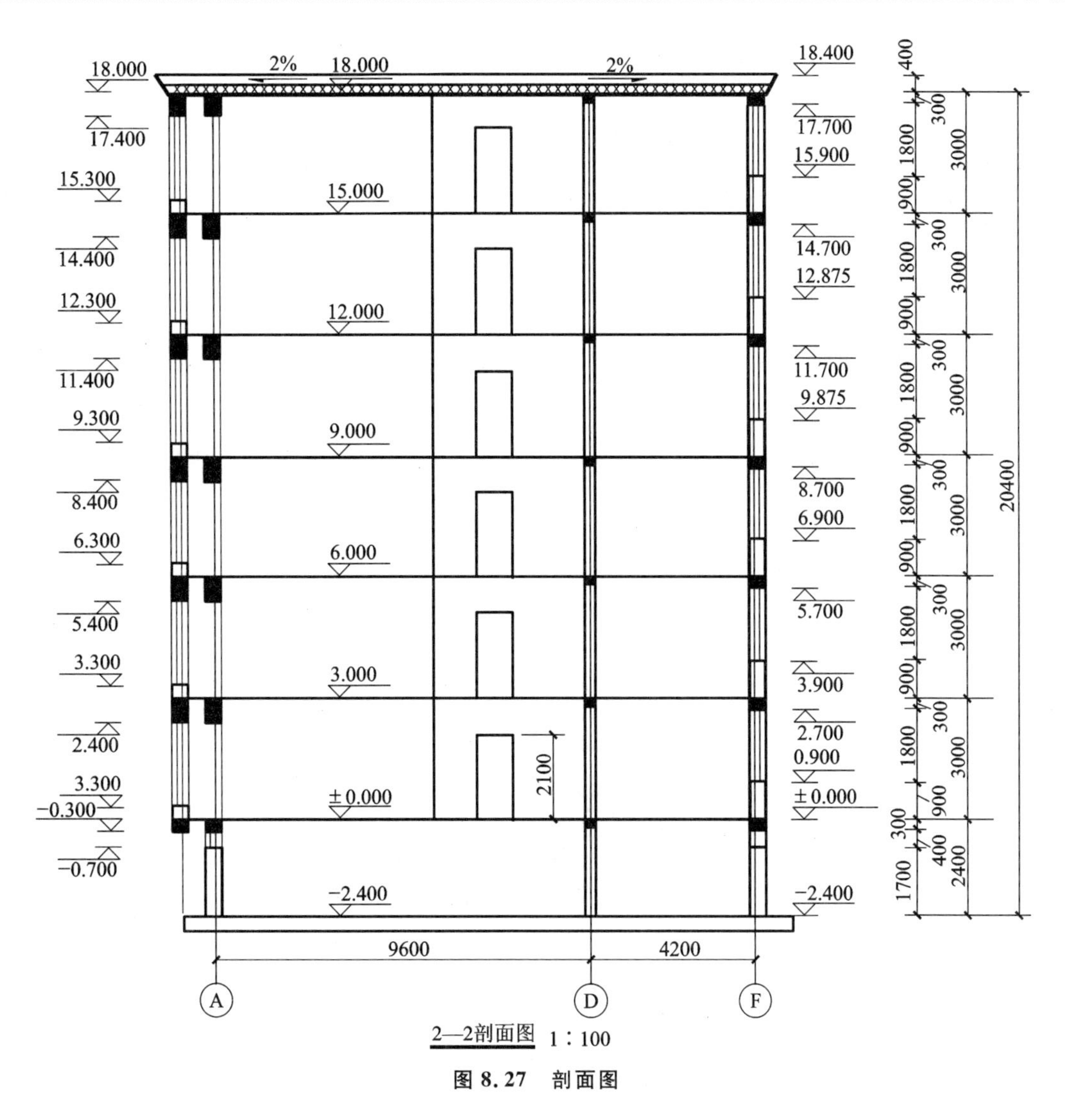

2—2剖面图 1∶100

图 8.27 剖面图

8.7 建筑详图

建筑平面图、立面图、剖面图表达出建筑的外形、平面布局、标注楼板及门窗设置和主要尺寸，但因反映的内容范围大，使用的比例就较小，因此对建筑的细部构造就难以表达清楚。为了满足施工要求，对房屋的细部构造用较大的比例详细地表达出来，这样的图称为建筑详图，有时也叫作大样图。常用的比例有 1∶50、1∶20、1∶10、1∶5、1∶2、1∶1等，通常有局部构造详图（如墙身、楼梯等详图）、局部平面图（如住宅等的厨房、卫生间等平面图），以及装饰构造详图（如墙面等的墙裙做法、门窗套装饰做法等）。

墙身详图也叫墙身大样图，实际上是建筑剖面图的有关部位的局部放大图。它主要表达墙身与地面、楼面、屋面的构造连接情况以及檐口、门窗顶、窗台、勒脚、防潮层、散水、明沟的尺寸、材料、做法等构造情况，是砌墙、室内外装修、门窗安装、编制施工预算以及材料估算等的重要依据。有时在外墙详图上引出分层构造，注明楼地面、屋顶等的构造情况，而在建筑剖面图中省略不标。

外墙剖面详图往往在窗洞口断开，因此在门窗洞口处出现双折断线（该部位图形高度变小，但标注的窗洞竖向尺寸不变），成为几个节点详图的组合。在多层房屋中，若各层的构造情况一样时，可只画墙脚、檐口和中间层（含门窗洞口）三个节点，按上下位置整体排列。有时墙身详图不以整体形式布置，而把各个节点详图分别单独绘制，也称为墙身节点详图。

(1)墙身详图的图示内容

①墙身的定位轴线及编号，墙体的厚度、材料及其本身与轴线的关系。

②勒脚、散水节点构造。主要反映墙身防潮做法、首层地面构造、室内外高差、散水做法、一层窗台标高等。

③标准层楼层节点构造。主要反映标准层梁、板等构件的位置及其与墙体的联系，构件表面抹灰、装饰等内容。

④檐口部位节点构造。主要反映檐口部位包括封檐构造（如女儿墙或挑檐）、圈梁、过梁、屋顶泛水构造和屋面板等结构构件及屋面保温、防水做法。

⑤图中的详图索引符号等。

(2)墙身详图的阅读举例

①如图 8.28 所示，该墙体为Ⓐ轴外墙，厚度为 370mm。

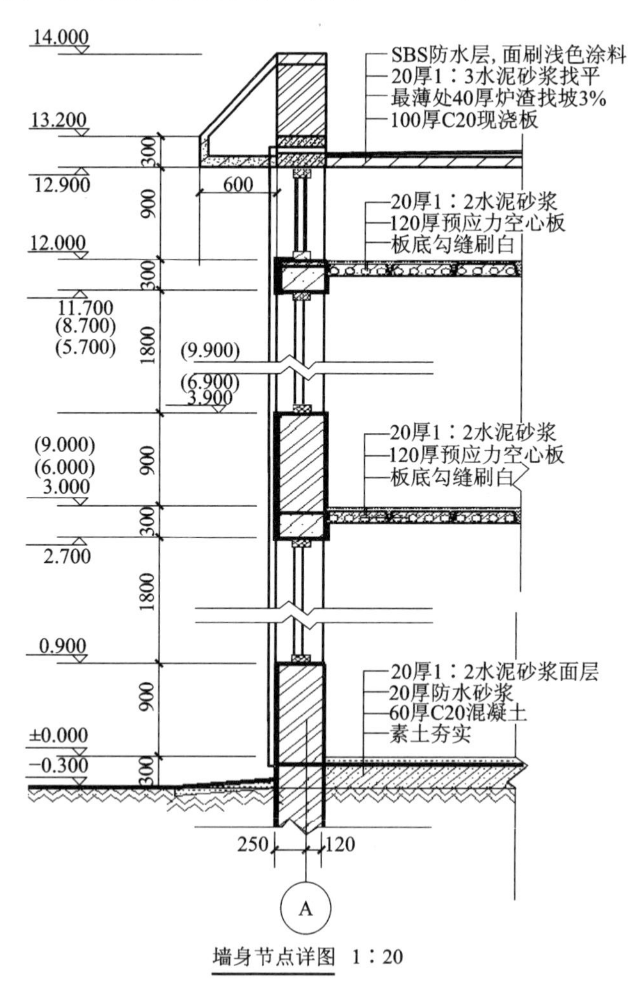

图 8.28 墙身详图

墙身详图识读

②室内外高差为 0.3m，墙身防潮采用 20mm 防水砂浆，设置于首层地面垫层与面层交接处，一层窗台标高为 0.9m，首层地面做法从上至下依次为 20 厚 1∶2水泥砂浆面层，20 厚防水砂浆一道，60 厚混凝土垫层，素土夯实。

③标准层楼层构造为 20 厚 1∶2水泥砂浆面层，120 厚预应力空心楼板，板底勾缝刷白；120 厚预应力空心楼板搁置于横墙上；标准层楼层标高分别为 3m、6m、9m。

④屋顶采用架空 900mm 高的通风屋面，下层板为 120 厚预应力空心楼板，上层板为 100 厚 C20 现浇钢筋混凝土板；采用 SBS 柔性防水，刷浅色涂料保护层；檐口采用外天沟，挑出 600mm，为了使立面美观，外天沟用斜向板封闭，并外贴金黄色琉璃瓦。

9 结构施工图

9.1 概　　述

无论建筑物的外部造型如何千姿百态，都需要靠承重部件组成的骨架体系将其支撑起来，这种承重骨架体系称为建筑结构；组成建筑结构的各个部件称为结构构件，如板、梁、柱、屋架、基础等。

结构施工图是在建筑设计的基础上，对房屋各承重构件的布置、形状、大小、材料、构造及其相互关系等进行设计而画出来的图样，主要用来作为施工放线、开挖基槽、支模板、绑扎钢筋的依据。

9.1.1　结构施工图的分类及内容

(1)结构设计说明

结构设计说明以文字叙述为主，主要说明设计的依据，如地基情况，风(雪)荷载大小，抗震等级，选用材料的类型、规格、强度等级，施工要求，选用标准图集等。

(2)结构布置图及规划

结构布置图是房屋承重结构的整体布置图，主要表示结构构件的位置、数量、型号及相互关系。常用的结构平面布置图有基础平面图、楼层结构布置平面图、屋面结构布置平面图等。

(3)构件详图

构件详图表达结构构件(基础、梁、板、柱、楼梯、屋架等)的形状、大小、材料及施工要求。

9.1.2　绘制结构施工图的规定

绘制结构施工图应遵守《房屋建筑制图统一标准》(GB/T 50001—2017)的规定，还应遵守《建筑结构制图标准》(CB/T 50105—2010)的规定。

(1)图线

结构施工图中各种图线用法如表 9.1 所示。

(2)比例

绘制结构施工图时，应根据图样用途，被绘制物体的复杂程度，选用适当的比例绘制。

当构件的纵、横向断面尺寸相差悬殊时，可在同一详图中的纵、横向选用不同的比例绘制。

(3)构件代号

结构施工图中，构件的名称应用代号表示，代号后应用阿拉伯数字表示构件的型号或编号，也可用构件顺序号。构件的顺序号采用不带角标的阿拉伯数字连接编排。常用的构件代

表 9.1 图线

名称		线型	线宽	用途
实线	粗	————	b	螺栓、主钢筋线、结构平面图中的单线结构构件线、钢木支撑及系杆线、图名下横线、剖切线
	中	————	$0.5b$	结构平面图及详图中剖到或可见的墙身轮廓线、基础轮廓线、钢、木结构轮廓线、箍筋线、板钢筋线
	细	————	$0.25b$	可见的钢筋混凝土构件的轮廓线、尺寸线、标注引出线、标高符号、索引符号
虚线	粗	— — — — —	b	不可见的钢筋、螺栓线，结构平面图中的不可见的单线结构构件线及钢、木支撑线
	中	- - - - - - - - -	$0.5b$	结构平面图中的不可见构件，墙身轮廓线及钢、木结构轮廓线
	细	- - - - - - - - - - - -	$0.25b$	基础平面图中的管沟轮廓线、不可见的钢筋混凝土构件轮廓线
单点长线	粗	—·—·—·—	b	柱间支撑、垂直支撑、设备基础轴线图中的中心线
	细	—·—·—·—	$0.25b$	中心线、对称线、定位轴线等

号如表 9.2 所示。

(4)定位轴线

结构工图中的定位轴线及编号应与建筑施工图一致。

(5)尺寸标注

结构施工图上的尺寸应与建筑施工图相符。应注意的是结构施工图中所注尺寸应是结构构件的结构尺寸(即实际尺寸)，不包括结构表面装修层厚度。桁架式结构的单线图，其杆件的轴线长度尺寸应标注在构件的上方；在杆件布置和受力均对称的桁架单线图中，可在左半边标注杆件几何轴线尺寸，右半边标注杆件的内力值和反力值。

表 9.2 常用构件代号

名称	代号	名称	代号	名称	代号
板	B	圈梁	QL	承台	CT
屋面板	WB	过梁	GL	设备基础	SJ
空心板	KB	连系梁	LL	桩	ZH
槽形板	CB	基础梁	JL	挡土墙	DQ
折板	ZB	楼梯梁	TL	地沟	DG
密肋板	MB	框架梁	KL	柱间支撑	ZC
楼梯板	TB	框支梁	KZL	垂直支撑	CC
盖板或沟盖板	GB	屋面框架梁	WKL	水平支撑	SC
挡雨板或檐口板	YB	檩条	LT	梯	T

续表 9.2

名称	代号	名称	代号	名称	代号
吊车安全走道板	DB	屋架	WJ	雨棚	YP
墙板	QB	托架	TJ	阳台	YT
天沟板	TGB	天窗架	CJ	梁垫	LD
梁	L	框架	KJ	预埋件	M
屋面梁	WL	钢架	GJ	天窗端壁	TD
吊车梁	DL	支架	ZJ	钢筋网	W
单轨吊车梁	DDL	柱	Z	钢筋骨架	G
轨道连接	DGL	框架柱	KZ	基础	J
车挡	CD	构造柱	GZ	暗柱	AZ

9.1.3 钢筋混凝土结构图的图示方法

钢筋混凝土构件只能看见其外形，内部的钢筋是不可见的。为了清楚地表明构件内部的钢筋，可假设混凝土为透明体，使包含在混凝土中的钢筋成为“可见”，这种能显示混凝土内部钢筋配置的投影图称为配筋图。配筋图包括有平面图、立面图、断面图等，它们主要表示构件内部的钢筋配置、形状、数量和规格，是钢筋混凝土构件图的主要图样。必要时，还可把构件中的各种钢筋抽出来绘制钢筋详图并列出钢筋表。

对于形状比较复杂的构件，或设有预埋件的构件，还需画模板图(表达构件形状、尺寸及预埋件位置的投影图)和预埋件详图，以便于模板的制作和安装及预埋件的布置。

9.2 基础平面图和基础详图

《混凝土结构施工图平面整体表示方法制图规则和构造详图》(16G101)系列图集是把梁、板、柱、基础、楼梯等构件的尺寸、配筋、构造做法等整体直接表达在各类构件的平面布置图上，并与标准构造详图配合使用，形成了一套完整的结构施工图。该方法提高了设计效率，减少了施工图纸，使结构设计更快捷、表达更全面准确，同时也便于施工和质量验收。

基础是建筑物最下部的承重构件，它将建筑物的荷载传递给地基，是建筑物的重要组成部分。基础按埋置的深度分为深基础(埋置深度＞4m)和浅基础(埋置深度≤4m)；按组成的材料及受力性能分为刚性基础和柔性基础；按构造形式分为条形基础、独立基础、井格基础、筏形基础、箱形基础及桩基础。

结构施工图中的基础图包括基础平面布置图及配筋图两部分。本节主要举例介绍应用“平面整体表达方式”(简称“平法”)表示的独立基础、条形基础的识图方法。

9.2.1 独立基础的识读

独立基础的平法施工图，有平面注写和截面注写两种表达方式，设计者可根据具体工程情

况选择一种，或者两种方式相结合进行独立基础的施工图设计。就工程实际而言，主要采用平面注写方式。

(1)独立基础的平面注写方式

独立基础的平面注写方式是指直接在独立基础平面布置图上进行数据项的标注，分为集中标注和原位标注，如图 9.1 所示。

集中标注是在基础平面布置图上集中引注：基础编号、截面竖向尺寸、配筋 3 项必注内容，以及当基础底面标高、基础底面基准标高不同时的标高高差和必要的文字注解 2 项选注内容，如图 9.2 所示。

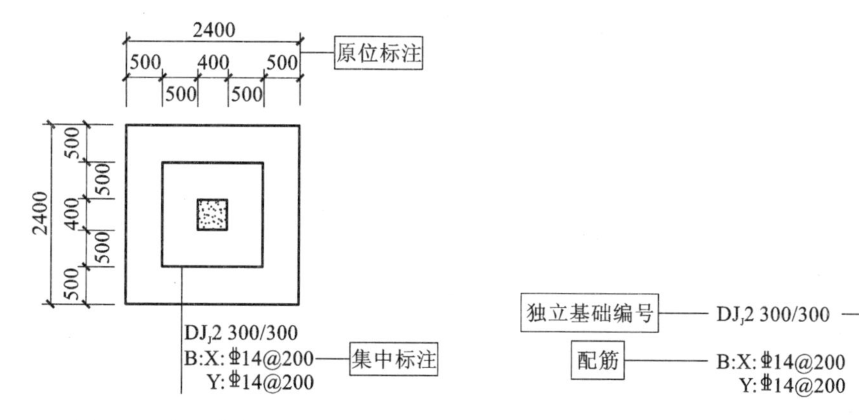

图 9.1 独立基础平面注写方式

图 9.2 独立基础集中标注

原位标注是在基础平面布置图上标注独立基础的平面尺寸。

(2)集中标注

①独立基础的编号表示了独立基础的类型。独立基础的类型包括普通和杯口两类，各又分为阶形和坡形。其中

DJ_J 表示阶形普通独立基础；DJ_P 表示坡形普通独立基础；

BJ_J 表示阶形杯口独立基础；BJ_P 表示坡形杯口独立基础。

②独立基础的截面竖向尺寸自下而上用“/”隔开的数字表示，h_1/h_2。

③独立基础的底板底部配筋以“B”打头，多柱独立基础的底板顶部配筋以“T“打头；

两向钢筋不同：X 向，Y 向配筋分别以“X”，“Y”打头；

两向配筋相同：以“X&Y”打头注写。

(3)识图实例

如图 9.1 所示，是一个独立基础的平法施工图，通过阅读可以得到：DJ_J 表示阶形普通独立基础，300/300 表示基础内自下而上的尺寸，这个独立基础的底板底部配筋 X 向和 Y 向钢筋相同均为Φ 14@200，再结合原位标注的基础底面尺寸 2.4m×2.4m 及其他尺寸，就可以想象出该独立基础的剖面图，如图 9.3 所示。

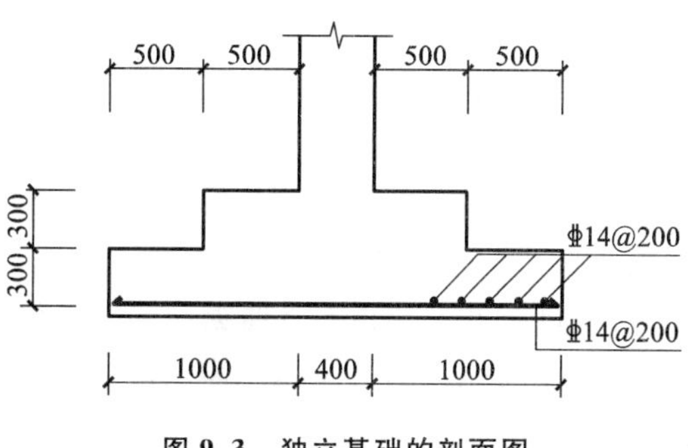

图 9.3 独立基础的剖面图

9.2.2 条形基础的识读

条形基础一般位于砖墙或混凝土墙下，用以支承墙体构件。条形基础分为梁板式条形基础和板式条形基础两大类。条形基础平法施工图，有平面注写和截面注写两种表达方式。设计者可根据具体工程情况选择一种，或将两种方式相结合进行条形基础的施工图设计。

条形基础的平面注写方式是直接在条形基础平面布置图上进行数据项的标注，它包括条形基础基础梁的平面注写和条形基础底板的平面注写两项内容。

(1)基础梁的平面注写方式

基础梁的编号为JL，它的平面注写方式分为集中标注和原位标注两部分内容，如图9.4所示。

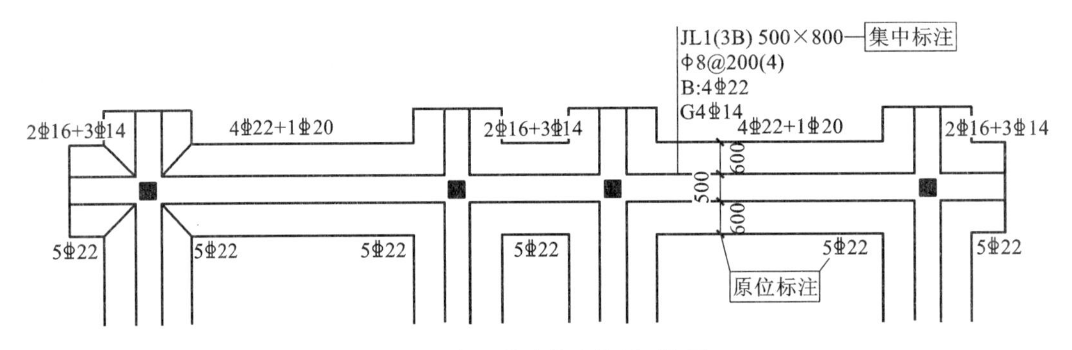

图9.4 条形基础基础梁平面注写

①集中标注

基础梁的集中标注包括编号、截面尺寸、配筋3项必注值，以及基础梁底面标高和必要的文字注解2项选注内容，如图9.5所示。

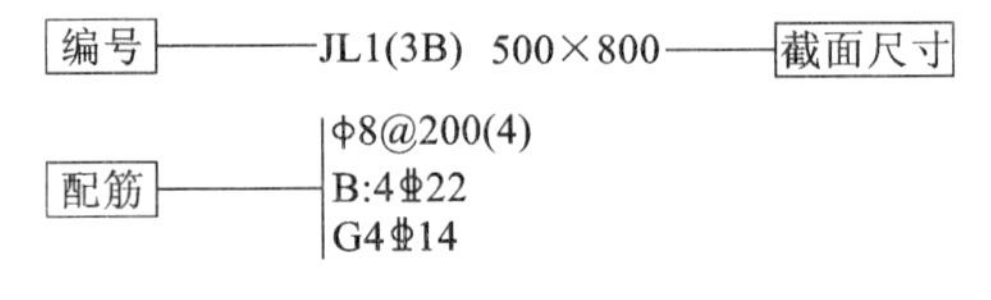

图9.5 基础梁的集中标注

编号由代号、序号、跨数及有无外伸3项组成。其中JL表示基础梁；A表示一端有外伸；B表示两端有外伸。

截面尺寸用$b \times h$，表示梁截面宽度和高度。

基础梁的配筋包括以下三种情况：

A. 基础梁箍筋。注写箍筋的等级、直径及布置间距，且用“/”表示加密区与非加密区间距之分。

B. 基础梁底部及顶部贯通纵筋。基础梁底部贯通纵筋用字母“B”打头，基础梁顶部贯通纵筋用字母“T”打头，如果钢筋需用两排布置，则用“/”表示上下排数量。

C. 以大写字母“G”打头，表示梁两侧面对称设置的纵向构造钢筋总配筋值。

②原位标注

基础梁的原位标注包括梁端部及柱下区域底部全部配筋、附加箍筋及吊筋、外伸部位的变截面高度尺寸、原位标注修正内容等。

③识图实例

如图 9.4 所示，基础梁[JL1(3B)]三跨，两端外伸；基础梁截面宽度为 500mm，高度为 800mm；基础梁箍筋为ϕ8@200，四肢箍；基础梁底部有 4Φ22 的贯通钢筋，梁两侧面对称设置的纵向构造钢筋总值 4Φ14，每侧 2 根。

基础梁底部端部各有 5Φ22，其中 2 根贯通筋，3 根是非贯通筋。基础梁顶部全部是非贯通筋。

(2)基础底板的平面注写方式

条形基础底板(TJB)的平面注写方式分为集中标注和原位标注两部分内容，如图 9.6 所示。

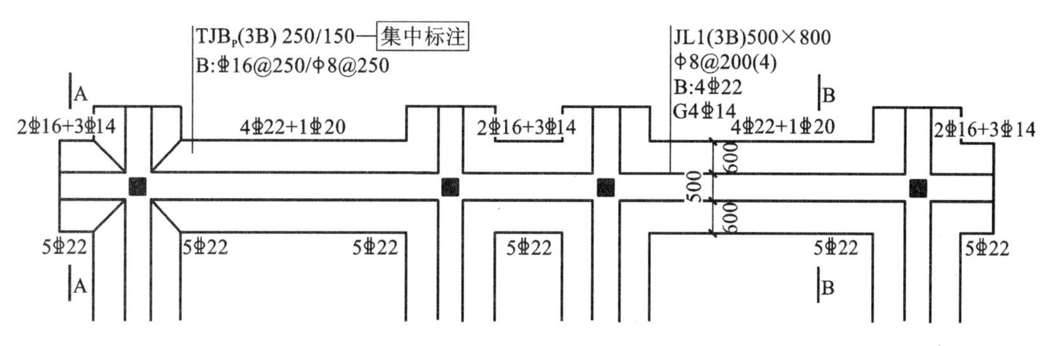

图 9.6 条形基础底板平面注写

①集中标注

条形基础底板的集中标注内容包括编号、截面竖向尺寸、配筋 3 项必注值，以及条形基础底板底面标高、必要的文字注解 2 项选注内容，如图 9.7 所示。

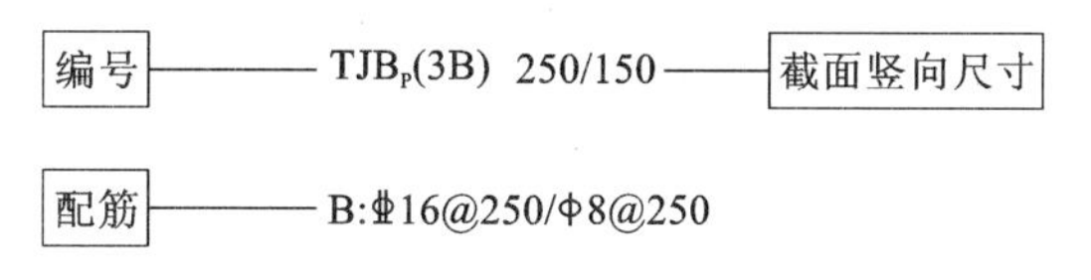

图 9.7 条形基础底板的集中标注

A. 底板编号。条形基础底板两侧的截面形状有两种：阶形截面(TJB_J)和坡形截面(TJB_P)。

B. 截面竖向尺寸 h_1/h_2。条形基础截面尺寸自下而上以“/”分隔注写。

C. 配筋。基础底板底部的横向受力钢筋用字母“B”打头，基础底板顶部的横向受力钢筋用字母“T”打头，用“/”分隔条形基础的横向受力钢筋和纵向分布钢筋。

②原位标注

条形基础底板的原位标注包括条形基础底板的平面尺寸以及原位注写修正内容。

③识图实例

如图 9.6 所示，条形基础的底板为坡形截面(TJB_P)，三跨，有两端外伸。坡形截面自下而上高度为 250mm 和 150mm。基础底板底部的横向受力钢筋为Φ16@250，纵向分布钢筋为ϕ8@250。

综合条形基础基础梁和条形基础底板两部分的平面注写，得出条形基础(图 9.6)的截面注写如图 9.8 所示。

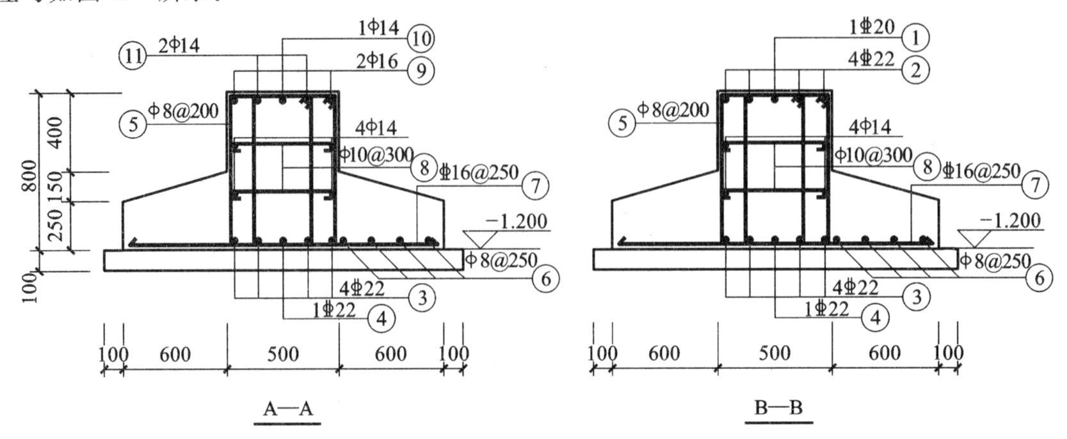

图 9.8　条形基础截面注写

9.3　钢筋混凝土结构基本知识

9.3.1　钢筋混凝土的基本知识

(1)钢筋混凝土的概念

混凝土是由胶凝材料(水泥)、砂子、石子和水按一定比例拌和,经浇筑、振捣、养护硬化后形成的一种人造材料,它的抗压能力强而抗拉能力差,用混凝土制成的构件极易因受拉、受弯而断裂。

为了提高混凝土构件的承载能力,往往在构件的受拉区域内配置一定数量的钢筋,使之与混凝土粘结成一个整体共同承受外力,这种配有钢筋的混凝土称为钢筋混凝土。由钢筋混凝土制成的构件(如梁、板、柱等)称钢筋混凝土构件。

(2)混凝土强度等级和钢筋符号

混凝土按其立方体抗压强度标准值的高低分为 C15,C20,C25,C30,C35,C40,C45,C50,C55,C60 等,等级越高混凝土抗压强度也越高。

根据钢筋的品种、等级不同,结构施工图中用不同的符号来表示,符号后加注钢筋直径。常见的钢筋符号如表 9.3 所示。

表 9.3　钢筋的品种与代号

种　　类	代号	屈服强度标准值 f_{yk}(N/mm^2)
HPB300	Φ	300
HRB335	Φ	335
HRB400	Φ	400
RRB400	Φ^R	400
HRB500	Φ	500

(3)钢筋的种类及作用

根据钢筋在构件中所起作用不同，钢筋可分为以下几种：

①受力筋

受力筋承受构件内产生的拉力或压力，主要配置在梁、板、柱等混凝土构件中，如图 9.9 所示。

②箍筋

箍筋承受构件内产生的部分剪力和扭矩，并用以固定受力筋的位置，主要配置在梁柱等构件中。

③构造筋

构造筋是因构造要求配筋的钢筋如架立筋、分布筋等。

架立筋：用于和受力筋、箍筋一起构成钢筋的整体骨架，一般配置在梁的受压区外缘两侧，如图 9.9(a)所示。

分布筋：用于固定受力筋的正确位置，并有效地将荷载传递到受力钢筋上，同时可防止由于温度或混凝土收缩等原因，引起的混凝土的开裂，一般配置于板中，如图 9.1(b)所示。

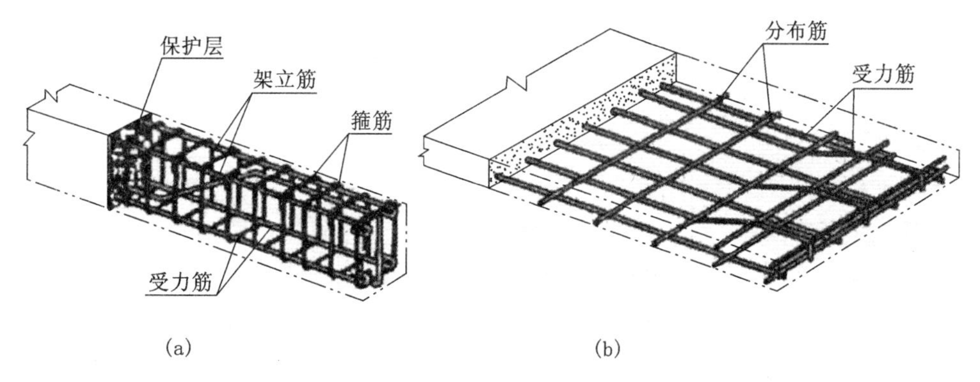

图 9.9 梁、板内的钢筋

(a)梁内钢筋；(b)板内钢筋

(4)钢筋的保护层和弯钩

为了防止钢筋锈蚀和保证钢筋与混凝土紧密粘接，构件都应具有足够的混凝土保护层。

混凝土保护层指钢筋外缘至构件表面的厚度，常见受力钢筋混凝土保护层最小厚度如表 9.4 所示。

表 9.4 钢筋混凝土构件钢筋保护层厚度(mm)

环境类别		板、墙、壳			梁			柱		
		≤C20	C25～C45	≥C50	≤C20	C25～C45	≥C50	≤C20	C25～C45	≥C50
一		20	15	15	30	25	25	30	30	30
二	a	—	20	20	—	30	30	—	30	30
二	b	—	25	20	—	35	30	—	35	30
三		—	30	25	—	40	35	—	40	35

为了加强光圆钢筋与混凝土之间的粘结强度，提高钢筋的锚固效果，要求在钢筋末端做成

弯钩,弯钩的角度有 45°,90°,180°。带肋钢筋与混凝土之间粘接强度大,所以带肋钢筋端部可不做弯钩。

(5)钢筋的一般表示方法

在配筋图中的钢筋用比构件轮廓线粗的单线画出,钢筋的横断面用黑圆点表示,常见的表示方法如表 9.5 所示。

表 9.5　一般钢筋常用图例

序号	名　称	图　例	说　明
1	钢筋横断面		
2	无弯钩的钢筋端部		表示长短钢筋投影重叠时,钢筋端部可以用 45°短画线表示
3	带半圆弯钩的钢筋端部		
4	带直弯钩的钢筋端部		
5	带丝扣的钢筋端部		
6	无弯钩的钢筋搭接		
7	带半圆弯钩的钢筋搭接		
8	带直钩的钢筋搭接		

9.3.2　钢筋混凝土构件图举例

(1)钢筋混凝土梁

梁的结构详图一般包括立面图、断面图、钢筋详图。梁立面图主要表达梁的轮廓尺寸、钢筋位置、编号及配筋情况。梁的断面图主要表达梁截面尺寸、形状、箍筋形式及钢筋的位置、数量。断面图剖切位置应选择梁截面尺寸及配筋有变化处。

如图 9.10 所示,该梁是一根支撑在墙上的简支梁,该图画出了梁的立面图和断面图,表明了梁的基本尺寸和梁内钢筋的基本配置情况。在遇到梁内钢筋布置复杂时,可根据需要作出梁的钢筋分布图或钢筋表,便于配筋。

(2)钢筋混凝土现浇板

钢筋混凝土现浇板结构详图,一般可绘在建筑结构平面图上,主要表达板中钢筋的直径、间距、等级、摆放位置及板的尺寸、支撑等情况。

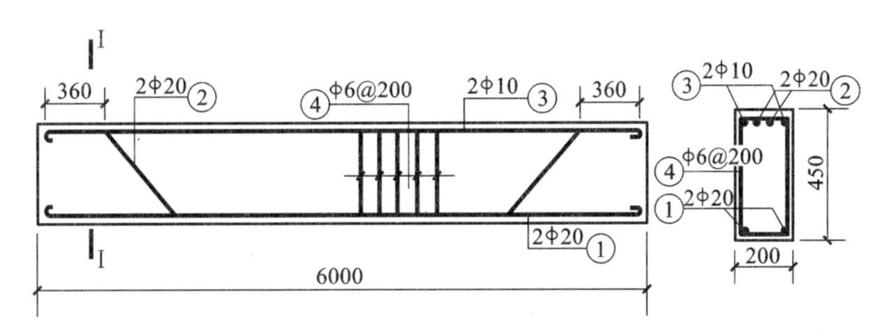

图 9.10 钢筋混凝土简支梁钢筋布置图

图 9.11 所示钢筋混凝土双向配筋板，①、②、⑤号钢筋为板底钢筋，直径为 8mm，间距均为 150mm。③、④钢筋是支座负筋，③号钢筋直径为 8mm，间距为 200mm，伸出长度为 1200mm；④号钢筋直径为 8mm，间距为 100mm，伸出长度为 1100mm。

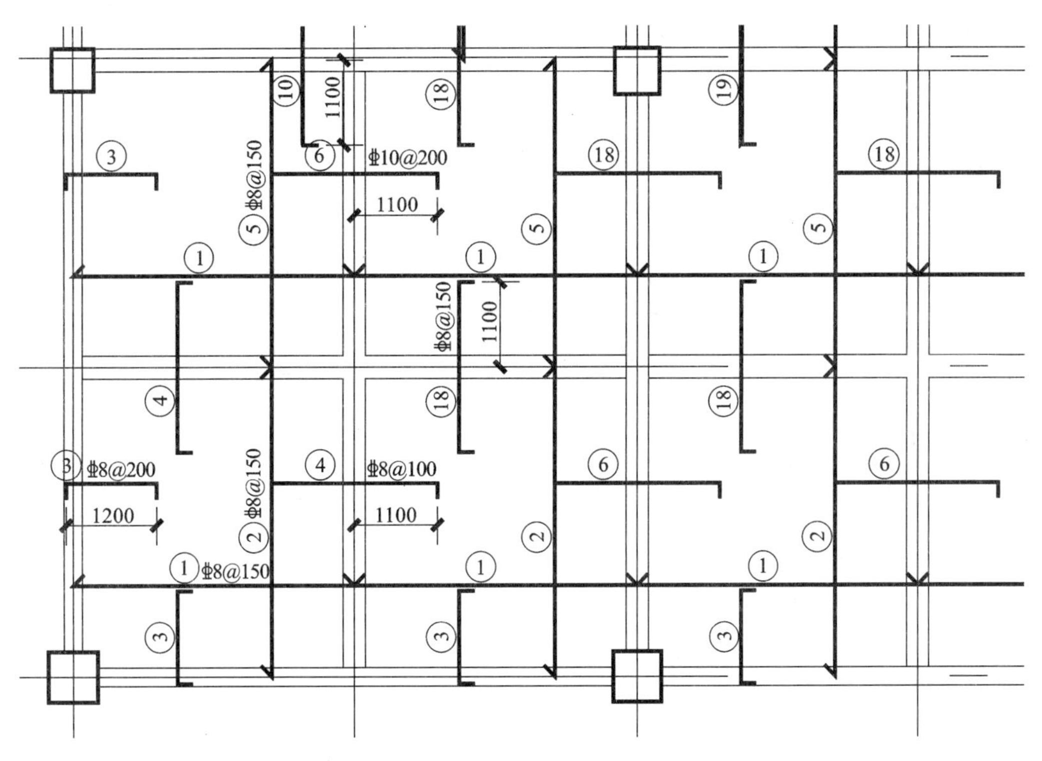

图 9.11 钢筋混凝土板钢筋布置图

(3)钢筋混凝土柱

钢筋混凝土柱是房屋结构中主要的承重构件，其结构详图一般包括立面图、断面图。柱立面图主要表达柱的高度尺寸、柱内钢筋配置及搭接情况，柱断面图主要表达柱截面尺寸、箍筋形式和受力筋的摆放位置及数量。断面图剖切位置应选择在柱的截面尺寸变化及受力钢筋数量、位置有变化处。如图 9.12 所示，该柱是框架结构中的一根柱子，从一层到顶层由于荷载变化，柱的截面尺寸也在相应的变化，从一层柱截面尺寸为 700mm×700mm，到顶层为 650mm×600mm；钢筋直径与根数也在不断地调整。

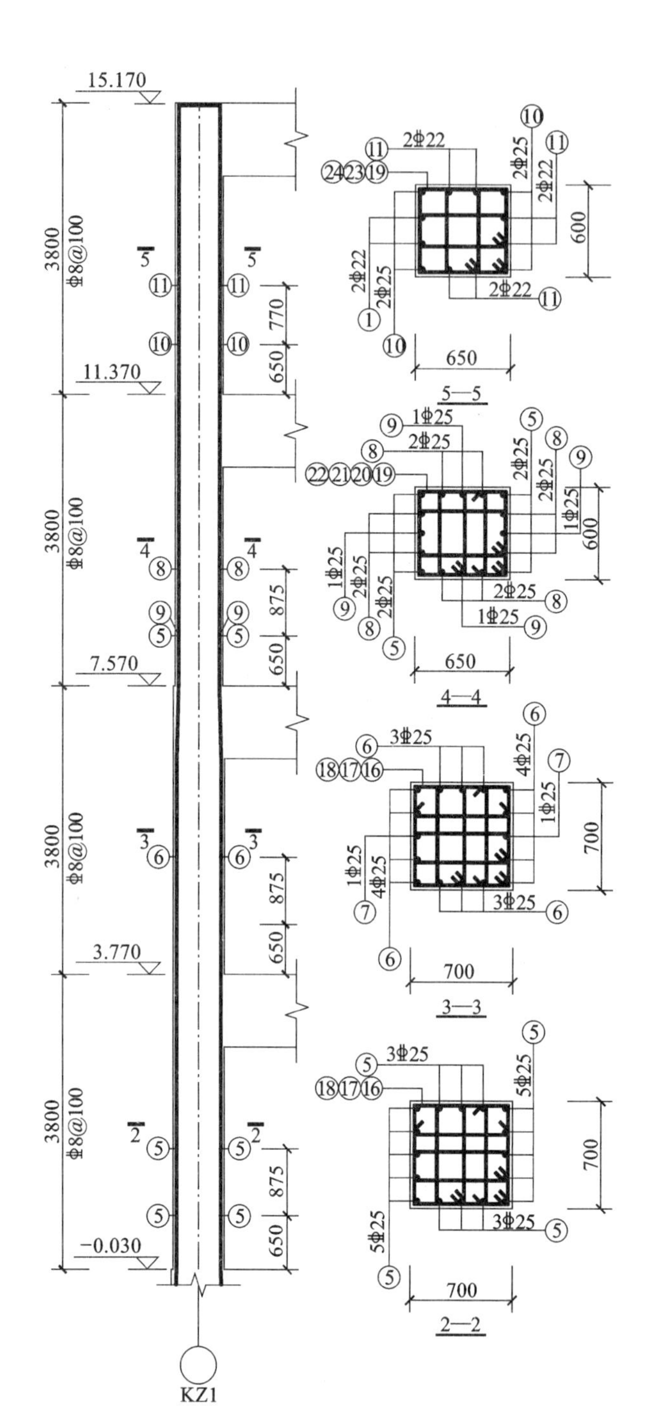

KZ1柱钢筋表(1根)				
编号	钢筋简图	规格	长度	根数
5	3800	Φ25	3800	20
6	3755	Φ25	3755	14
7	3750	Φ25	3750	2
8	3700	Φ25	3700	8
9	3305	Φ25	3305	4
10	400 3120	Φ25	3520	4
11	265 2350	Φ22	2615	8
16	640 640	Φ8	2815	76
17	640 186	Φ8	1910	152
18	640	Φ8	850	152
19	540 590	Φ8	2515	76
20	540 174	Φ8	1685	38
21	540	Φ8	750	38
22	590 288	Φ8	2015	38
23	540 220	Φ8	1775	38
24	590 203	Φ8	1845	38

图 9.12 钢筋混凝土柱钢筋布置图

9.4 钢筋混凝土结构的平面表示方法

9.4.1 柱平法施工图

柱平法施工图是在柱平面布置图上采用列表注写方式或截面注写方式表达。

列表注写方式是在柱平面布置图上分别从不同编号中各选一个截面标注几何参数代号，在柱表中注写柱编号、柱段起止标高、几何尺寸(含柱截面对轴线的偏心情况)及配筋的具体数值，并配以各种柱截面形状及其箍筋分类图的方式，来表达柱平法施工图。如图 9.13 所示，图中表明相应的轴线尺寸，还绘出了柱所在的位置、柱号和截面尺寸，再根据柱配筋表、楼层标高表和箍筋图例就可完成柱的配筋及浇筑工作。配筋表中注明了各类柱的标高、受力筋和箍筋的数量、直径等。

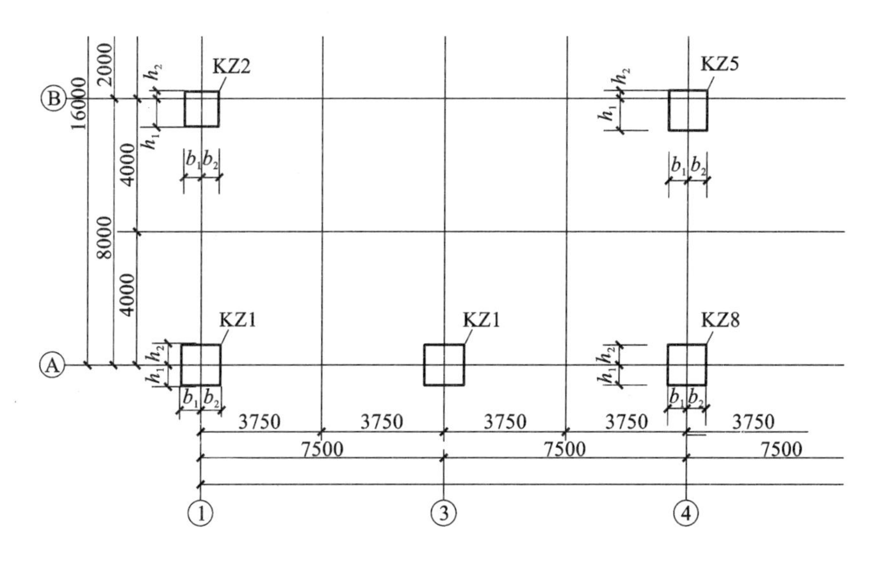

柱号	标高	$b \times h$ (圆柱直径D)	b_1	b_2	h_1	h_2	全部纵筋	角筋	b边一侧中部筋	h边一侧中部筋	箍筋类型号	箍筋
KZ1	−1.200−4.170	650×650	325	325	325	325		4Φ25	4Φ25	2Φ25	1(4×4)	Φ8@100/200
	4.170−12.170	600×600	300	300	300	300		4Φ22	3Φ22	2Φ22	1(5×4)	Φ8@100/200
	12.170−16.170	550×550	275	275	275	275		4Φ22	3Φ20	2Φ20	1(4×4)	Φ8@100/200
KZ2	−1.200−8.170	550×550	275	275	430	120		4Φ25	3Φ25	2Φ25	1(4×4)	Φ8@100/200
	8.170−16.170	550×550	275	275	430	120		4Φ22	3Φ22	2Φ22	1(4×4)	Φ8@100/200
	16.170−17.570	550×550	275	275	430	120	12Φ22				1(4×4)	Φ10@100
	17.570−20.870	500×500	250	250	380	120		4Φ20	2Φ18	2Φ18	1(4×4)	Φ8@100/200

图 9.13 柱平面布置图及配筋表

截面注写方式是在柱平面布置图的柱截面上，分别在同一编号的柱中选择一个截面，以直接注写截面尺寸和配筋具体数值的方式来表达柱平法施工图，如图 9.14 所示。

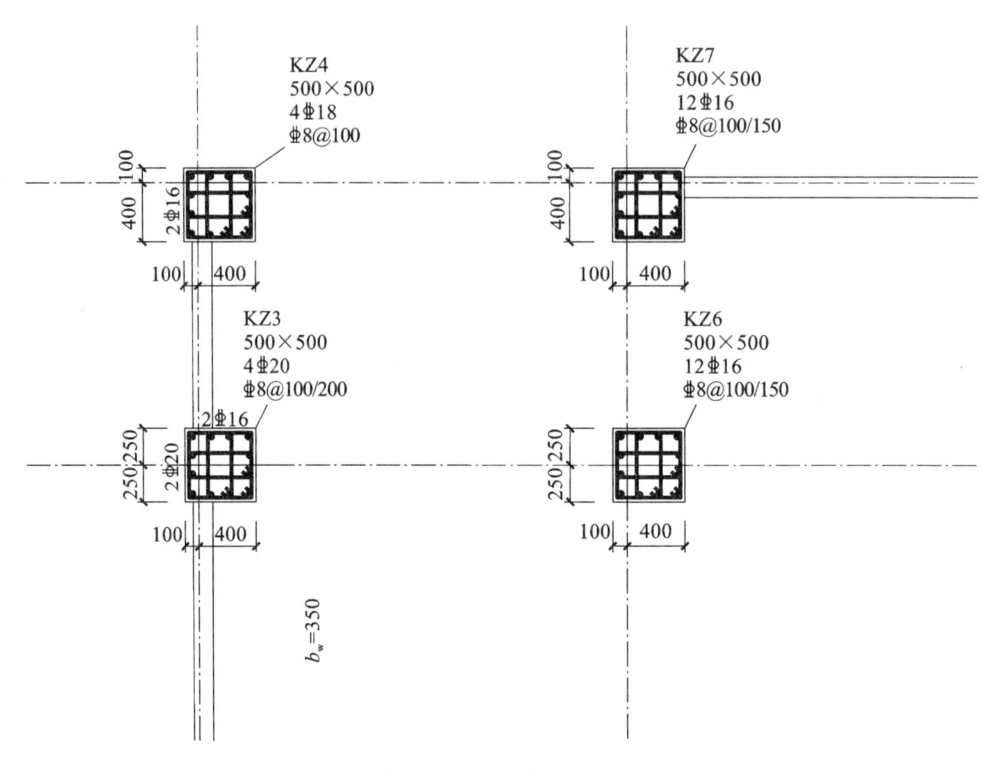

图 9.14 柱截面注写示例

9.4.2 梁平法施工图

梁平法施工图是在梁平面布置图上采用平面注写方式或截面注写方式表达。

截面注写方式是在梁平面布置图上对所有的梁按规定进行编号，分别在不同编号的梁中各选一根，用传统的断面图方式作出它们的断面图，并在断面图上注明截面尺寸、配筋数值等相应数据。

平面注写方式是在梁平面布置图上，分别在不同编号的梁中各选一根梁，在其上注写截面尺寸和配筋具体数值的方式来表达梁平法施工图，平面注写包括集中标注和原位标注，如图 9.15 所示。

集中标注表达梁的通用数值，原位标注表达梁的特殊数值。当集中标注的某项数值不适用于梁的某部位时，则将该项数值原位标注，施工时原位标注取值优先。梁的集中标注包括梁编号、梁截面尺寸、梁箍筋、梁上部通长筋或架立筋、梁侧面纵向构造钢筋或受扭钢筋 5 项必注值，以及梁顶面标高高差 1 项选注值。

(1)梁编号：由梁类型代号、序号、跨数及有无悬挑代号几项组成。其中

KL 表示框架梁；WKL 表示屋面框架梁；A 表示一端有悬挑；B 表示两端有悬挑。

(2)梁截面尺寸：用 $b \times h$ 表示梁截面宽度×高度。

识读：300×700 表示梁宽度为 300mm，高度为 700mm。

(2)梁箍筋：包括钢筋级别、直径、加密区与非加密区间距及肢数，用“/”表示加密区与非加密区间距之分。

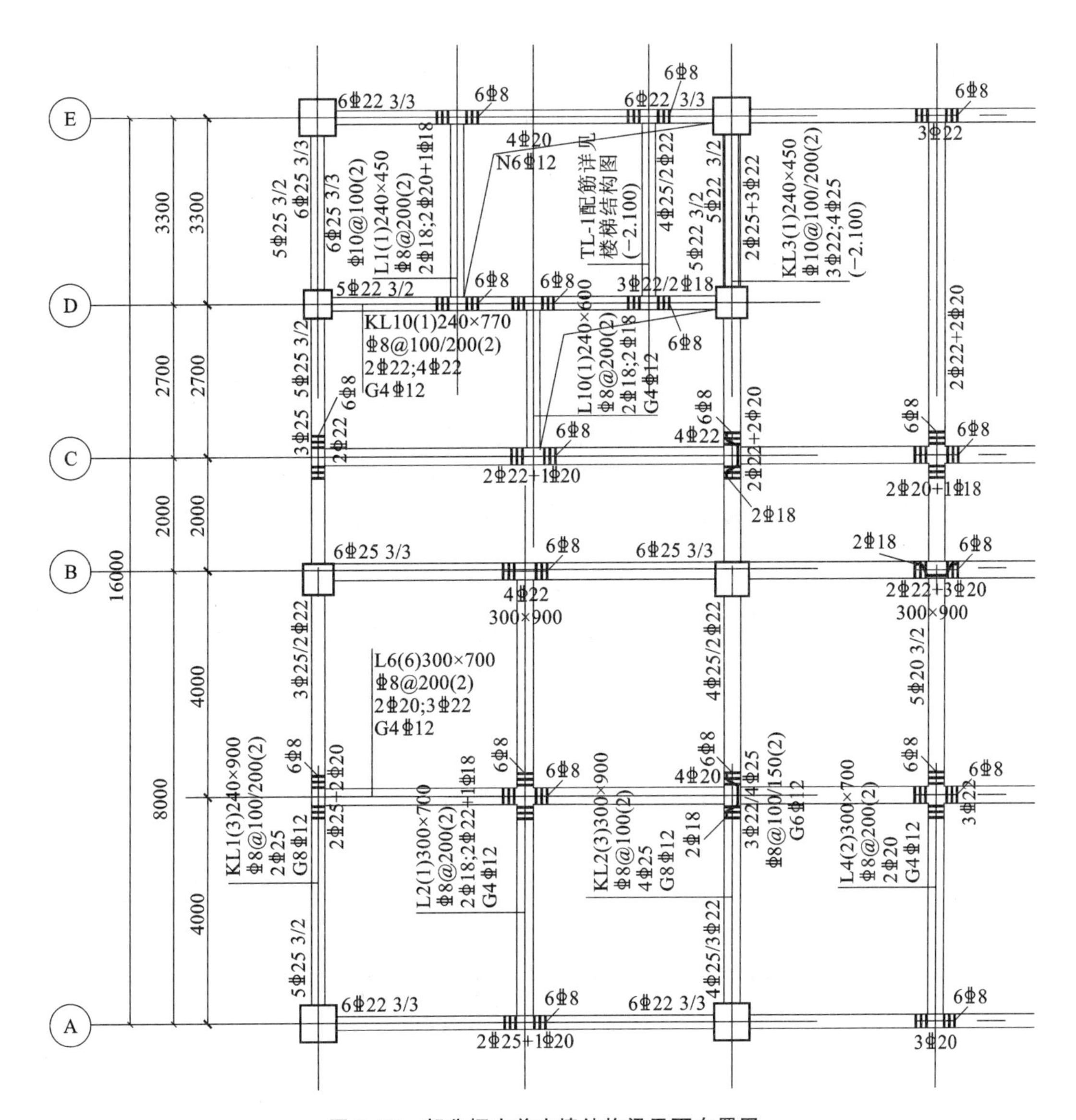

图 9.15 部分框支剪力墙结构梁平面布置图

识读：ф8@100/200(2)表示箍筋类型ф8，加密区间距 100mm，非加密区间距 200mm 的双肢箍。

(4)梁上部通常筋或架立筋：当同排总筋中既有通长筋又有架立筋时，应用“+”将通长筋和架立筋相连，且架立筋写在加号后面的括号里。若梁上部纵筋和下部纵筋均通长时，用分号“;”将上部纵筋与下部纵筋值分隔开来。如果钢筋需要用两排布置，则用“/”表示上下排数量。

识读：L6(6) 300×700

ф8@200(2)

2ф20;3ф22

表示 6 号梁有 6 跨，截面尺寸为 300mm×700mm；箍筋为ф8、间距 200mm，双肢箍；上部通长筋为 2ф20；下部通长筋为 3ф22。

梁的原位标注包括梁上部纵筋、梁下部纵筋、梁中某跨或某悬挑部位不适应集中标注的附加箍筋或吊筋。其中,当同排纵筋有两种直径时,用“+”将两种钢筋相连,且角部纵筋写在前面。当纵筋多于一排时,用“/”将各排纵筋自上而下分开。例如图 9.15 中 KL1 在轴线Ⓐ支座端上部钢筋布置为中 5 ф 25 3/2,表示上部纵筋分两排布置,从上至下,第一排为 3 ф 25 钢筋,第二排为 2 ф 25 钢筋。

9.4.3 板平法施工图

板的平面表达方式是在板平面布置图上,直接标注板的各项数据。具体标注时,按“板块”分别标注其集中标注和原位标注的数据项。

板的集中标注包括板编号、板厚、上部贯通纵筋和下部纵筋,以及当板面标高不同时的标高高差,如图 9.16 所示。板的编号类型主要有楼面板(LB)、屋面板(WB)、悬挑板(XB);板厚注写为 h=×××,当设计已在图注中统一注明板厚时,此项可不注。纵筋按板块的下部纵筋和上部贯通纵筋分别注写(当板块上部不设置贯通纵筋时则不注),并以“B”代表下部纵筋,以“T”代表上部贯通纵筋,“B&T”代表下部与上部纵筋,X 向纵筋以“X”打头,Y 向纵筋以“Y”打头,两向纵筋配置相同时则以“X&Y”打头。当为单项板时,分布筋可不必注写,而在图中统一标注。板面标高高差是指相对于结构层楼面标高的高差,应将其注写在括号内,且有高差则注,无高差不注。

识读:图 9.16 中,LB1 h=130

B:X&Y ф 8@150

表示楼面板编号为 1,板厚为 130mm,底部贯通纵筋 X 向为ф 8@150、Y 向为ф 8@150。

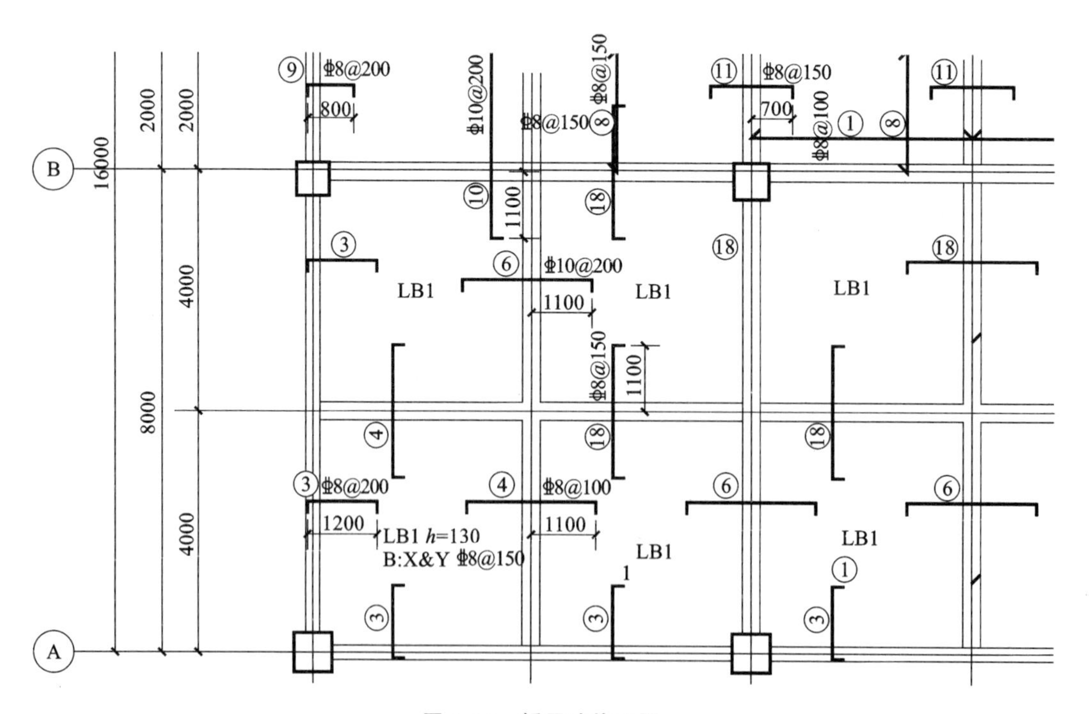

图 9.16 板平法施工图

板的原位标注包括板支座上部非贯通纵筋和悬挑板上部受力钢筋，注写钢筋编号、配筋信息、连续跨布置的跨数、自支座中心线向跨内的延伸长度四项数据，如图 9.16 所示。板支座原位标注的钢筋，应在配置相同跨的一跨表达。在配置相同第一跨，垂直于板支座适宜长度的中粗实线代表该段支座上部非贯通纵筋，线段上方为钢筋编号、配筋值、横向连续布置跨数以及是否横向布置到梁的悬挑端。

板支座上部非贯通筋自支座中线向跨内的伸出长度，注写在线段的下方位置。当中间支座上部非贯通纵筋两侧对称伸出时，可仅在支座一侧线段下方标注伸出长度，另一侧不注，如图 9.16 中⑥号钢筋对称布置，伸出长度为 1100mm。当向支座两侧非对称伸出时，应分别在支座两侧下方注写伸出长度。当线段画至对边贯通全跨或贯通全悬挑时，贯通全跨或伸出至全悬挑一侧的长度值不注，只注明非贯通筋一侧的伸出长度值。

参考文献

[1] 赵研.建筑构造与识图[M].3版.北京:中国建筑工业出版社,2014.
[2] 张朝晖,张春娟.建筑工程入门[M].北京:中国水利水电出版社,2009.
[3] 高远,张艳芳.建筑构造与识图[M].3版.北京:中国建筑工业出版社,2015.
[4] 张小平.建筑识图与房屋构造[M].3版.武汉:武汉理工大学出版社,2018.
[5] 吴学清.建筑识图与构造[M].2版.北京:化学工业出版社,2015.
[6] 姬慧,赵毅.房屋建筑学[M].3版.重庆:重庆大学出版社,2014.
[7] 李必瑜,王雪松.房屋建筑学[M].5版.武汉:武汉理工大学出版社,2014.
[8] 肖芳.建筑构造[M].2版.北京:北京大学出版社,2016.